普通高等教育“十三五”规划教材
电子信息科学与工程类专业规划教材

现代接入网技术

赖小龙　主编
余晓玫　刘文晶　谭　祥　曹文静　副主编

電子工業出版社
Publishing House of Electronics Industry
北京·BEIJING

内 容 简 介

本书在介绍接入网基本概念的基础上，全面地讲述几种常用的宽带接入技术。本书共9章，主要内容包括：接入网概述、接入网的体系结构、铜线接入技术、光纤接入网、HFC接入网、局域网技术、无线局域网、城域网接入技术、广域网接入技术。本书提供配套的电子课件和习题参考答案。

本书取材适宜、结构合理、内容新颖、知识全面、由浅入深、通俗易懂，侧重接入网的基本原理和实际应用技术，且能够跟踪新技术的发展。为便于读者在学习过程中进行归纳总结，以及培养分析问题和解决问题的能力，在每章后都安排了小结及习题。

本书可作为通信工程、网络工程专业本科生的教材，也可供相关专业的硕士研究生和相关专业领域的技术人员学习、参考。

图书在版编目（CIP）数据

现代接入网技术/赖小龙主编. —北京：电子工业出版社，2020.6
ISBN 978-7-121-39088-3

Ⅰ. ①现… Ⅱ. ①赖… Ⅲ. ①接入网－高等学校－教材 Ⅳ. ①TN915.6

中国版本图书馆CIP数据核字（2020）第099476号

责任编辑：王晓庆
印　　刷：北京虎彩文化传播有限公司
装　　订：北京虎彩文化传播有限公司
出版发行：电子工业出版社
　　　　　北京市海淀区万寿路173信箱　　邮编：100036
开　　本：787×1 092　1/16　印张：11.25　字数：288千字
版　　次：2020年6月第1版
印　　次：2025年2月第8次印刷
定　　价：49.00元

凡所购买电子工业出版社图书有缺损问题，请向购买书店调换。若书店售缺，请与本社发行部联系，联系及邮购电话：（010）88254888，88258888。

质量投诉请发邮件至zlts@phei.com.cn，盗版侵权举报请发邮件至dbqq@phei.com.cn。

本书咨询联系方式：（010）88254113，wangxq@phei.com.cn。

前　言

宽带接入技术有力推动国民经济的发展、提升社会信息化水平、刺激技术创新和产业革命、消除数字鸿沟、促进节能减排，已成为世界各国积极发展的重点战略技术。我国曾在“宽带中国”战略中提出，到2020年我国宽带网络服务质量、应用水平和宽带产业支撑能力要达到世界先进水平。在各类宽带接入技术中，宽带无线接入作为连接广大用户最方便、快捷的手段，在各国的宽带战略中扮演着极其重要的角色。特别是我国的光纤通信、移动通信和无线局域网（WLAN）等宽带接入技术的深度应用，有力地推动了移动互联网及智能终端的爆发式增长，激发了新一轮的信息技术和产业革命。面向未来，第五代移动通信技术（5G）和NB-IoT将会进一步提升无线接入能力，不仅能够满足下一代移动互联网的极致用户体验需求，而且将重点满足海量物联网及垂直行业的应用需求。

本书详细介绍宽带有线和无线接入技术的发展现状与趋势、关键技术、标准原理与应用，以及5G、NB-IoT的最新研究进展。

本书共9章，主要内容包括：接入网概述、接入网的体系结构、铜线接入技术、光纤接入网、HFC接入网、局域网技术、无线局域网、城域网接入技术和广域网接入技术等，同时还分析了宽带接入网规划与设计案例和应用。为了便于教学，本书提供配套的电子课件和习题参考答案，任课老师可登录华信教育资源网（http://www.hxedu.com.cn）注册下载，也可联系编辑（010-88254113，wangxq@phei.com.cn）索取。

本书的第2、6、9章由赖小龙编写，第3、7章由余晓玫编写，第1、5章由刘文晶编写，第4章由曹文静编写，第8章由谭祥编写。全书由赖小龙主编并统稿。

本书在编写过程中参考了大量相关标准文档、技术提案、论文、研究报告、书籍、资料。其中，移动通信及相关内容重点参考了3GPP R8～R15的标准文档、草案和技术提案，ITU IMT-Advanced建议书与相关资料等。无线局域网及相关内容重点参考了IEEE 802.11系列标准文档、草案。在5G方面，重点参考了IMT-2020（5G）推进组在5G领域的最新研究进展，并参考了IMT-2020相关建议书和部分与5G相关的论文。

由于光纤和无线通信技术体系庞杂，而且一直在快速发展，因此书中难免出现错误或不当之处，恳请广大读者提出宝贵意见。

作者

2020年6月

目　录

第1章　接入网概述

随着通信和互联网技术的迅速发展，电信业务逐步向综合化、数字化、智能化、宽带化和个人化的方向发展，人们对电信业务多样化的需求也在不断增加。如何充分利用现有的网络资源增加业务类型、提高服务质量，已日益成为电信专家和运营商关注与研究的课题，“最后一公里”问题成为大家最关心的焦点问题之一。因此，接入网已经成为当下网络应用和建设的热点。

1.1　接入网是什么

1.1.1　接入网的定义

要介绍接入网就要先介绍电信网。电信是指利用有线、无线的电磁系统或光电系统，对语音、文字、数据、图像及其他形式的电信号进行传输的过程。电信网是由一定数量的节点和传输链路按照规定的协议，实现两点或多点之间通信的网络。可以将电信网划分为公用电信网和用户驻地网两大类，其中用户驻地网为用户所有，故通常电信网仅指公用电信网部分。

公用电信网按功能，可划分为传输网、交换网和接入网三部分，交换网和传输网合在一起称为核心网。电信网的基本组成如图1-1所示。其中，核心网主要负责连接的建立、信息的交换、链路的拆除和释放，是整个电信网的核心部分。接入网主要完成将用户接入核心网的任务。用户驻地网可大可小，大到一栋大楼内的网络，小到一个家庭的一台电话座机、计算机或传真机，主要负责连接用户终端。

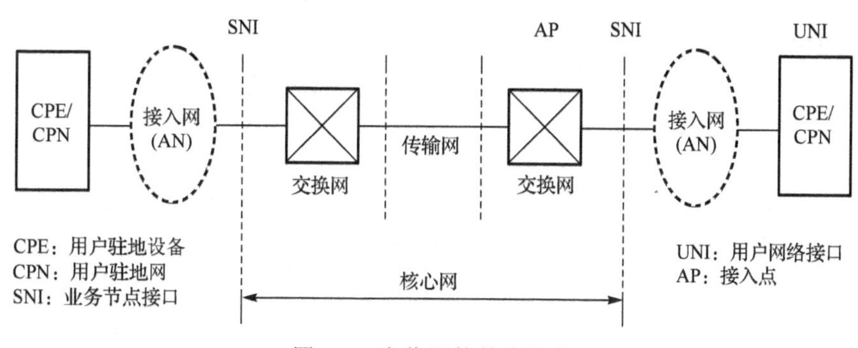

图1-1　电信网的基本组成

1.1.2　接入网的定界

1995年7月，国际电信联盟（ITU）通过了关于接入网框架结构的标准G.902建议，其对接入网的定义是：接入网由业务节点接口（SNI）和用户网络接口（UNI）之间的一系列传送实体（如线路设施和传输设施）组成，为供给电信业务而提供所需的传送承载能力，可通过Q3管理接口进行配置和管理。

接入网所覆盖的范围可由三种接口来定界：网络侧经由SNI与业务节点连接；用户侧经由UNI与用户驻地网连接；管理侧则经Q3管理接口与电信管理网连接。由SNI、UNI和Q3管理接口所包围的范围为接入网，如图1-2所示。

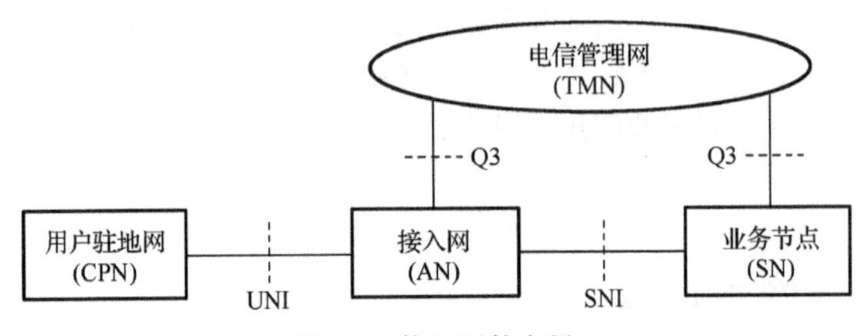

图1-2 接入网的定界

业务节点（SN）是能够独立提供某种业务的实体（设备或模块），是一种可以接入各种交换型或非交换型电信业务的网元。业务节点多种多样，可以是电信交换机，也可以是路由器或特定配置情况下的点播电视、广播电视业务节点或其他业务服务器等。

SNI是接入网和业务节点之间的接口，可分为支持单一接入的SNI和支持综合接入的SNI。支持单一接入的标准化接口主要有：提供ISDN基本速率（2B+D）的V1接口和一次群速率（30B+D）的V3接口；支持综合接入的接口（目前有V5接口，包括V5.1、V5.2接口）。

UNI是接入网和用户驻地网之间的接口，它能够支持目前网络所能提供的各种接入类型和业务，接入网的发展应当支持当前所有的接入类型和业务。

Q3管理接口是电信管理网与电信网各部分相连的标准接口。作为电信网的一部分，接入网的管理也必须符合电信管理网的策略。接入网通过Q3管理接口与电信管理网相连来实施电信管理网对接入网的管理和协调，从而提供用户所需的接入类型及承载能力。

接入网既可以支持多种不同的业务终端，又可以支持接入到多个不同业务特性的业务节点，如图1-3所示。

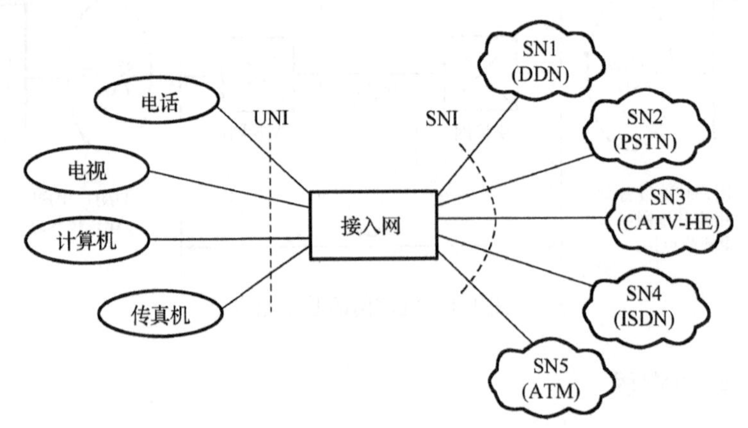

图1-3 接入网连接多个不同业务示意图

1.1.3 接入网的功能结构

接入网有5种基本功能，即用户接口功能（UPF）、核心功能（CF）、传送功能（TF）、业务接口功能（SPF）、接入网系统管理功能（AN-SMF）。接入网的功能结构图如图1-4所示。

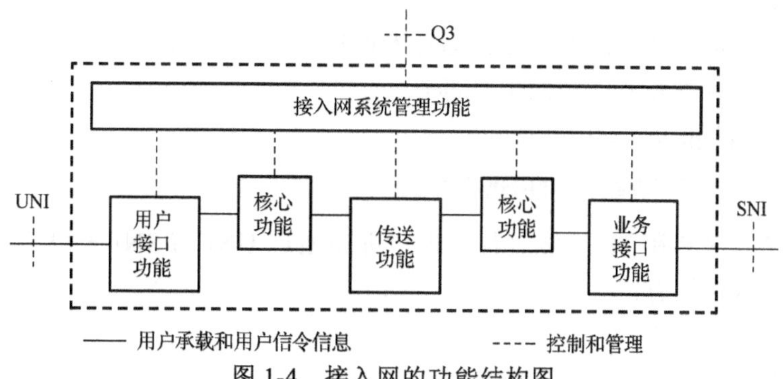

图1-4　接入网的功能结构图

1. 用户接口功能（UPF）

将特定的UNI要求与核心功能和管理功能相适配，具体功能有：

（1）终结UNI功能；

（2）A/D转换和信令转换功能；

（3）UNI的激活/去激活功能；

（4）处理UNI承载通路及容量功能；

（5）UNI的测试和UPF的维护功能、管理及控制功能。

2. 核心功能（CF）

将各个用户接口承载要求或业务接口承载要求适配到公共传送承载体之中，包括对协议承载通路的适配和复用处理。核心功能可以分布在整个接入网内，具体功能有：

（1）接入承载通路的处理功能；

（2）承载通路的集中功能；

（3）信令和分组信息的复用功能；

（4）ATM传送承载通路的电路模拟功能；

（5）管理和控制功能。

3. 传送功能（TF）

为接入网中不同位置的公共承载通路提供传输通道，并进行所用传输介质的适配，具体功能有：

（1）复用功能；

（2）交叉连接功能（包括疏导和配置）；

（3）管理功能；

（4）物理介质功能。

4．业务接口功能（SPF）

将特定 SNI 规定的要求与公共承载通路相适配，以使用核心功能进行处理，并选择有关信息，以便在 AN 系统中进行处理，具体功能有：

（1）终结 SNI 功能；

（2）将承载要求、时限管理和操作运行及时映射进核心功能；

（3）特定 SNI 所需要的协议映射功能；

（4）SNI 的测试和 SPF 的维护功能。

5．接入网系统管理功能（AN-SMF）

对 UPF、SPF、CF 和 TF 功能进行管理，进而通过 UNI 与 SNI 来协调用户终端和业务节点的操作，具体功能有：

（1）配置和控制功能；

（2）业务协调功能；

（3）故障检测与指示功能；

（4）用户信息和性能数据的采集功能；

（5）安全控制功能；

（6）通过 SNI 协调 UPF 和 SN 的时限管理与运行要求功能；

（7）资源管理功能。

1.1.4 接入网的特点

传统的接入网是以双绞线为主的铜线接入网。近年来，随着接入网技术和接入手段的不断更新，出现了光纤接入、无线接入并行发展的格局。接入网具有以下特点。

（1）接入网结构变化大、网径大小不一。接入网用户类型复杂，结构变化大，规模小，由于各用户所在位置不同，因此接入网的网径大小不一。

（2）接入网支持各种不同的业务。接入网的主要作用是实现各种业务的接入，如语音、数据、图像、多媒体业务等。

（3）接入网技术的可选择性大、组网灵活。在技术方面，接入网可以选择多种技术，如铜线接入技术、光纤接入技术、无线接入技术、混合光纤同轴电缆（HFC）接入技术等。接入网可根据实际情况提供环状、星状、总线状、树状、网状等灵活多样的组网方式。

（4）接入网成本与用户有关、与业务量无关。各用户传输距离的不同是造成接入网成本差异的主要原因，市内用户比偏远地区用户的接入网成本要低得多，接入网成本与业务量基本无关。

此外，接入网还具有不对称性和突发性特点。由于宽带接入网传输的业务大多是数据业务和图像业务，这些业务是不对称的，并且突发性很大，上行和下行需要采用不同大小的带宽，因此如何动态分配带宽也是接入网的关键问题之一。

1.2　接入网的发展

随着电信网的飞速发展和演变，接入网、传送网和交换网成为支持当前电信业务的三大基础网络。接入网是指核心网络与用户终端之间的所有链路和设备，其距离一般为几百米到几千米，因而形象地被称为“最后一公里”，它负责将终端用户接入核心网，并将各种电信业务透明地传输给用户。由于核心网一般采用光纤结构，传输速度快，而接入网一直是电信网领域中技术变化最慢、耗资最大、成本最敏感、法规影响最大和运行环境最恶劣的老大难领域，因此，接入网便成了整个网络系统的瓶颈。当前，网络结构不断优化，电信业务种类不断增长，迫切需要对接入网提出更高、更新的要求，对接入网技术进行不断的革新。

接入网的概念是由英国电信于 1975 年首先提出的，并且在 1976 年开始进行接入网组网的可行性试验，1977 年在苏格兰和伦敦地区进行了较大规模的推广应用，1978 年正式提出了接入网组网的概念。ITU 参与了英国电信的前期工作，于 1979 年开始着手制定接入网的标准。1995 年 11 月，第一个接入网的标准 G.902 建议出台，接入网首次作为一个独立的网络出现了，它是基于电信网的接入网。同时，为了打破交换机厂家的垄断，ITU 强制推出了接入网的规范，推动了接入网的发展。

2000 年 11 月，第二个接入网的标准 Y.1231 建议出台，它基于的是 IP 网的接入网，符合 Internet 迅猛发展的潮流，揭开了 IP 接入网迅速发展的序幕，ADSL、Cable MODEM 和以太网接入技术等新兴技术也逐渐流行。

接入网的最大一次飞跃，应该说是光纤技术的诞生和应用。光纤作为传输介质，和其他传输介质相比有无可比拟的优越性。巨大的传输容量是光纤通信最显著的特点，一根常规单模光纤的可用带宽就可达到 30 000GHz，而同轴电缆的带宽不过 1GHz，微波的带宽也不超过 300GHz，在数据流量需求飞速增长的今天，光纤的这一优点就显得尤为重要。此外，光纤的传输损耗极低，因此传输距离要比铜线长得多。同时，光纤还具有抗电磁干扰能力强、不产生电火花、信号串扰小、保密性好、光缆尺寸小、质量小、原材料丰富、价格低廉、可在恶劣环境下运行等特点。光纤势必取代铜线成为接入网的主要传输介质，但早期在接入网部分采用光纤时，成本是最大的阻碍，建设 1km 的光缆线路要比建设 1km 的铜线线路贵得多，这在一定程度上减缓了“光进铜退”的进程。2003 年前后，光纤的成本大大降低，而且光纤通信的质量和传输容量大大地超越了铜线，FTTx 的接入方式开始普及。

随着中国运营商近年来大规模 FTTx 网络部署的开展，中国成为拥有全球最多 FTTx 用户的国家之一，并且主导着全球 FTTx 市场的发展。按照工业和信息化部在“宽带中国 2013 专项行动”中提供的数据，2012 年我国光纤到户（FTTH）覆盖家庭新增 4900 万户，累计达到 9400 万户；固定宽带互联网接入用户新增 2510 万户，累计达到 1.75 亿户；使用 4Mbit/s 及以上接入带宽的用户占比提高了 23%，已超过了 63%；全国单位带宽平均资费水平同比下降超过 30%，宽带性价比有效提升。截至 2016 年 5 月底，全国FTTH覆盖家庭规模达到 70 400 万户，其中全国主导运营企业FTTH覆盖家庭平均比例已接近 90%，部分省市（如江苏、天津）已覆盖接近100%的家庭。2016 年在主导业务区，中国电信（中国电信集团有限公司）与中国联通（中国联合网络通信集团有限公司）为保持自身在宽带市场中的优势，通过合作等方式对城市老旧小区和重点乡镇继续加大FTTH网络建设的改造力度，中国移动（中国移动通信集团公司）在固定宽带市场持续发力。同时，农村地区宽带提速也在积极推进，目前在农村地区开展光纤到户建设也逐步成为共识。截至2016年5月底，全国行政村的光纤通达比例超过80%，宽带接入能力超过12Mbit/s的行政村比例超过50%，农村地区FTTH端口占FTTH总端口的比例达到31.6%，其中山东省和浙江省的占比已经超过45%。

千兆入户时代正在到来。在“光进铜退”的同时，随着4K电视等高带宽应用的推广普及，百兆接入的需求迅速增长，千兆入户正加速部署。为解决EPON、GPON等技术面临的带宽瓶颈，上海等地的运营企业在全面部署FTTH网络的基础上，积极部署10GPON技术商用化示范试点。

近年来，随着各种宽带业务的不断涌现和业务类型的多样化，接入技术宽带化和多样化、接入承载的差异化和接入终端设备的可控化，将成为新一代宽带接入网的发展趋势与重要特征，未来我国接入网的发展方向主要表现在以下方面。

（1）宽带接入是接入网发展的必然趋势。

（2）宽带接入基于IP是大趋势。

（3）未来接入网必定是全业务接入网。

（4）分阶段、有步骤地向FTTH/FTTO演进，是接入网切实可行的发展方向。

（5）接入网对多种因素敏感，还没有一种绝对主导的技术。采用多元化的接入技术，以模块式结构来构筑公共接入平台，融合多元化的接入技术，融合多种技术和业务，简化网络结构，才能适应接入网的发展。

1.3 接入网的分类

可以从不同的角度对接入网进行分类，如按拓扑结构、传输介质、传输信号的形式、接入业务的速率、接入技术等分类。

1.3.1 按拓扑结构分类

接入网的拓扑结构指的是机线设备的集合排列形状，它反映了物理上的连接性。当前，接入网中常见的拓扑结构有星状网、环状网、总线状网和树状网等，如图1-5所示。在实际应用中还可以将以上各种拓扑结构进行组合，形成其他形式的网络结构。

接入网的成本在很大程度上受拓扑结构的影响，拓扑结构与接入网的效能、可靠性、经济性和提供的业务直接相关。下面分别介绍有线接入网络和无线接入网络的拓扑结构。

（1）铜线接入网拓扑结构

铜线接入网主要是指基于固定电话网的用户数字线（xDSL）接入网，其复用系数小。所采用的拓扑结构与固定电话网的拓扑结构相似，除用户驻地网（CPN）外，都以网状、星状和复合状拓扑结构为主。

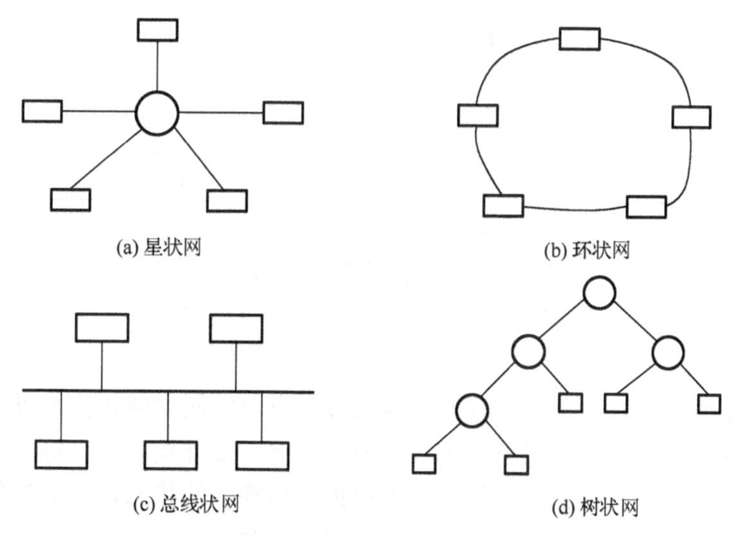

图 1-5　接入网按拓扑结构分类

（2）光纤接入网拓扑结构

光纤接入网所采用的拓扑结构应考虑光纤的特点，其复用系数大，成本较低，以总线状、星状、环状、树状为基本拓扑结构，在实际工作中还可采用网状、双星状、双环状等拓扑结构。

（3）HFC 接入网拓扑结构

HFC 接入网是指基于有线电视（CATV）的接入网，所采用的拓扑结构以树状拓扑结构为主。

（4）无线接入网拓扑结构

无线接入网拓扑结构通常分为两类：无中心拓扑结构和有中心拓扑结构。在无中心拓扑结构中，一般所有站点都使用公共的无线广播信道，并采用相同的协议征用无线信道，任意两个节点之间都可以直接进行通信。这种结构的优点是组网简单、成本低、网络稳定性好；缺点是当站点增多时，网络服务质量会下降，网络的布局受到限制。无中心拓扑结构适用于用户数较少的情况。

在有中心拓扑结构中需要设立中心站点，所有站点对网络的访问均受其控制。这种结构的优点是当站点增多时，网络服务质量不会急剧下降，网络的布局受限小，扩容方便；缺点是网络稳定性差，一旦中心站点出现故障，网络就会陷入瘫痪，并且中心站点的引入增大了网络成本。

1.3.2　按传输介质分类

在整个通信网中，接入网属于通信网的末端，直接与用户连接。根据所采用的传输介质，接入网可以分为有线接入网和无线接入网，如图 1-6 所示。

有线传输介质是指在两个通信设备之间的物理连接部分，它能将信号从一方传输到另一方。有线传输介质主要有双绞线、同轴电缆和光纤，其中，双绞线和同轴电缆传输电信号，光纤传输光信号。

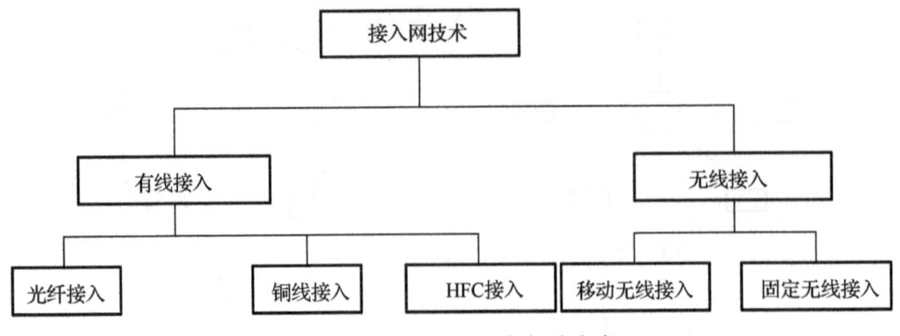

图 1-6 接入网按传输介质分类

无线传输介质是指自由空间。利用无线电波在自由空间中的传播可以实现多种无线通信。电磁波根据频率的不同，可分为无线电波、微波、红外线和激光等，信息被加载到不同频率的无线电波上进行传输。无线接入网根据通信终端的状态，可分为移动无线接入网和固定无线接入网。固定无线接入网主要为固定位置的用户或仅在小区内移动的用户提供服务，主要包括卫星直播系统、多路多点分配业务、本地多点分配业务、无线局域网（WLAN）、全球微波接入互操作性（WiMAX）等。移动接入网主要为移动用户提供各种电信业务，包括蜂窝移动通信、卫星移动通信和 WiMAX 等。

不同传输介质的特性也不相同，如物理特性、传输特性、连通性、地域范围、抗干扰性、相对价格等。不同的特性对网络中数据的通信质量和通信速率有较大的影响。

1.3.3 按传输信号的形式分类

按传输信号的形式分类，接入网可以分为数字接入网和模拟接入网。

（1）数字接入网：接入网中传输的是数字信号，如 HDSL、光纤接入网、以太网接入等。

（2）模拟接入网：接入网中传输的是模拟信号，如 ADSL 等。

1.3.4 按接入业务的速率分类

按接入业务的速率分类，接入网可以分为窄带接入网和宽带接入网。不同时期、不同国家、不同行业有不同的定义，宽带与窄带的一般划分标准是用户网络接口上的速率。早些年将用户网络接口上的最高接入速率超过 2Mbit/s 的用户接入称为宽带接入，而在 2018 年 5 月 3 日，宽带发展联盟发布第 19 期《中国宽带速率状况报告》，提到 2018 年第一季度我国固定宽带网络平均下载速率达到 20.15Mbit/s，相比 2017 年第一季度提升 54.9%。

接入速率的高低是区分窄带与宽带的一个因素，窄带接入网与宽带接入网更本质的区别是信息的传输方式不同。窄带接入网基于电路方式传输业务，适用于对语音等带宽固定、对 QoS 要求比较高的实时业务的传输，而对以 IP 为主流的高速数据业务的支持能力较差。接入网支持的窄带业务主要有普通电话业务、模拟租用线业务、ISDN 基本速率和基群速率业务、低速数据业务，以及 $N\times64$kbit/s 数据租用业务等。宽带接入网则以分组传输方式为基础，这些分组可以是 ATM 信元、IP 数据包、帧中继帧或以太网帧等，宽带接入网适合用来解决数据业务的接入问题。接入网支持的宽带业务主要有高速数据业务、

VOD 业务、数字电视分配业务、交互式图像业务、多媒体业务、远程医疗业务、远程教育业务等。

1.3.5 按接入技术分类

按接入技术分类，接入网包括铜线接入技术、以太网接入技术、HFC 接入技术、光纤接入技术、无线接入技术等。

1．铜线接入技术

按带宽的不同，铜线接入技术可分为铜线窄带接入技术和铜线宽带接入技术。铜线窄带接入技术包括 PSTN 拨号接入技术、ISDN 拨号接入技术和 DDN 接入技术。铜线宽带接入技术也称为 xDSL 接入技术，是指采用不同的调制方式将数据信息送到普通电话铜线上实现高速传输的技术，数据业务与电话业务共享同一条电话线，采用频分复用技术实现数据和语音的同时传输，充分利用埋在地下的铜线资源实现宽带接入，具体接入结构如图 1-7 所示。xDSL 接入技术是对多种用户线高速接入技术的统称，包括 ADSL、HDSL、VDSL、SDSL、RDSL 等，其中应用较广的是 ADSL。

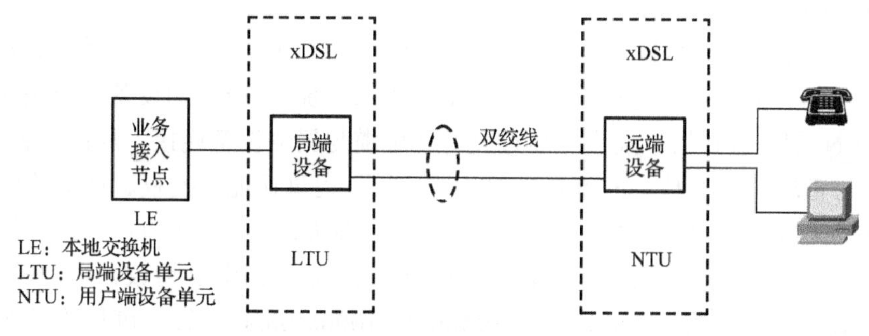

图 1-7　xDSL 接入结构

ADSL 技术是一种利用双绞线传输双向不对称比特率数据的技术。所谓不对称，是指上行（用户到局端）速率和下行（局端到用户）速率不相等，在一条电话线上从局端到用户的下行速率可以达到 1.5～8Mbit/s，上行速率可以达到 160～640kbit/s，同时，在同一条电话线上还可以提供电话服务。ADSL 技术的最大传输距离为 5.5km，并随着数据传输速率的提高而相应缩短。以上特性使得 ADSL 技术成为网页浏览、视频点播和远程局域网的理想方式，因为对于大部分 Internet 和 Intranet 应用，用户下载的数据量远大于上传的数据量。

VDSL 技术与 ADSL 技术类似，依然在一对铜质双绞线上实现信号传输，无须铺设新线路或对现有网络进行改造。用户一侧的安装也较简单，只要用分离器将 VDSL 信号和语音信号分开，或者在电话机前加装滤波器即可。VDSL 的上行速率、下行速率也是不对称的，其下行速率有 52Mbit/s、26Mbit/s、13Mbit/s 三种，上行速率有 19.2Mbit/s、2.3Mbit/s、1.6Mbit/s 三种。VDSL 是一种传输距离很短的宽带接入技术，在小于 300m 时可具有比 ADSL 更高的数据传输速率，并且当 ONU（Optical Network Unit，光网络单元）离终端用户很近时，可与 FTTC、FTTB 等结合使用。

xDSL 技术在同一条铜线上分别传输数据和语音信号，充分使用现有铜线网络设施提供可视电话、多媒体检索、LAN 互联、Internet 接入等业务。xDSL 作为由窄带接入网到宽带接入网过渡的主流技术，在我国电信发展史上具有重要的作用，但其在应用上也存在诸多问题。

（1）经济性差。造价较高，与新建无源光纤点对多点复用相比，已无优势可言。

（2）实用线路质量难以适应 xDSL 的高技术标准。线路传输带宽不足，不能实现高速视频。

（3）xDSL 的驱动功率较大，线间串扰较大，对其他低频通信设备会造成干扰。

2. 以太网接入技术

以太网接入技术是一种较实用的宽带接入技术。以太网接入技术自 1990 年开始发展，目前已经非常成熟。据统计，以太网的端口数约为所有网络端口数的 85%。传统以太网技术不属于接入网范畴，而属于用户驻地网领域，然而其应用领域正在向包括接入网在内的其他公共网领域发展。利用以太网作为接入手段的主要原因如下：

（1）以太网有巨大的网络基础和长期应用的经验知识；

（2）目前所有流行的操作系统和应用都与以太网兼容；

（3）性价比高、可扩展性强、可靠性高、容易安装和开通；

（4）以太网接入方式与 IP 网是最佳匹配。

以太网接入是指以太网技术与计算机网络的综合布线相结合，直接为终端用户提供基于 IP 的多种业务的传输通道。在宽带小区的以太网接入系统中，用户侧设备主要是楼内交换机，并通过 VLAN 划分进行用户隔离，通过光纤或电缆与局侧设备连接。局侧设备主要是三层交换机，它与管理网、IP 核心网及各种服务器连接，提供认证、授权、计费等服务。

以太网的早期传输介质是同轴电缆，现已经被淘汰，目前使用的主要是五类或五类以上的双绞线，也可以是光纤或无线电波等。网络层已统一使用 IP 协议，同时以太网技术已经有重大突破，容量分为 10Mbit/s、100Mbit/s、1000Mbit/s 三级，可按需升级，10Gbit/s 以太网系统已经问世多年。

以太网技术最佳地匹配了 IP 技术，它采用变长帧、无连接、域内广播等技术，正在一统链路层。新兴的宽带运营商专门针对电信运营商已经大量发展了以太网接入技术，如 IEEE 802.3ah—2004、EFM 等。同时，以太网接入技术正在进一步完善，其系统结构、接入控制、用户隔离安全性都将得到改善或提高。

3. HFC 接入技术

HFC（Hybird Fiber-optic Cable，混合光纤同轴电缆）接入网是一种综合应用模拟和数字传输技术、同轴电缆和光缆技术、射频技术的高度分布式智能型接入网络，是通信网和有线电视（CATV）网相结合的产物，可以提供有线电视、宽带数据、电话等多种业务的接入。

HFC 接入网的干线部分以光纤为传输介质，配线网部分保留原有的树状–分支状同轴电缆网。HFC 接入网模拟频分复用信道，其信号调制方式与光纤 CATV 网兼容，一般为残留边带调幅（VSB-AM）方式。HFC 接入网在原有的有线电视系统的基础上，引入 Cable MODEM 技术，实现多种业务的接入。Cable MODEM 的通信和普通 MODEM 一样，是数据信号在模拟信道上交互传输的过程，其前端设备为电缆调制解调器（CMTS），用于管理和控制 Cable MODEM，用户侧设备为 CM（Cable MODEM）。HFC 接入网的结构如图 1-8 所示。

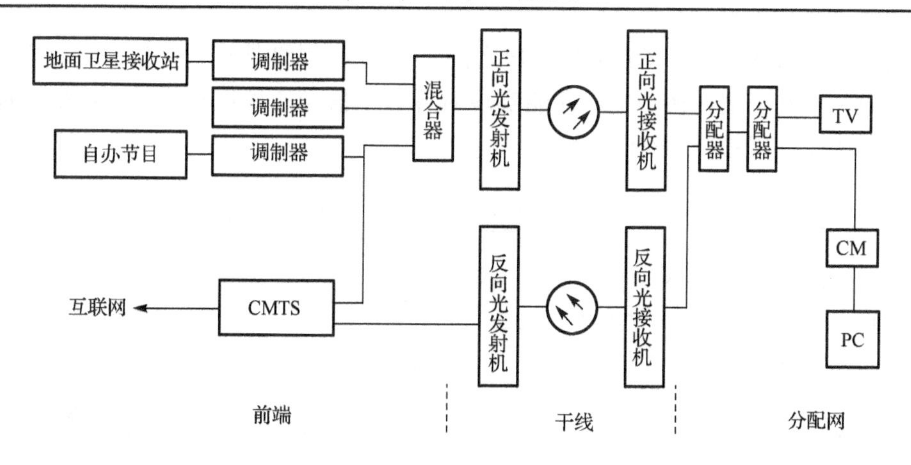

图 1-8　HFC 接入网的结构

HFC 系统在下行方向的有线电视业务由前端设备提供，数据或语音业务通过 CMTS 调制，不同的业务通过混合器进行频分复用，再通过正向光发射机把信号沿光缆线路传输至光节点，然后正向光接收机把信号进行光电转换和射频放大，再经同轴电缆分配网络到达用户终端，并将电视信号送给电视机，数据信号通过 CM 的调制解调后供给 PC。上行传输是下行传输的逆过程，但仅发送计算机的数据信号，而电视不回传。

HFC 是从光纤 CATV 演变而来的，新业务的初期成本低，运营成本也大大下降。利用 HFC 可以提供电话、数据和先进视频等多业务平台，它的带宽较大，但作为 IP 接入还存在很多问题。由于 HFC 采用的是模拟传输方式，因此可靠性不是很高，特别是系统的噪声问题较为严重，反向回传会产生类似漏斗的噪声累积。其上行信道也比较受限，电话供电问题也不易解决。HFC 在频谱分配方案中没有国际标准，市场上的设备不易互通，由于暂时不支持 Q3 管理接口，管理问题解决得也不是很好，因此，HFC 作为光电系统宽带接入技术在新建网络中已基本不再采用，取而代之的是 EPON+EOC 技术。

4. 光纤接入技术

接入网已由铜线接入发展为光纤接入，即所谓的“光进铜退”，前面介绍的 xDSL 技术、HFC 技术大多用到了铜线，在一定时期内可以满足一部分宽带接入的需求，但这些都是过渡技术。以光纤为传输介质的光纤接入技术具有容量大、衰减小、传输距离远、防干扰能力强、保密性好等诸多优点，且其建设成本也相对较低，因此，光纤接入成为当前宽带接入的主流技术。

光纤接入网可分为两大主流技术网络：有源光网络（Active Optic Network，AON）和无源光网络（Passive Optic Network，PON）。二者的区别主要是网络中是否含有有源电子设备。PON 具有成本低、对业务透明、易于升级和易于维护管理的优势，近年来发展得十分迅猛。基于 PON 技术的宽带接入网根据光网络单元（ONU）的位置可分为多种应用类型，有 FTTC（光纤到路边）、FTTB（光纤到大楼）、FTTH（光纤到户）等几种形式，因此光纤接入网又称为 FTTx 接入网。

光纤接入网的结构如图 1-9 所示。从该图可看出，一个光纤接入网主要由光线路终端（OLT）、光分配网络（ODN）、光网络单元（ONU）、适配功能模块（AF）组成。其中，OLT 主要用于提供骨干网与配线网之间的接口；ODN 位于 OLT 和 ONU 之间，用于完成光信号功率的分配；ONU 位于 ODN 和用户之间，ONU 的网络具有光接口，而用户侧为电接口，因此需要具有光/电转换功能，并能实现对各种电信号的处理与维护。适配功能模块主要为 ONU 和用户设备提供适配功能。

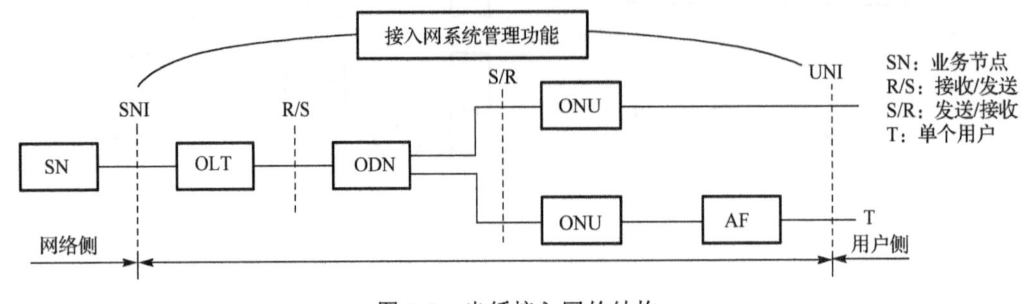

图 1-9 光纤接入网的结构

5. 无线接入技术

随着通信技术的飞速发展，在敷设最后一段用户线时通常会面临一系列的难题：铜线和双绞线的长度在 4～5km 时会出现高环阻问题，通信质量难以保证，在山区、岛屿、城市用户密度较大而管线紧张的地区架设用户线困难且耗时、费力、成本高。为了解决这个所谓的“最后一公里”问题，达到快速安装、价格低廉的目的，无线接入技术便应运而生。无线接入网是指从业务节点接口到用户终端全部或部分采用无线方式，即利用卫星、微波及超短波等向用户提供各种电信业务的接入系统。无线接入网又可分为固定无线接入网和移动无线接入网。

固定无线接入网主要为固定位置的用户或仅在小区内移动的用户提供服务，主要包括卫星直播系统（DBS）、多路多点分配业务（MMDS）、本地多点分配业务（LMDS）、无线局域网（WLAN）、WiMAX 等。

移动无线接入网为移动用户提供各种电信业务，主要包括蜂窝移动通信、卫星移动通信和 WiMAX。其中，WiMAX 既可以实现固定无线接入，又可以实现移动无线接入。

近年来，随着电信市场的开放、通信与信息产业技术的快速发展，各种高速率的宽带接入系统不断涌现，而宽带无线接入系统凭借其建设速度快、运营成本低、投资成本回收快等特点，受到了运营商的青睐。

目前，宽带无线接入技术的发展极为迅速，各种微波、无线通信领域的先进手段和方法不断引入，各种无线接入技术迅速涌现，包括 26GHz 频段 LMDS 系统、3GHz 频段 MMDS 系统和无线局域网 WLAN、WiMAX、蓝牙技术、UWB 等。宽带无线接入技术的发展趋势是：一方面充分利用过去未被开发或应用不是很广泛的频率（如 2.4GHz、3.5GHz、5.7GHz、26GHz、30GHz、38GHz 甚至 60GHz）资源，实现尽可能高的接入速率；另一方面，融合微波和有线通信领域成功应用的先进技术（如高阶 QAM 调制、ATM、OFDM、CDMA、IP 等），以实现更大的频谱利用率、更丰富的业务接入能力和更灵活的带宽分配方法。

小结

1．电信是指利用有线、无线的电磁系统或光电系统，对语音、文字、数据、图像及其他形式的电信号进行传输的过程。

电信网是由一定数量的节点和传输链路按照规定的协议，实现两点或多点之间通信的网络。

2．公用电信网按功能，可划分为传输网、交换网和接入网三部分，交换网和传输网合在一起称为核心网。其中，核心网主要负责连接的建立、信息的交换、链路的拆除和释放，是整个电信网的核心部分。接入网主要完成将用户接入核心网的任务。

3．接入网有 5 种基本功能，即用户接口功能（UPF）、核心功能（CF）、传送功能（TF）、业务接口功能（SPF）和接入网系统管理功能（AN-SMF）。

4．接入网与核心网相比有非常明显的特点：接入网结构变化大、网径大小不一，支持各种不同的业务，可选择性大、组网灵活，成本与用户有关、与业务量无关等。

5．可从不同的角度对接入网进行分类。

按照拓扑结构分类，可分为星状网、环状网、总线状网和树状网等。接入网的成本在很大程度上受拓扑结构的影响，拓扑结构与接入网的效能、可靠性、经济性和提供的业务直接相关。

按照传输介质分类，可分为有线传输和无线传输。其中，有线传输介质主要有双绞线、同轴电缆和光纤。无线接入网可分为移动无线接入网和固定无线接入网。

按照传输信号的形式分类，可分为数字接入网和模拟接入网。

按照接入业务的速率分类，可分为窄带接入网和宽带接入网。

按照接入技术分类，可分为铜线接入技术、以太网接入技术、HFC 接入技术、光纤接入技术、无线接入技术等。

习题

1．画图并说明按照网络功能划分时的电信网的基本组成。

2．接入网是如何定义的？有哪些接口？

3．常用的接入技术有哪些？

4．简述未来我国接入网的发展方向。

5．走访固网运营商，了解固网运营商面临哪些挑战。面对这些挑战，简要说明解决问题的对策或技术方案。

6．查找相关资料，调查目前主要应用的宽带接入技术，比较各种宽带接入技术的优点和缺点，完成一篇《宽带接入技术综述》文章。

第2章　接入网的体系结构

2.1　接入网总体标准——G.902 建议

2.1.1　G.902 建议概述

1995 年 11 月 2 日，国际电信联盟（International Telecommunication Union，ITU）发布了接入网的第一个总体标准——G.902 建议。G.902 建议从功能的角度定义了接入网（Access Network，AN）框架，从体系结构、功能、业务节点、接入类型和管理等方面描述了接入网。

G.902 建议的重点内容包括：强调接入网的功能，从功能角度定义接入网，并说明接入网对传输介质层的功能性需求；规定并描述了接入网的体系结构，以及与总体结构相关的业务节点、接入网支持的接入类型、传送承载能力及对其与业务节点有关的管理概念和管理需求、接入的运行和控制。

G.902 建议的目的是为进一步的相关工作提供框架。进一步的相关工作包括业务节点和业务节点接口、用户网络接口、接入网内部接口、接入类型、接入承载能力需求的定义及具体的接入网等。

G.902 建议是一个总体性标准，它需要引用一系列相关的其他标准。

例如，具体定义接入网接口的标准如下。

- G.964（1994 年）：V5.1 窄带接口。
- G.965（1995 年）：V5.2 窄带接口。
- G.967.1（1998 年）：VB5.1 宽带接口。
- G.967.2（1999 年）：VB5.2 宽带接口。

其他一系列相关标准如下。

- G.803（1993 年）：基于 SDH 的传送网络的体系结构。
- G.805（1995 年）：传送网络的一般功能结构。
- G.960（1993 年）：ISDN 基本速率接入的接入数字段。
- G.962/G.963（1993 年）：ISDN 基群速率接入的接入数字段。
- ISDN 的有关建议：I.112（1993 年）、I.414（1993 年）、I.430（1993 年）。
- M.3010（1992 年）：电信管理网（TMN）原理。
- Q.512（1995 年）：用户接入的数字交换接口。
- Q.2512：用户接入的网络节点接口。

G.902 建议是关于接入网的第一个总体标准，对接入网的形成具有关键性的奠基作用，意义十分重大。G.902 建议定义严格、描述抽象，从“功能”这一较高的角度描述接入网，希望使用于接入网进一步的各种技术和业务中。

必须注意的是，G.902 建议的准备时间是 1993—1996 年，由 ITU SG13 研究组具体实施。当时，互联网尚未实现今日的辉煌，互联网技术的理念、框架还远未深入影响通信技术界，传统电信技术的体系和思路还是电信网络的主体。G.902 建议在很大程度上受到传统电信技术的影响，其定义的接入网特别是接入网的功能体系、接入类型、接口规范等，更多地适用于电信网络。因此，当关于 IP 接入网的总体标准 Y.1231 建议问世以后，人们有时将 G.902 建议称为“电信接入网总体标准”。

2.1.2　接入网的基本定义

G.902 建议首先定义了若干基本概念，作为进一步描述接入网总体结构的基础，其中最重要的是接入网、接入承载能力、业务节点和业务节点接口、用户网络接口的定义。显然，准确理解这些定义是深入理解接入网体系结构的基础。但是，ITU 的建议与所有技术标准文档一样，定义通常十分复杂而难以理解，G.902 建议的抽象描述特点决定上述定义更难以理解。本节以定义“接入网”为例，讨论接入网的标准定义以看出其难度，然后分析这个定义的要点。

G.902 建议中的接入网定义如下。

接入网（AN）是由一系列实体（如线缆装置、传输设备等）组成的，在一个业务节点接口（SNI）和每个与之相关联的用户网络接口（UNI）之间提供电信业务所需的传输能力。接入网可以经由 Q3 管理接口进行配置和管理。对接入网可以实现的 UNI 和 SNI 的类型与数量在原则上没有限制。接入网不解释用户信令。

仔细分析接入网的定义，可以看出以下几点。

- 接入网是一个由线缆装置、传输设备等实体构成的实施系统。
- 接入网为电信业务提供所需的传输能力。
- 电信业务是在 SNI 和每个与之相关联的 UNI 之间提供的。
- 接入网可以经由 Q3 管理接口（电信管理网 TMN 的接口）进行配置和管理。
- 接入网不解释用户信令。

这个定义的抽象性、概括性很强。如果没有互联网技术的冲击，那么应该有非常广泛的指导意义。通过后面的讨论可以知道，G.902 建议中的接入网定义存在一定的局限性。

- 只具有连接、复用、运送功能，不具备交互功能。
- 只能静态关联：SNI 和 UNI 只能由网管人员通过 Q3 管理接口的指派实现静态关联，不能实现动态关联。
- 不解释用户信令：用户不能通过信令选择不同的业务提供者。
- 由特定接口界定。
- 核心网与业务绑定，不利于其他业务提供者参与。
- 不具备独立的用户管理功能。

2.1.3 接入网的结构和定界

接入网的定界如图 2-1 所示，该图来自 G.902 建议中的 Fig.1（图 1）。

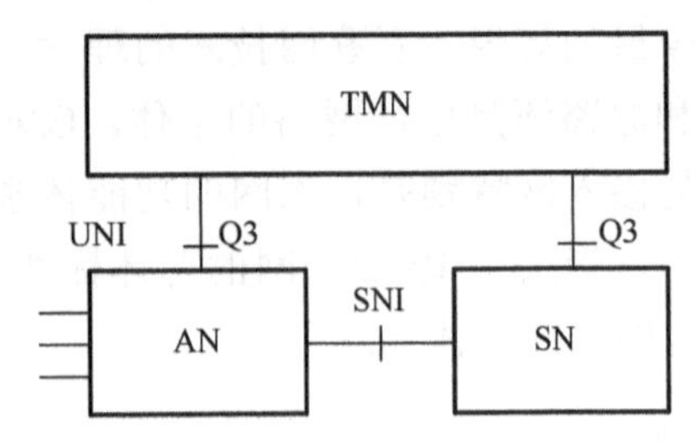

图 2-1　接入网的结构和定界

由该图可以清楚地看出：AN 以 UNI、SNI、Q3 管理接口为边界连接到其他网络实体，AN 通过 UNI 和 SNI 连接用户终端与业务节点 SN，为传输 SNI 和与之关联的 UNI 之间的电信业务提供接入承载能力，AN 通过 Q3 管理接口与 TMN（Telecommunication Management Network，电信管理网）进行管理交互。

一个 AN 可以与多个 SN 相连，这样一个 AN 既可以接入多个分别支持特定业务的 SN，又可以接入多个支持相同业务的 SN。必须注意：UNI 与 SN 的关联是静态的，即关联的确立是通过与相关 SN 的协调指配功能来完成的，对 SN 接入承载能力的分配也是通过协调指配功能来完成的。

接入网定界的方法是一种“黑箱理论”的定义方法，这种方法通过指出一个系统与所有外部系统的关系来定义此系统。这在系统内部结构不够明确或系统内部结构过于复杂或可能变化过大时，是一种重要的方法，必须充分重视。

2.1.4 接入网的接口

接入网有三种主要接口，即用户网络接口（UNI）、业务节点接口（SNI）和 Q3 管理接口。由于这三种接口的定义都有传统电信网络的特点，在 IP 接入网中另有相应的定义，所以下面只简单介绍这些接口。

1. 用户网络接口（UNI）

UNI 是用户与网络之间的接口，用户终端通过 UNI 连接到 AN。UNI 进一步分为单个 UNI 和共享 UNI。单个 UNI 包括 PSTN 和 ISDN 中各种类型的 UNI。但是，PSTN 中的 UNI 和用户信令并没有得到广泛应用，因而通常各个国家均采用自己的规定。共享 UNI 的一个例子是 ATM 接口。当 UNI 是 ATM 接口时，这个 UNI 可支持多个逻辑接入，每个逻辑接入通过一个 SNI 连接到不同的 SN。这样，ATM 接口就成为一个共享 UNI，通过这个共享 UNI 可以接入多个 SN。

2. 业务节点接口（SNI）

SNI 是 AN 与 SN 之间的接口，是 SN 通过 AN 向用户提供电信业务的接口。SN 有多种类型，包括特定业务的业务节点和模块化业务节点等。

特定业务的业务节点是只支持一种特定业务的业务节点，例如：

- 单个本地交换机，支持PSTN、N-ISDN、B-ISDN、分组数据等多种业务；
- 单个专线租赁业务节点，基于电路方式、ATM方式等；
- 提供数字视频/音频按需点播的业务节点。

模块化业务节点是指一个业务节点可以支持多种业务，如ATM多业务节点。

具体的SNI规范在与G.902建议相关的其他ITU建议中被定义，其中最重要的接口规范如下。

- V5窄带接口系列。
  - V5.1：接口速率为2Mbit/s，ITU G.964（1994年）。
  - V5.2：2～16个接口，接口速率为2Mbit/s，ITU G.965（1995年）。
- VB5宽带接口系列。
  - VB5.1：ATM接口，2～622Mbit/s固定接口速率，ITU G.967.1（1998年）。
  - VB5.2：ATM接口，2～622Mbit/s，可通过指配改变接口速率，ITU G.967.2（1999年）。

3. Q3管理接口

AN需要标准化Q3管理接口，以便电信管理网TMN通过Q3管理接口对AN进行配置和管理。

G.902建议未考虑其他网管接口规范，如SNMP接口规范。如后所述，AN的管理功能也缺乏对用户接入的管理，这是G.902建议的缺点。

2.1.5 管理、控制和操作

G.902建议规定了AN所要求的管理结构和AN的管理功能。这些结构、功能与TMN和AN的功能模型相关，这里就不详细讨论了。

网络的可靠运行是运营网络的基本要求，也是接入网的运行需要。因此，对接入网功能进行控制和监视是AN的必备操作。此外，接入网系统管理功能还包括通常的配置管理、故障管理、性能管理和安全管理。

配置管理功能包括设备管理和软件管理。设备管理必须连续监视AN的逻辑表示和具体实现之间的映射，包括对现场可代替单元的管理。对于这些部件，均可以实行配置管理、故障管理和性能管理。软件管理包括软件下载、版本管理、软件故障检测和恢复机制。

根据对网管动作响应时间的实时性要求，AN的管理功能可以分为即时（Time Critical）管理功能和非即时（Non-time Critical）管理功能两大类。即时管理功能（如由接入网内部故障导致的用户端口阻塞）要求与SN实时协调，由AN和SN的系统管理功能通过SNI通信来完成。非即时管理功能（如接口和用户端口的指配）则只需要SNI两侧（AN与SN的系统管理功能）通过Q3管理接口协调工作。

值得注意的是，ISO/OSI著名的5大管理域是配置管理、故障管理、性能管理、安全管理和记账管理，而G.902建议中的接入网网管功能基本取消了记账功能。此外，AN只能通过Q3管理接口接受TMN的管理而没有给SNMP网管预留地位，这也是G.902建议的缺点。

2.1.6 G.902 建议小结

G.902 建议在接入网发展史上的作用是不可替代的，它确立了接入网的第一个总体结构，使接入网开始形成一个独立完整的网络，成为现代通信网络的两大基础构件。但是，在互联网大潮的冲击下，G.902 建议开始暴露出传统电信网络观念的弱点。

在全球信息基础建设影响下产生的 ITU Y.1231 建议定义了 IP 接入网的总体结构，将接入网推进到一个新的历程。

2.2 IP 接入网总体标准——Y.1231 建议

2.2.1 IP 接入网系列标准概述

Y.1231 建议是 IP 接入网的总体标准，这是在 IP 技术潮流推动下通信技术界的重要发展。Y.1231 建议不仅对 IP 接入网具有指导性意义，对电信网络的 IP 化具有强烈的推动作用，而且对一般接入网的总体结构也有重要影响。

2.2.2 ITU Y 系列建议与 GII

20 世纪 90 年代末，互联网在全球取得了巨大的成功，全球都开始讨论 NII（National Information Infrastructure，国家信息基础设施）和 GII（Global Information Infrastructure，全球信息基础设施）。ITU 预见到 IP 技术在未来通信领域将会起到重要作用，甚至是革命性作用，因此，自 1999 年开始进行了全面的重心迁移，ITU-T 各研究组开始了基于 IP 技术的一系列标准的研究。ITU-T 成立了“多协议和 IP 网络及其互通研究组”的 SG13，开始研究 IP 网络体系结构，以及基于 IP 技术的电信传统业务发展策略等。经过大量的研究，SG13 提出了 Y 系列建议，定义了“基于 IP 的全球信息基础设施 GII”。随后 IP 技术用于电信网络的势头越来越猛。

在 ITU Y 系列建议中，重要的建议如下。

Y.1001 建议是“IP 框架结构——电信网络和 IP 网络技术融合的框架结构”。它是 Y 系列中最基本的一个标准。

Y.1241 建议是“利用 IP 传输能力来支持基于 IP 的业务”，它定义了专用网和公用网环境中不同的 IP 传输能力所支持的不同 IP 业务。该建议把 IP 业务定义为由业务平面利用 IP 传输能力向终端用户提供的业务。该建议还把 IP 业务分成了 5 大类，并对各类 IP 业务的通信配置和性能保证属性进行了描述。

Y.1401 建议提出“与 IP 网络互通的一般要求”，它主要规定了 IP 网络和非 IP 网络互通时的框架结构。该建议将 IP 层以上的各种业务应用都放在业务平面上，并从网络互通和业务互通角度出发，考虑了互通的通信方案，规定了互通功能单元在用户平面、控制平面、管理平面上的要求。

Y.1541 建议是“IP 通信业务——IP 性能和可用性指标和分配”建议。它把 IP 业务 QoS

分为 4 类，其中第 0 类为电信级通信业务。该建议还规定了 IP 性能指标的分配、路由长度计算方法、核实 IP 性能指标的参考路径、IP 性能测量方法等相关信息。

2.2.3 IP 接入网概述

Y.1231 建议于 2000 年 11 月通过，命名为“IP 接入网体系结构”（IP Access Network Architecture）。

Y.1231 建议从体系、功能、模型的角度描述 IP 接入网，提出了 IP 接入网的定义、功能要求和功能模型、承载能力、可能的接入类型及接口。IP 接入网的功能模型包括提供 IP 业务的 IP 网络高层体系和模型。

Y.1231 建议比 G.902 建议更加简洁、抽象、统一和先进，其内容更加精练；使用抽象概念参考点 RP（Reference Point）代替了 G.902 建议中的 UNI、SNI 和 Q3 管理接口，使接入网的接口更抽象、统一。而且，Y.1231 建议定义的 IP 接入网适用于一切基于 IP 技术的技术，可以提供数据、语音、视频和其他多种业务，满足了未来融合网络的需要。

Y.1231 建议具有以下功能。

- 交换功能

IP 接入网解释用户信令并可以动态切换业务提供商。如果使用 G.902 建议，那么用户端口功能可以动态地切换到不同的业务节点，这种功能有利于用户即时选择各种业务。

- 接入管理和控制功能

除接入网必须具有的用以承载业务的传送承载能力外，IP 接入网的功能模型中还定义了 IP-AF（IP 接入功能），可以对用户接入进行认证和控制，十分有利于接入网的独立运营。

2.2.4 IP 接入网的定义

IP 接入网是指在“IP 用户和 IP 业务提供者（ISP）之间提供所需 IP 业务接入能力的网络实体的实现”。

IP 接入网是用 IP 作为第三层协议的网络。IP 网络业务是通过用户与业务提供者之间的接口，以 IP 包格式传输数据的一种服务。

IP 接入网的功能包括接入功能、端功能、网络终端功能，它与用户驻地网（CPN）、ISP 之间的接口是参考点 RP。

从 IP 接入网的定义来看，IP 接入网与 G.902 建议中定义的接入网有很多不同。IP 接入网位于 IP 核心网与用户驻地网之间，IP 接入网与用户驻地网和 IP 核心网之间的接口是参考点 RP，而不是传统的用户网络接口（UNI）和业务节点接口（SNI）。参考点 RP 是指逻辑上的参考连接，在某种特定的网络中，其物理接口不是一一对应的。

2.2.5 IP 接入网的位置

IP 网络通用体系结构如图 2-2 所示。该图描述了 IP 接入网在 IP 网络中的位置，是 IP 接入网中最基础、最重要的结构图。从图 2-2 可以看出，IP 接入网位于用户驻地网（CPN）和 IP 核心网之间，IP 接入网与 CPN 和 IP 核心网之间的接口均为通用的参考点 RP。

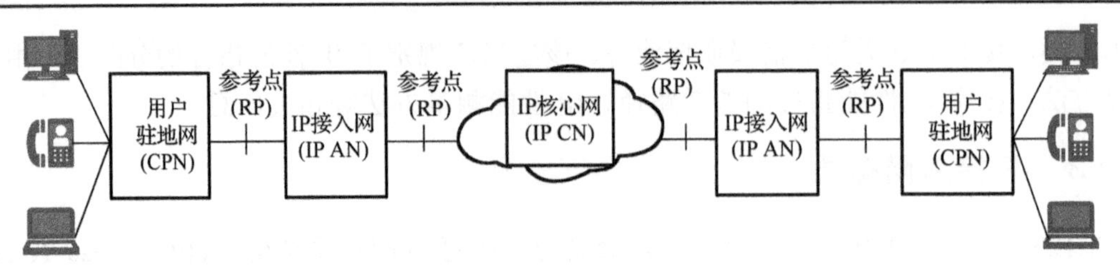

图 2-2 IP 网络通用体系结构

IP 接入网的用户既可以是各种单台的用户 IP 设备，如 PC、IP 电话机、其他终端等，又可以是用户驻地网（CPN）。而 CPN 则可以连接多台用户驻地设备（CPE）。

IP 接入网的系统中明确了“业务节点”的位置。因为接入网只为承载 IP 业务提供传送承载能力，这种承载能力与业务应该是相互独立的。在电信接入网中，业务由与 IP 核心网密切结合的业务节点提供。而在 IP 网络中，向一个用户提供的 IP 业务通常由 IP 核心网另一端的数据中心网络提供，业务可以穿过 IP 核心网，这就可以使 IP 接入网、IP 核心网、业务相对独立。

IP 接入网通过统一的参考点 RP 与用户驻地网和 IP 核心网相连，而电信接入网定义了三种接口：UNI、SNI 和 Q3 管理接口。在电信接入网中，不同用户或不同业务可能需要使用不同的接口，而 RP 是一个统一的逻辑接口，不管是用户接口、业务接口还是管理接口，都可使用 RP。另外，RP 在特定网络实现中并不对应特定的网络物理实现。

2.2.6 IP 接入网的参考模型

IP 接入网的总体结构功能包含三种：接入网传送功能、IP 接入功能（IP-AF）和 IP 接入网系统管理功能，如图 2-3 所示。

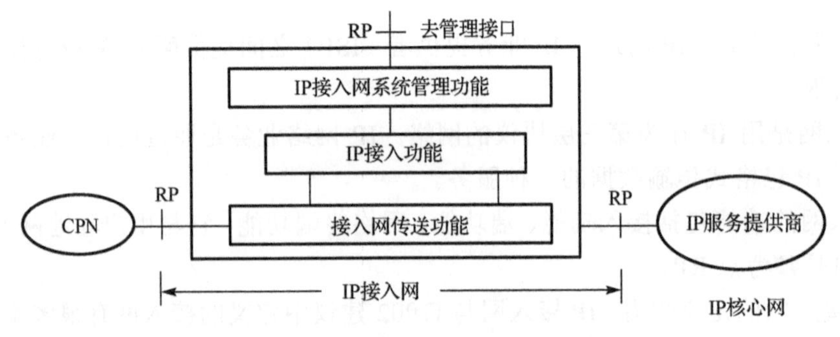

图 2-3 IP 接入网的总体结构功能

Y.1231 建议支持 IP 接入功能：

- 动态选择多个 IP 服务提供者；
- 动态分配 IP 地址；
- 网络地址转换（Network Address Translation，NAT）；
- 认证；
- 加密；
- 数据采集和记账。

由此可知，Y.1231 建议中定义的 IP 接入功能是用户接入的管理控制功能，除此之外，还提供传送功能、控制功能和 AAA（Authentication, Authorization and Accounting，认证、授权和记账）功能。AAA 功能执行用户接入时的认证，认证通过后对用户权限进行授权，以及对用户使用网络资源进行记账，以备计费、安全审计之需。RADIUS 系统是实现 AAA 功能的常用系统。

2.2.7 IP 接入网的接入类型

IP 接入网允许的接入类型有很多，原则上，一切可以运行 IP 协议的物理接口均可在 IP 接入网中使用。Y.1231 建议列出的接入类型如下。

- N-ISDN：包括 BR 接入（2B+D）和 PR 接入（30B+D）。
- B-ISDN：接口速率为 155Mbit/s 和 622Mbit/s。
- xDSL。
- 无线和卫星。
- PON、SDV、HFC 和其他光系统。
- CATV 接入。
- LAN/WAN。

2.2.8 Y.1231 建议小结

IP 接入网与 CPN 和 IP 核心网之间的接口采用统一的 RP，而不再是电信接入的业务接口和用户接口；接入网和管理网络之间的接口也不是 Q3 管理接口。IP 接入网通过 RP 能够提供动态选择 ISP 的能力，能够为用户和 IP 业务提供者提供更灵活的连接。

IP 接入网不仅包括电信接入网中的传送功能，还包括交换功能和接入控制功能。

IP 接入网符合现代通信发展的趋势，传送、业务、控制三者相互独立。

2.3 相关标准

标准对通信行业的所有参与者都是非常重要的。没有统一的标准，众多的制造商和网络互联环境就不可能共存。只有遵循统一的标准，不同的制造商才能生产出适应不同网络协议、介质和设备的相互竞争的产品。对于终端用户，标准可以确保硬件和软件按照说明书工作，可以确保硬件和软件的成功互操作。一些重要的协议组织及其任务和贡献如表 2-1 所示。

表 2-1　协议组织及其任务和贡献

协 议 组 织	英 文 简 称	任务和贡献
国际标准化组织	ISO	OSI 参考模型
国际电报电话咨询委员会	CCITT	电信标准
国际电信联盟电信标准化部门	ITU-T	CCITT 的继承者
美国国家标准学会	ANSI	信息系统标准
电气和电子工程师协会	IEEE	制定局域网的国际标准
电子工业协会	EIA	局域网标准、布线标准

IEEE 系列标准具有特殊的重要性。表 2-2 所示为企业网络中的一般线缆规格。基带传输是一种直接传输方法，其占用宽带的最低频率为零。

表 2-2 企业网络中的一般线缆规格

规　格	介　质	数据传输速率/（Mbit/s）	传输距离/m	传输技术
10Base5	50Ω 同轴电缆（10mm）	10	500	基带
10Base2	50Ω 同轴电缆（5mm）	10	185	基带
10BaseT	STP/UTP	10	100	基带
FOIRL	光纤	10	1000	基带
10BROAD36	75Ω 同轴电缆	10	1800	基带

数据通信系统采用各种不同的传输介质，通过在城域网或广域网上传输数据信息，可实现到局域网的连接或到远程数据通信设备的连接。显然，介质的不同将成为不同宽带技术和拓扑结构的重要体现。

小结

1．G.902 建议中的接入网定义是：接入网（AN）是由一系列实体（如线缆装置、传输设备等）组成的，在一个业务节点接口（SNI）和每个与之相关联的用户网络接口（UNI）之间提供电信业务所需的传输能力。接入网可以经由 Q3 管理接口进行配置和管理。对接入网可以实现的 UNI 和 SNI 的类型与数量在原则上没有限制。接入网不解释用户信令。

2．接入网定界：AN 以 UNI、SNI、Q3 管理接口为边界连到其他网络实体，AN 通过 UNI 和 SNI 连接用户终端和业务节点 SN，为传输 SNI 和与之关联的 UNI 之间的电信业务提供承载能力，AN 通过 Q3 管理接口与 TMN 进行管理交互。

3．IP 接入网是指在“IP 用户和 IP 业务提供者（ISP）之间提供所需 IP 业务接入能力的网络实体的实现”。

4．常见的协议组织有：ISO、CCITT、ITU-T、ANSI、IEEE、EIA。

习题

1．G.902 建议是基于何种网络的接入网标准？它如何定义接入网？通过哪些接口来定界接入网？这些接口分别有哪些功能？

2．Y.1231 建议是基于何种网络的接入网标准？它如何定义接入网？接入网通过什么接口与核心网和用户驻地网相连？

3．Y.1231 建议和 G.902 建议相比有哪些优势？

4．自选研究方向，在相关协议组织网站查找协议标准。

第3章　铜线接入技术

铜线接入技术广泛应用于目前的固定电话网中，该技术通过传统的程控交换机解决了电话用户的接入问题。随着技术的发展，出现了很多接入技术，如LAN、HFC接入技术、无线接入技术、光纤接入技术等。这些接入技术的涌现为用户提供了丰富的接入种类，弥补了铜线接入技术的不足，但仍然无法完全替代传统的铜线接入技术。在我国，传统的电话用户铜线接入网仍是构成整个通信系统的重要部分，它分布面广，所占比重大。

3.1　铜线接入技术概述

3.1.1　DSL技术发展

数字用户线（Digital Subscriber Line，DSL）的概念于20世纪80年代末期提出，是一种以铜制电话双绞线为传输介质的接入传输技术，可以允许语音信号和数据信号同时在一条电话线上传输。

DSL技术在传递公用电话网络的用户环路上支持对称和非对称传输模式，解决了经常发生在网络服务供应商和最终用户间的“最后一公里”的传输瓶颈问题。由于DSL接入方案不需要对电话线路进行改造，可以充分利用已经被大量铺设的电话用户环路，大大降低了额外的开销，因此，利用铜制电话双绞线提供更高数据传输速率的Internet接入更受用户的欢迎。

1．DSL技术的特点

DSL技术利用已有的电话线提供宽带接入业务，不需要新的接入传输网络建设投入，在接入网中可节省大量成本，并且省时便捷。与最初的拨号接入相比，采用DSL技术可在开通数据业务的同时不影响语音业务，用户能在打电话的同时上网。因此，DSL技术在诞生之初就很快得到重视，并在一些国家和地区广泛应用。

DSL技术之所以能够在原来只传输语音信号的双绞线上同时传输中高速数据业务信号，是因为采用了专门的信号编码和调制技术，使得语音信号和数据信号在双绞线的有效传输频带范围内可得到合理配置，最大限度地发挥了双绞线的传输能力。在特定的DSL技术中，也有一些情况是利用多条双绞线实现高速数据信号的传输，也就是通过信道扩展实现宽带业务接入。

2．DSL技术的分类

DSL技术统称为xDSL，其中，“x”代表不同种类的数字用户线路技术。各种数字用户线路技术的不同之处主要体现在信号的传输速率和传输距离，以及上行速率、下行速率的对称和非对称上。

对称 DSL 技术主要用于替代传统 T1/E1 接入技术，与传统 T1/E1 接入技术相比，DSL 技术具有对线路质量要求低、安装和调试简便等特点，而且通过复用技术还可以提供语音、视频与数据多路传输等服务。目前，对称 DSL 技术主要有 HDSL、SDSL、MVL 及 IDSL 等几种。

非对称 DSL 技术适用于对双向带宽要求不一致的应用，如 Web 浏览、多媒体点播及信息发布等，非对称 DSL 技术主要有 ADSL、RADSL 及 VDSL 等。

以下主要介绍 HDSL、SDSL、SHDSL、ADSL、VDSL 这 5 种 DSL 技术。

（1）HDSL

HDSL（高比特率 DSL）是目前众多 DSL 技术中较成熟的一种，并已得到了一定程度的应用。这种技术的特点是利用两对双绞线实现数据传输，支持 N×64kbit/s 速率，最高可达 E1 速率。HDSL 不用借助放大器即可实现 3.6km 以内的正常数据传输。与传统 T1/E1 接入技术相比，HDSL 最突出的优势是部署成本低廉、安装简便，是 T1/E1 接入技术的较为理想的替代技术之一。

（2）SDSL

SDSL（单线 DSL）是 HDSL 的单线版本，可提供双向高速可变比特率连接，速率范围为 160kbit/s～2.084Mbit/s。SDSL 利用单对双绞线，可支持最高达 E1 速率的多种连接速率，在 0.4mm 双绞线上的最大传输距离可达 3km。与 HDSL 相比，SDSL 可节省一对双绞线，因而部署更简单、方便。

（3）SHDSL

SHDSL（单对线高速 DSL）遵循 ITU-T G.991.2、G.994.2 等协议标准。SHDSL 是在 HDSL 技术的基础上发展而来的，由于 SHDSL 只需要一对电话线，所以可以大大减小运营商和用户的铜线资源的消耗。SHDSL 采用 TC-PAM16/32/64 编码方式，编码等级越高，传输速度越快，可应用于语音、数据和视频等通信传输。

（4）ADSL

ADSL（非对称 DSL）能够在现有的电话双绞线上提供高达 8Mbit/s 的下行速率及 1Mbit/s 的上行速率，有效传输距离可达 3～5km。ADSL 充分利用现有的 PSTN 电话网络，只需在线路两端加装 ADSL 设备即可为用户提供高速宽带服务，无须重新布线，因而可极大地降低服务成本。

（5）VDSL

VDSL（甚高速数字用户环路）可以在相对短的距离上实现极高的数据传输速率，最高可以达到 58Mbit/s。在用户回路长度小于 1.5km 的情况下，可提供 13Mbit/s 或更高的接入速率。从技术角度而言，VDSL 是 ADSL 的升级技术，其平均数据传输速率是 ADSL 的 5～10 倍。另外，根据市场或用户的实际需求，VDSL 可以设置成对称的，也可以设置成不对称的。

上述 5 种 DSL 技术的比较如表 3-1 所示。目前，主要应用的 DSL 技术是 ADSL 和 VDSL。

表 3-1　5 种 DSL 技术的比较

技术名称	传输方式	最高上行速率	最高下行速率	最大传输距离	传输介质
HDSL	对称	2.32Mbit/s	2.32Mbit/s	5km	1～3 对双绞线
SDSL	对称	2.32Mbit/s	2.32Mbit/s	3km	1 对双绞线
SHDSL	对称	5.7Mbit/s	5.7Mbit/s	7km	1～2 对双绞线
VDSL	非对称	2.3Mbit/s	58Mbit/s	2km	1 对双绞线
ADSL	非对称	1Mbit/s	8Mbit/s	5km	1 对双绞线

3.1.2 DSL 关键技术

DSL 技术采用了专门的信号编码与调制技术，使得原来只传输语音信号的双绞线能够传输高速数据信号。

1. 2B1Q 编码

2B1Q 码是无冗余度的 4 电平脉冲幅度调制码，属于基带型传输码。2B1Q 的定义于 1998 年由美国国家标准学会（American National Standards Institute，ANSI）在美国应用于综合业务数字网（ISDN）和 HDSL 业务中。其传输特性与模拟信号在双绞线上的传输特性相似，要求所用的传输线具有较好的线性幅频特性。

2B1Q 编码有 4 级电平幅度，用于 2 位编码，因为有 4 级，所以每个符号表示 2bit。2B1Q 编码规则如表 3-2 所示。

表 3-2　2B1Q 编码规则

bit	电平幅度
00	+3
01	+1
10	−1
11	−3

图 3-1 所示为 2B1Q 编码示例，其中用 6 个编码符号代表传输 12bit（110110001101）数据，即每个符号代表传输 2bit。

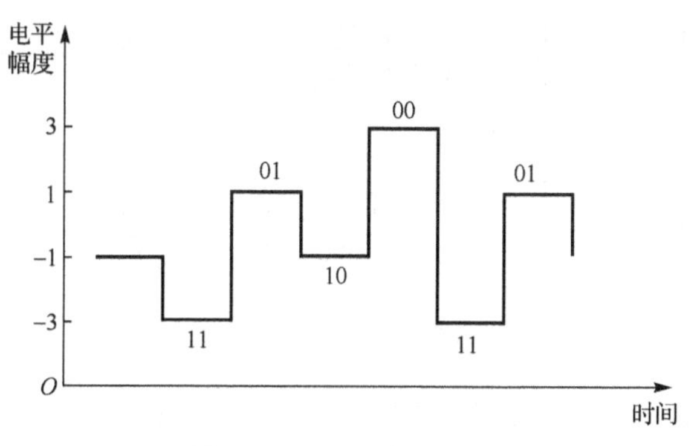

图 3-1　2B1Q 编码示例

2B1Q 编码的本质是四进制（电平）编码调制，与每个符号代表传输 1bit 的二进制调制方式相比，2B1Q 能在相同时间内传输 2 倍长度的数据。如果需要进一步提高传输比特率，那么可增加每个符号代表传输的比特数，如八进制编码、十六进制编码等。如果希望每个符号代表传输更多的比特数，那么必须采用更多的电压电平。2B1Q 频谱效率限制了它在高比特率领域的使用，包括社区宽带网的应用，如视频和高速数据检索。无论如何，2B1Q 在已知的调制方案中是具有优势的，其价格也相对低廉，而且抗干扰能力较强。

2. CAP 调制

无载波幅度/相位调制（Carrierless Amplitude Modulation/Phase Modulation，CAP）技术是以 QAM 技术为基础发展而来的，可以说是 QAM 技术的变种。CAP 技术在原理上类似于 QAM 技术，但不采用正交载波，而通过两个数字横向带通滤波器进行调制，其输出结合起来即为发送信号。在接收侧用“软判决”技术对信号进行解调，再用判决前馈均衡器对电缆芯径变化和桥接抽头进行适配。CAP 技术采用二维线性码，并进一步结合格栅编码来减小近端串扰。由于是带通传输方式，因此没有低频时延畸变，也不受脉冲干扰低频分量的影响，可以采用较简单的回波消除器，在频谱形成和安置方面也有较好的灵活性。

总体而言，CAP 比 QAM 灵活，又比 DMT 简单，但工作速率要比 DMT 低。

3. DMT 调制

DMT（Discrete Multi-Tone，离散多音）调制是当前使用得最广泛的 ADSL 调制技术，它将双绞线传输频带（0～1.104MHz）划分为最多由 256 个频率指示的正交子信道（每个子信道占用 4kHz 带宽）。在每个离散的子载波中，根据各自信噪比的大小可实现 16～256 点的星座编码，即每个子载波中的一个符号可以代表 4～8bit。

DMT 调制框图如图 3-2 所示，经过比特分配和缓存，输入数据被划分为比特块，经 TCM（Trellis Coded Modulation，格栅编码调制）后，再进行 512 点离散傅里叶反变换（IDFT）将信号变换到时域。这时，比特块将转换成 256 个 QAM 子字符。随后，对每个比特块加上循环前缀（用于消除码间干扰），经 D/A 转换和发送滤波器后将信号送上信道。

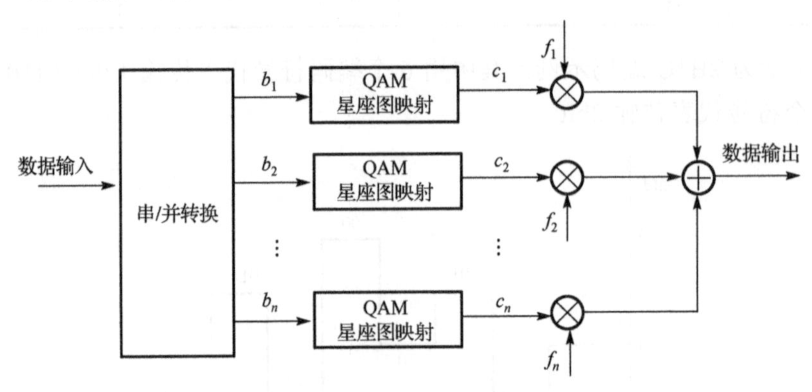

图 3-2 DMT 调制框图

在接收端则按相反的次序进行接收解码。所以，DMT 调制提高了频谱利用率，可以在有限的频带内传输更高比特率的信号。

4. 频分复用和回波抵消混合技术

采用频分复用和回波抵消混合技术可实现 DSL 系统中的全双工与非对称通信。频分复用是从频域上将整个信道划分为独立的两个或多个频带，分别用于上行和下行传输，彼此之间不会产生干扰。回波抵消混合技术用于上行、下行传输频段相同的通信系统，可将本地发送信号在本地接收端的泄漏衰减到最小。模拟系统和数字系统都可以采用此技术。

5．信号分离器技术

在同时传输语音信号和数据信号的 DSL 技术中，需要用专门的方式对语音信号和数据信号进行分离，这就是信号分离器技术，实现信号分离的装置称为分离器（Splitter）。

3.2　非对称数字用户线（ADSL）接入技术

3.2.1　ADSL 定义与特点

非对称数字用户线（Asymmetric Digital Subscriber Line，ADSL）是一种利用现有的传统电话线路高速传输数字信息的技术，其上行速率和下行速率不相等。ADSL 下行速率接近 8Mbit/s，上行速率接近 640kbit/s，并且在同一对双绞线上可以同时传输传统的模拟语音信号。

采用非对称传输模式的主要原因有两个：一是在目前的 DSL 应用中，大多用户从主干网络大量获取数据，而发送出去的数据却少得多；二是非对称传输可以大大减小近端串扰。

ADSL 具有较好的速率自适应性和抗干扰能力，可以根据线路状况自动调节到一个合理的速率上。ADSL 的数据传输速率与传输距离的关系是：传输距离越远，衰减越大，数据传输速率越低。但传输距离与衰减并非线性关系。

ADSL 接入技术主要有以下几个特点。

（1）充分利用现有铜线网络及带宽，只要在用户线路两端加装 ADSL 设备即可，方便、灵活，时间短，系统投资小。

（2）同时提供普通电话业务、数字通路（个人计算机）、高速远程接收（电视和电话频道）。

（3）使用高于 3kHz 的频带传输数字信号。

（4）使用高性能的离散多音频 DMT 调制编码技术。

（5）使用 FDM 频分复用和回波抵消混合技术。

（6）使用 Splitter 信号分离技术。

3.2.2　ADSL 系统构成

ADSL 系统结构如图 3-3 所示，在用户环路的双绞线两端各加装一台 ADSL 局端设备和 ADSL 远端设备。

ADSL 系统的核心是 ADSL 收发信机（局端设备和远端设备），其原理框图如图 3-4 所示。其中，前向纠错码（FEC）是具有一定纠错能力的码型，它在接收端解码后，不仅可以发现错误，而且能够判断错误码元所在的位置并自动纠错。这种纠错码信息不需要存储、不需要反馈，实时性好，所以，在单向传输系统中都采用这种信道编码方式。

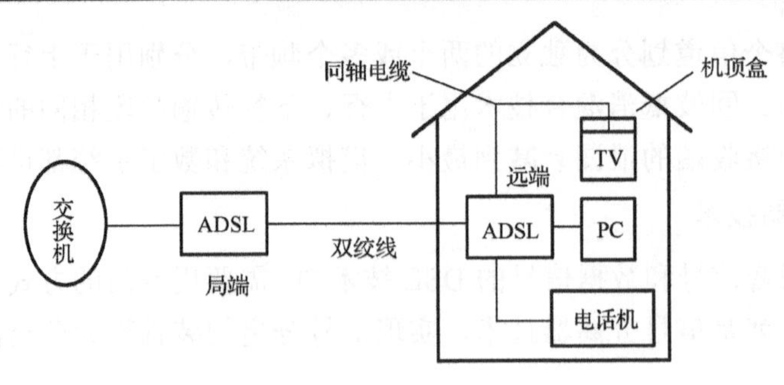

图 3-3　ADSL 系统结构

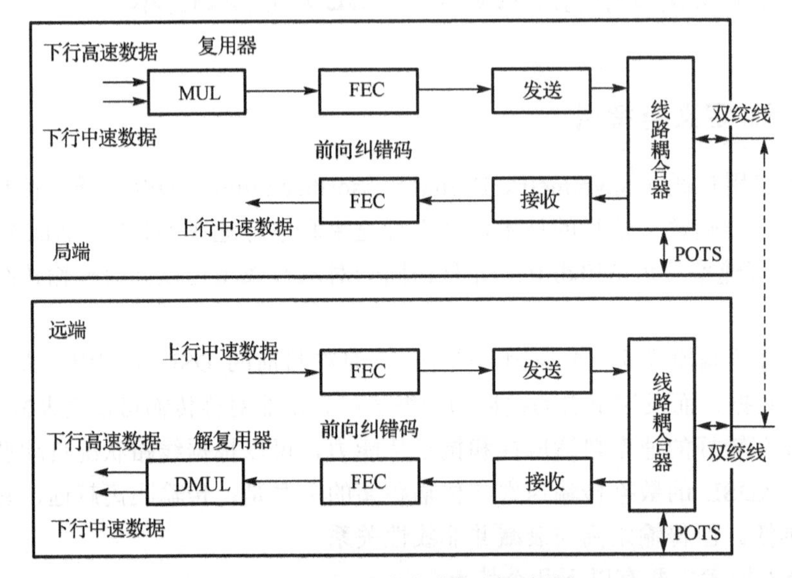

图 3-4　ADSL 收发信机原理框图

ADSL 接入网参考模型如图 3-5 所示。其中，ATU-C（ADSL Transceiver Unit-Central Office Side）和 ATU-R（ADSL Transceiver Unit-Remote Side）分别是 ADSL 局端和用户端的收发设备。在局端，ADSL 收发器通过 V 接口与 ATM 宽带网络或高速以太网连接，再接入数字骨干网络；在用户端，ADSL 收发器通过 T 接口和用户家庭内部网络连接，然后连接用户的网络设备，如计算机、机顶盒等。

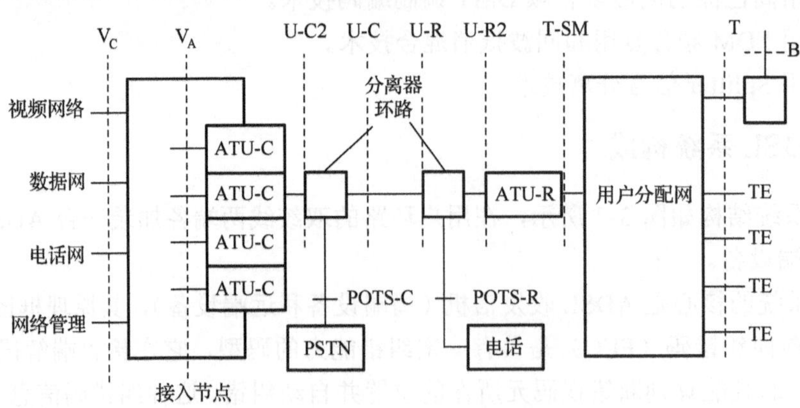

图 3-5　ADSL 接入网参考模型

1. 信号发送流程（局端）

（1）数据接入和分配：不同的业务数据流通过 DSLAM 馈送给 ATU-C 发送器，根据业务应用和业务数据量的不同，这些数据被适当分配在 7 个下行信道中。

（2）扰码和前向纠错。

（3）DMT 调制。

2. 信号接收流程（用户端）

（1）分离器分离 ADSL 信号和语音信号。

（2）带通滤波、回波抵消、放大、自动增益控制。

（3）DMT 解调制。

（4）FEC 解码、解扰和 CRC 校验。

在 ATU-R 中有 7 个接收信道，其中 4 个是单工接收信道、3 个是双工信道；在 ATU-C 中有 7 个发送信道，其中 3 个是双工信道、4 个是单工发送信道。

3.2.3 ADSL 的应用

ADSL 接入的应用有多种，如接入 Internet、接入 Intranet 互连等。ADSL 用户可能是专线用户（一般是企业用户），在这种情况下一般需要静态分配 IP 地址。但绝大多数用户都是通过虚拟拨号、动态获取 IP 地址上网的，这种方式是目前最常用的应用模式之一。

ADSL 典型接入应用如图 3-6 所示，图中显示了个人用户和单位用户通过 ADSL 接入的方式。

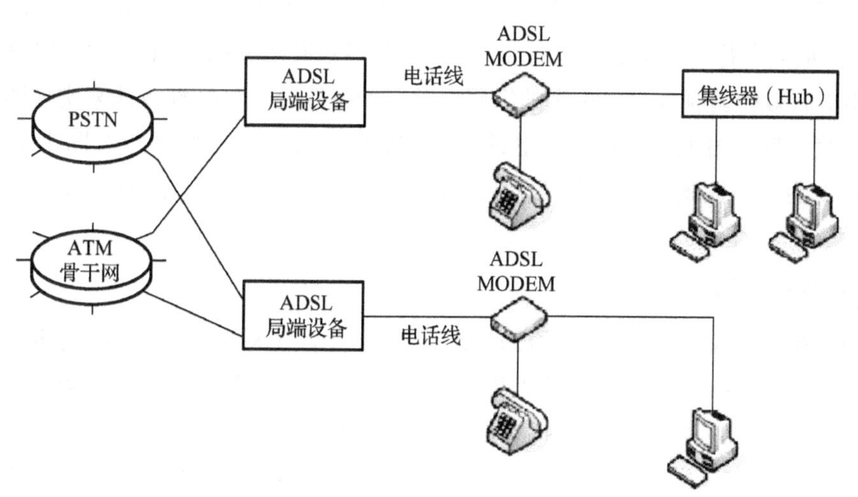

图 3-6　ADSL 典型接入应用

在 ADSL 个人用户接入方式中，如果电话线通过了线路测试，那么在用户端只需增加一个 ADSL MODEM，再通过局端网管进行相应数据的设置，即可实现宽带接入。

ADSL 的技术特点使其特别适合企事业单位对内组网建专用局域网。这是因为大部分企事业单位都已有自己的内部电话网和小交换机，可以利用现有的电话双绞线，借助 ADSL 方便地实现宽带接入。

3.2.4 ADSL2 和 ADSL2+

ADSL 技术虽然以其高性价比成为市场主导的接入技术，但是 ADSL 本身也存在一定问题。例如，较低的下行速率难以满足一些高速业务的开展，如流媒体业务；单一的 ATM 传送模式难以适应网络 IP 化的趋势；所支持的线路诊断能力较差，随着用户的不断增多，在线路开通前如何快速确定线路质量成为运营商十分头疼的问题；难以解决设备的散热问题。ADSL2 和 ADSL2+技术的出现使 ADSL 当前棘手的各问题得到了解决，而且 ADSL2 和 ADSL2+技术的引入与部署也相对简单，某些 DSLAM 设备厂商在原有 DSLAM 的基础上只需要进行软件升级即可平滑支持 ADSL2 和 ADSL2+，在技术增进、优势增加的基础上，投入成本不变。因此，ADSL2 和 ADSL2+的出现解决了 ADSL 的后续问题，使 ADSL 的前景变得更广阔。

1．ADSL2

针对 ADSL 技术在实际应用中的不足，2002 年 5 月，ITU 推出了 ADSL 的新标准 G.992.3，又称为 G.DMT.BIS 或 ADSL2 标准。ADSL2 在性能和互操作性上都有较大提高，对应用、服务和配置都提供了更多的支持，并在数据传输速率、性能、测试和转移模式方面都进行了改进，支持 ADSL2 的设备，要求全面与现已铺设的 ADSL 设备兼容。ADSL2 在技术方面的特性如下。

1）速率提高、覆盖范围扩大

ADSL2 在速率、覆盖范围上拥有比第一代 ADSL 更优的性能。ADSL2 的最高下行速率可达 12Mbit/s，最高上行速率可达 1Mbit/s。ADSL2 是通过减少帧的开销，提高初始化状态机的性能，采用更有效的调制方式、更高的编码增益及增强性的信号处理算法来实现的。

与第一代 ADSL 相比，在长距离电话线上，ADSL2 将在上行和下行线路上提供 50kbit/s 的速率增量。而在相同速率的条件下，ADSL2 延长了传输距离（约 180m），相当于增加了 6%覆盖面积。

2）提供线路诊断技术

对于 ADSL 业务，如何实现故障的快速定位是一个巨大的挑战。为了能够诊断和定位故障，ADSL2 传送器在线路的两端提供了测量线路噪声、环路衰减和 SNR（信噪比）的手段，这些测量手段可以通过一种特殊的诊断测试模块来完成数据的采集。这种测试在线路质量很差的情况（甚至 ADSL 无法完成连接）下也能够完成。此外，ADSL2 提供了实时的性能监测，能够检测线路两端质量和噪声状况的信息，运营商可以利用这些通过软件处理后的信息来诊断 ADSL2 连接的质量，预防进一步服务的失败，也可以用来确定能否为用户提供更高速率的服务。

3）增强的电源管理技术

第一代 ADSL 传送器在没有数据传输时仍处于全能量工作模式。如果 ADSL MODEM 能工作于待机/睡眠状态，那么对于数百万台 MODEM 而言，就能节省很可观的电量。为了达到上述目的，ADSL2 提出了两种电源管理模式：低能模式 L2 和低能模式 L3。这样，在保持 ADSL“一直在线”的同时，能减小设备总的能量消耗。

低能模式 L2 使得中心局调制解调器 ATU-C 端可以根据 Internet 上流过 ADSL 的流量来快速地进入和退出低能模式。在下载大量文件时，ADSL2 工作于全能模式，以保证最快的下载速度；当数据流量减小时，ADSL2 进入低能模式 L2，此时的数据传输速率大大降低，总的能量消耗就减小了。当系统处于低能模式 L2 时，如果用户开始增大数据流量，系统可以立即进入 L0 模式，以获得最高的下载速率。低能模式 L2 状态的进入和退出不影响服务，不会造成服务的中断。

2. ADSL2+

ADSL2+是在 ADSL2 的基础上发展起来的，ADSL2+标准 G.992.5 初稿于 2003 年 1 月通过。ADSL2+除具备 ADSL2 的技术特点外，还有一个重要的特点（扩展了 ADSL2 的下行频段），从而提高了短距离内线路上的下行速率。ADSL2 的两个标准各指定了 1.1MHz 和 552kHz 下行频段，而 ADSL2+指定了一个 2.2MHz 的下行频段，这使得 ADSL2+在短距离（1.5km 内）的下行速率得到非常大的提高，可以达到 20Mbit/s 以上。而 ADSL2+的上行速率大约是 1Mbit/s，这取决于线路的状况。

使用 ADSL2+可以有效地减小串话干扰。当 ADSL2+与 ADSL 混用时，为避免线对间的串话干扰，可以将其下行频段设置在 1.1～2.2MHz 范围内，避免对 ADSL 的 1.1MHz 下行频段产生干扰，从而达到减小串扰、提高服务质量的目的。

3.3 超高速数字用户线（VDSL）接入技术

3.3.1 VDSL 系统结构

VDSL 系统结构如图 3-7 所示。使用 VDSL 系统，普通模拟电话线不需要改动（上半部分），图像信号由局端的数字终端图像接口经光纤传输给远端，数据传输速率可达 622Mbit/s（STM-4）或更高。

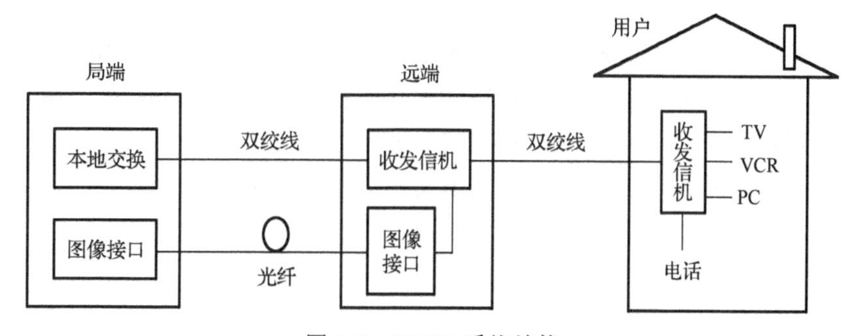

图 3-7　VDSL 系统结构

VDSL 收发信机通常采用离散多音频（DMT）调制（也可采用 CAP 调制），它具有很好的灵活性和优良的高频传输性能。

3.3.2 VDSL 相关技术

1．传输模式

VDSL 标准中以铜线/光纤为线路方式定义了 5 种主要的传输模式，如图 3-8 所示。在这些传输模式中，大部分的结构类似于 ADSL。ATM 是多种宽带业务的统一传输方式。

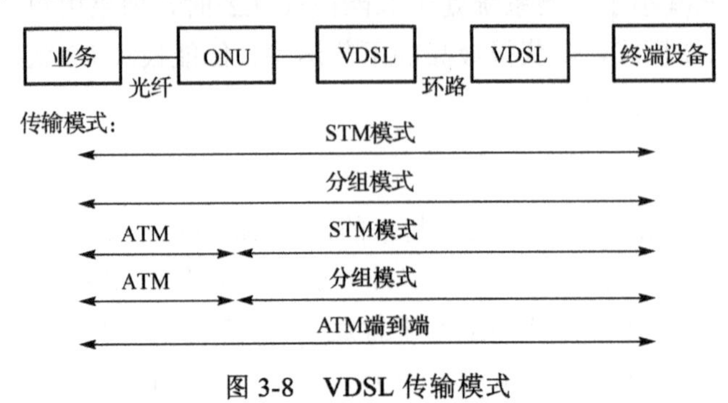

图 3-8 VDSL 传输模式

1）STM 模式

同步转移模式（Synchronous Transport Module，STM）是最简单的一种传输方式，也称为时分复用（TDM），不同设备和业务的比特流在传输过程中被分配固定的带宽。

2）分组模式

在这种模式中，不同业务和设备间的比特流被分成不同长度、不同地址的分组包进行传输；所有的分组包在相同的“信道”上，以获得最大的带宽进行传输。

3）ATM 模式

ATM 在 VDSL 网络中可以有三种形式。第一种是 ATM 端到端模式，它与分组包类似，每个 ATM 信元都带有自身的地址，并通过非固定的线路传输，不同的是，ATM 信元长度比分组包小，且有固定的长度。第二种、第三种分别是 ATM 与 STM、ATM 与分组模式的混合使用，这两种形式从逻辑上讲是 VDSL 在 ATM 设备间形成了一个端到端的传输通道。

2．其他技术

VDSL 所采用的技术在很大程度上与 ADSL 类似。不同的是，ADSL 必须面对更高的动态范围要求，而 VDSL 相对简单；VDSL 的开销和功耗都比 ADSL 小；用户方的 VDSL 单元需要完成物理层介质访问（接入）控制及上行数据复用功能。

另外，在 VDSL 系统中还经常使用以下几种线路码技术。

（1）无载波调幅/调相技术。

（2）离散多音频技术。

（3）离散小波多音频技术。

（4）简单线路码，这是一种 4 电平基带信号，经基带滤波后传输给接收端。

VDSL 下行信道能够传输压缩的视频信号，压缩的视频信号是低时延和时延稳定的实时信号，这样的信号不适合采用一般的数据通信中的差错重发算法。

VDSL下行数据有许多分配方法，最简单的方法是：将数据直接广播给下行方向上的每个用户设备（CPE）；或者发送到集线器，由集线器将数据进行分路，并根据信元上的地址或直接利用信号流本身的时分复用将不同的信息分开。

3.3.3 VDSL 的应用

1. VDSL 分布位置

与ADSL相同，VDSL能在基带上进行频率分离，以便为传统电话业务（POTS）留下空间。同时，VDSL和POTS的双绞线要求每个终端使用分离器来分开这两种信号。

VDSL可在对称或不对称速率下运行，其数据传输速率配置方式与传输距离的对应关系如下。

（1）26Mbit/s对称速率或52Mbit/s、6.4Mbit/s非对称速率，传输距离约为300m。

（2）13Mbit/s对称速率或26Mbit/s、3.4Mbit/s非对称速率，传输距离约为800m。

（3）6.5Mbit/s对称速率或13.5Mbit/s、1.6Mbit/s非对称速率，传输距离约为1.2km。

2. VDSL 在 WAN 网络的应用

（1）视频业务。VDSL的高速方案使其成为用于视频点播（Video On Demand，VOD）的优选接入技术。

（2）数据业务。从目前来看，VDSL的数据业务有很多。在不远的将来，VDSL将会占据整个住宅Internet接入和Web访问市场；可能用来替代光纤连接，把较大的办公室和公司连接到数据网络上。

（3）全服务网络。由于VDSL支持高比特速率，因此被认为是全业务网络（Full Service Network，FSN）的接入机制。

小结

1. 数字用户线（Digital Subscriber Line，DSL）技术是一种以铜制电话双绞线为传输介质的接入传输技术，可以允许语音信号和数据信号在一条电话线上同时传输。DSL采用了专门的信号编码与调制技术，使得原来只传输语音信号的双绞线能够传输高速数据信号。

2. 非对称数字用户线（Asymmetric Digital Subscriber Line，ADSL）是一种利用现有的传统电话线高速传输数字信息的技术，其上行速率、下行速率不相等。ADSL下行速率接近8Mbit/s，上行速率接近640kbit/s，并且在同一对双绞线上可以同时传输传统的模拟语音信号。

ADSL具有较好的速率自适应性和抗干扰能力，可以根据线路状况自动调节到一个合理的速率上。ADSL的数据传输速率与传输距离的关系是：传输距离越远，衰减越大，数据传输速率越低。但传输距离与衰减并非线性关系。

3. VDSL是一种数据传输速率更高、速率配置更灵活的铜线传输技术，通过高效信号调制技术，可在一对双绞线上实现视频业务、数据业务和语音业务的全业务传输。

习题

1．DSL 的关键技术有哪些？
2．说明 ADSL 的定义和特点。
3．说明 ADSL 的系统结构。
4．对比 ADSL、ADSL2、ADSL2+这三种技术。
5．说明 VDSL 相关技术的特点，并与 ADSL 进行比较。
6．基于 VDSL 技术的特点，说明其应用特征。

第 4 章　光纤接入网

近年来，随着光纤通信技术的发展和用户对接入带宽需求的不断增加，产生了各种各样的接入网技术。光纤通信具有通信容量大、质量高、性能稳定、防电磁干扰及保密性强等优点，因此光纤接入网成为接入网的发展重点，并成为当前主流的有线接入方式。

4.1　光纤接入网概述

4.1.1　定义

所谓光纤接入网（Optical Access Network，OAN），是指采用光纤传输技术的接入网，泛指本地交换机或远端模块与用户之间采用光纤通信或部分采用光纤通信的系统。通常，OAN 是指采用基带数字传输技术，并以传输双向交互式业务为目的的接入传输系统，应能以数字或模拟技术升级传输带宽广播式业务和交互式业务。光纤接入网示意图如图 4-1 所示。

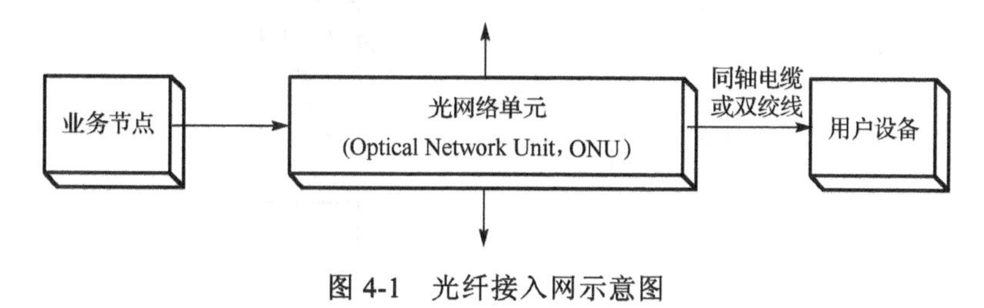

图 4-1　光纤接入网示意图

4.1.2　分类

光纤接入技术在早期采用的接入方式是有源接入，简称有源光网络（Active Optical Network，AON），如 SDH 同步数字体系、光纤以太网接入技术等。随着宽带用户的大规模发展，传统的 AON 技术已经无法适应需求，而且其设计、施工、维护也变得越来越困难，因此又发展出了新一代的无源光网络（Passive Optical Network，PON）技术。PON 技术除局端和用户端的设备需要供电外，中间的光网络是不需要供电的，因此可以极大地降低设备建设和维护成本，并提高了网络牢固性。

目前，还可以把光纤接入网称为 FTTx 技术（Fiber To The x，x 可以为 Home、Building、Office 等），而 FTTx 只是一种技术概念，具体的 FTTx 还要依赖实际的光纤接入网技术，如 AON 或 PON 技术。例如，光纤以太网技术和 PON 技术都可以实现 FTTH（光纤到户），但具体实现的技术和网络有很大的差异。

FTTx 通常是根据光纤到达用户侧的不同位置来进行划分的，常见的 FTTx 模式如下。

（1）FTTN：Fiber To The Node，光纤到节点。

（2）FTTCab：Fiber To The Cabinet，光纤到交接箱。

（3）FTTC：Fiber To The Curb，光纤到路边。

（4）FTTB：Fiber To The Building，光纤到楼。

（5）FTTP：Fiber To The Premise，光纤到用户驻地。

（6）FTTH：Fiber To The Home，光纤到户。

（7）FTTO：Fiber To The Office，光纤到办公室。

4.1.3 拓扑结构

光纤接入网采用的基本拓扑结构有星状、树状、总线状、链状和环状结构等。无源光网络与有源光网络常用的拓扑结构有所不同，下面分别加以介绍。

1．无源光网络的拓扑结构

无源光网络一般采用星状、树状和总线状结构。

1）星状结构

星状结构包括单星状结构和双星状结构。

（1）单星状结构是指用户端的每个 ONU 分别通过一根或一对光纤与光线路终端（OLT）相连，形成以 OLT 为中心向四周辐射的星状连接结构，如图 4-2 所示。

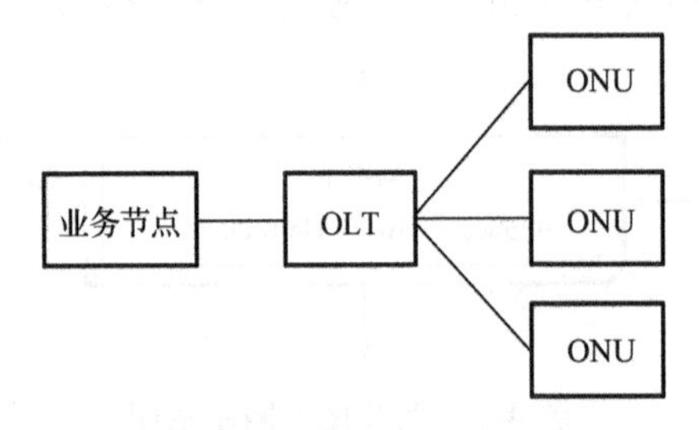

图 4-2　单星状结构

在采用此结构时，光纤连接中不使用光分路器，不存在由分路器引入的光信号衰减，网络覆盖的范围大；线路中没有有源电子设备，是一个纯无源网络，线路维护简单；采用相互独立的光纤信道，ONU 之间互不影响且保密性能好，易于升级；光缆需求量大，光纤和光源无法共享，所以成本较高。

（2）双星状结构是单星状结构的改进结构，多个 ONU 均连接到无源光分路器 OBD（以下简称光分路器），然后通过一根或一对光纤再与 OLT 相连，如图 4-3 所示。

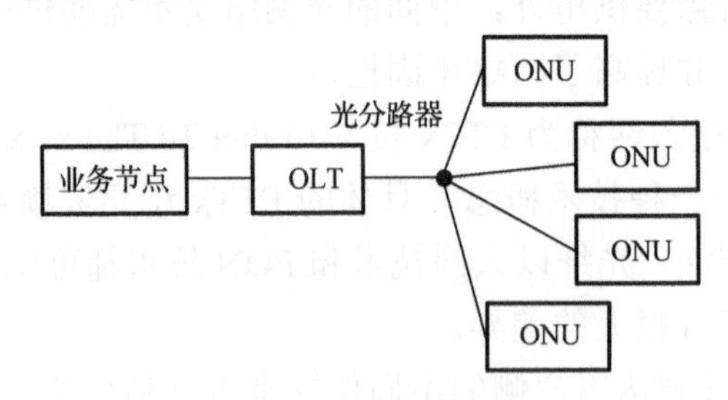

图 4-3　双星状结构

双星状结构适合网径更大的范围，而且具有维护费用低、易于扩容升级、业务变化灵活等优点，是目前采用比较广泛的一种拓扑结构。

2）树状结构

树状结构是对星状结构的扩展，如图 4-4 所示。连接 OLT 的第一个光分路器将光分成 *N* 路，下一级连接第二个光分路器或直接连接 ONU，最后一级的光分路器连接 *N* 个 ONU。树状结构的特点是：线路维护容易；不存在雷电及电磁干扰，可靠性高；由于 OLT 的一个光源给所有 ONU 提供光功率，光源的功率有限，这限制了所连接 ONU 的数量及光信号的传输距离。

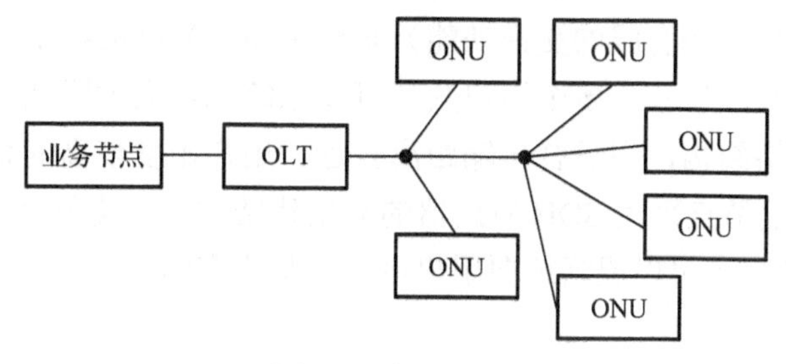

图 4-4　树状结构

树状结构光纤接入网的光分路器可以采用均匀分光（等功率分光，分出的各路光信号的功率相等）和非均匀分光（不等功率分光，分出的各路光信号的功率不相等）两种。

3）总线状结构

总线状结构如图 4-5 所示。这种结构适用于沿街道、公路状分布的用户环境，通常采用非均匀分光的光分路器沿线状排列。光分路器从光总线中分出 OLT 传输的光信号，将每个 ONU 传出的光信号插入光总线。

在该结构中，非均匀的光分路器只给光总线引入少量的损耗，并且只从光总线中分出少量的光功率；由于光纤线路存在损耗，使在靠近 OLT 和远离 OLT 处接收到的光信号强度有较大差别，因此，对 ONU 中光接收机的动态范围要求较高。

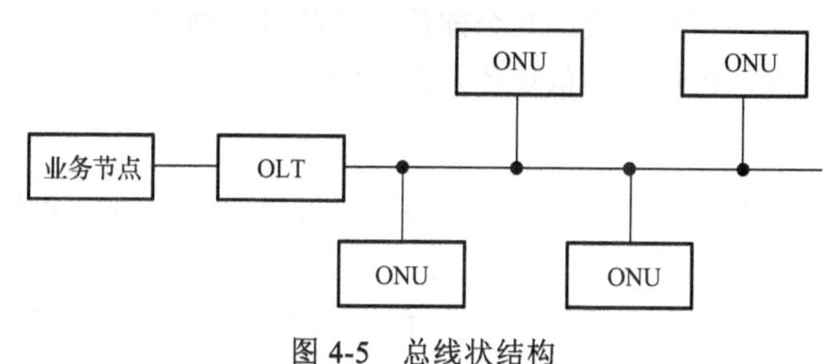

图 4-5　总线状结构

2. 有源光网络的拓扑结构

有源光网络一般采用双星状、链状和环状结构。

1）双星状结构

双星状结构如图 4-6 所示。

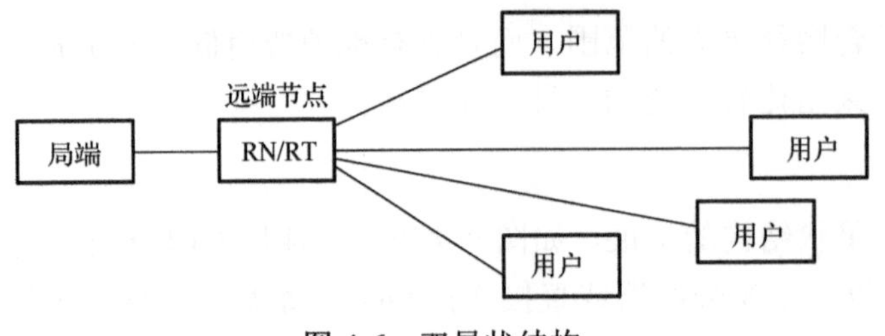

图 4-6　双星状结构

这种结构引入了远端节点 RN/RT，它既继承了星状结构的一些特点（如与原有网络和管道的兼容性、保密性、故障定位容易、用户设备较简单等），又通过向新设的 RN/RT 分配一些复用功能（有时还附加一些有限的交换功能）来减少馈线光纤的数量，从而克服星状结构成本高的缺点。由于馈线段最长，多个用户共享可使系统成本大大降低，因此双星状结构是一种经济的、演进的网络结构，很适合传输距离较远、用户密度较高的企事业用户区和居民住宅用户区。特别是远端节点采用 SDH 复用器的双星状结构不仅覆盖范围广，而且容易升级至高带宽，利用 SDH 的特点可以灵活地向用户单元分配所需的任意带宽。

2）链状结构

将涉及通信的所有点串联起来并使首末两个点开放，就形成了链状结构，如图 4-7 所示。远端节点 RN 可以采用 SDH 分插复用器（ADM），ADM 十分灵活，可以开展上行、下行低速业务，可以节省光纤并简化设备（ADM 兼有 ONU 的功能）。

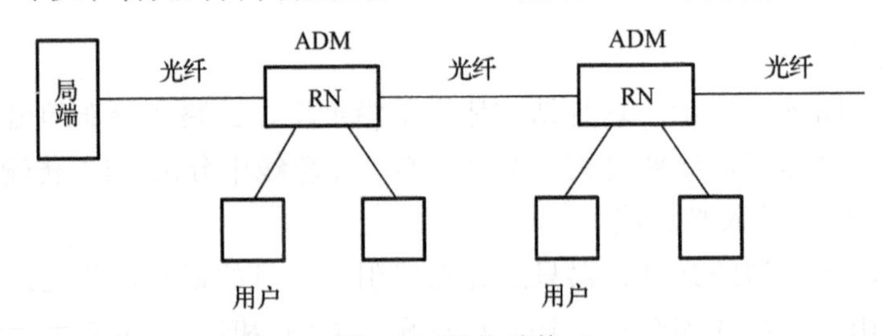

图 4-7　链状结构

这种结构与星状结构正好相反，其全部传输设备可以被用户共享，因此，需要总线带宽足够高，可以传输双向的低速通信业务及分配型业务。

3）环状结构

环状结构是指所有节点公用一条光纤链路，光纤链路首尾相接组成封闭回路的网络结构，如图 4-8 所示。

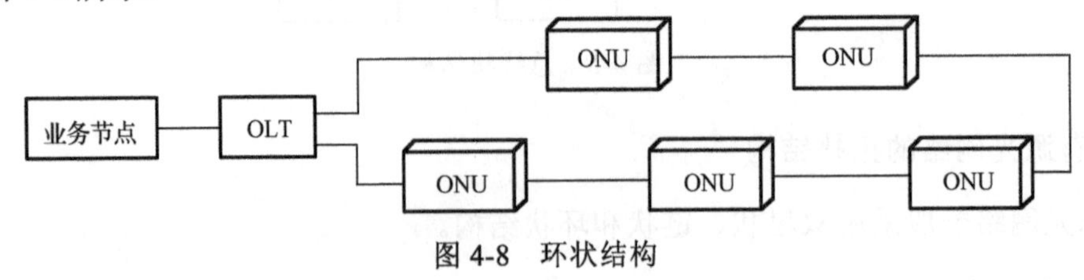

图 4-8　环状结构

这种结构的突出优点是可实现自愈，即无须外界干预，网络可在较短的时间内自动从失效故障中恢复所传业务；其缺点是单环所挂的用户数量有限。

以上介绍了光纤接入网的几种基本拓扑结构，在实际建设光纤接入网时，采用哪种拓扑结构要综合考虑当地的地理环境、用户群分布情况及经济情况等因素。

4.1.4 传输技术

光纤接入网是一种共享介质的点到多点的网络结构。在 OAN（光纤接入网）中，OLT 和 ONU 之间的传输分为上行与下行两个方向，信号从 OLT 到 ONU 称为“下行”，从 ONU 到 OLT 称为“上行”。OAN 的传输技术需要确保 OLT 与多个 ONU 之间上行、下行信号的正确传输，其中最关键的是解决上行信道的使用问题。

下行通信时，OLT 采用广播通信方式。OLT 先将要送至各 ONU 的信号时分复用成时隙流，然后送至馈线光纤，经光分路器进行功率分路后，再广播至各个 ONU。各 ONU 在规定时隙接收自己的信息。

上行通信时，由于多个 ONU 共享一根光纤传输，而每个 ONU 发送信号是突发的，因此，为了避免上行信号发生碰撞，需要某种信道分配策略，保证任意时刻只有一个 ONU 发送信号，各 ONU 之间轮流发送，以实现传输信道的共享。

在 OAN 中，通常采用的复用技术包括：

- 空分复用（Space Division Multiplexing，SDM）。
- 时分复用（Time Division Multiplexing，TDM）。
- 波分复用（Wavelength Division Multiplexing，WDM）。

1. 空分复用

SDM 技术的基本原理是在上行、下行双向通信过程中各使用一根光纤，两个方向的通信单独进行，互不影响。SDM 由于使用了两根独立的光纤，因此性能最佳，设计最简单。但是，由于光传输设备和线缆是双倍的，因此成本很高。

2. 时分复用

TDM OAN 示意图如图 4-9 所示。

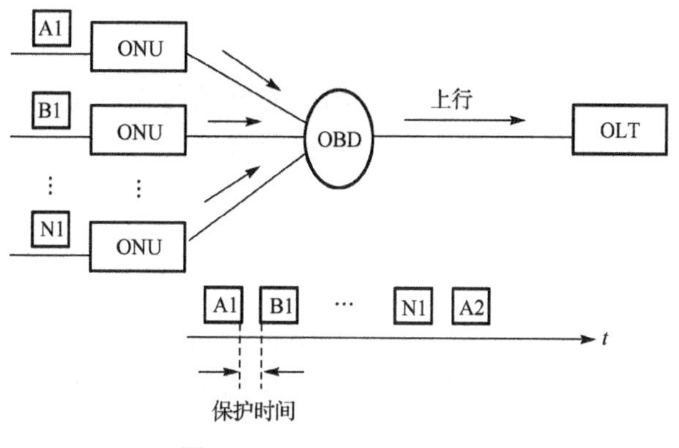

图 4-9　TDM OAN 示意图

TDM 技术是在同一光载波波长上把时间分成周期性的帧，每个帧再分成若干时隙，然后根据一定的时隙分配原则，给每个 ONU 分配一个固定的时隙，规定每个 ONU 在每帧内只能在所分配的固定时隙内向 OLT 上传数据。

由于 OAN 中每个 ONU 到 OLT 的距离不等，因此传输时延不同，到达 OLT 的相位也不同。为防止在光分路器中发生碰撞，要求 OLT 必须具有完善的测距技术，测定它与各 ONU 的相对距离，以实现发送的定时调整，保证频率同步。同时，还要求 OLT 必须实现快速的同步技术和快速、动态的门限判决技术。这样，在满足定时和同步的条件下，OLT 可以在各个时隙中有条不紊地接收各 ONU 的信号。

3. 波分复用

把不同波长的光信号复用到一根光纤中进行传输，每个波长作为一个独立的通道传输一种预定波长的光信号的方式称为波分复用。它实质上是在光纤上进行光的频分复用，即用不同的光载波传输不同的信息，只不过光波通常采用波长而不是频率来描述、检测与控制的。波分复用可细分为 WDM 和 DWDM。WDM 是对不同窗口的光波进行复用，DWDM 是对同一窗口的多个光波复用。

根据波分复用的原理，不同波长的信号只要相隔一定间隔，就可以共享同一根光纤传输而彼此互不干扰。因此，WDM 技术分别将各个 ONU 的上行传输信号调制为不同波长的信号，送至 OBD 并耦合进馈线光纤，就可以实现上行传输。在 OLT 处再利用 WDM 器件分出属于各个 ONU 的光信号，最后再通过光电检测器（PD）解调出电信号。WDM OAN 示意图如图 4-10 所示。

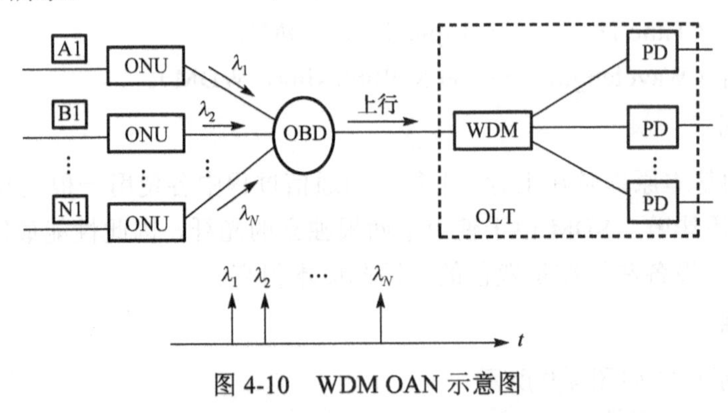

图 4-10 WDM OAN 示意图

WDM 技术的特点如下。

（1）可充分利用光纤的巨大带宽资源，增大光纤的传输容量。

（2）在单根光纤上实现双向传输，减小线路投资。

（3）降低了对器件的超高速要求。

（4）由于波分复用通道具有数据格式的透明性，因此能方便地进行网络扩容，引入宽带新业务。

（5）对激光二极管要求高，因为 WDM 要求每个 ONU 都在指定波长上发射。

（6）OLT 设备复杂，成本高，因为每个波长都需要光发射器和检测器。

4.1.5 应用类型

按照光纤接入网的参考配置，根据 ONU 设置位置的不同，光纤接入网可分为不同的应用类型，主要包括光纤到路边（FTTC）、光纤到楼（FTTB）、光纤到户（FTTH）和光纤到办公室（FTTO）等。图 4-11 所示为光纤接入网的 3 种不同的应用类型。

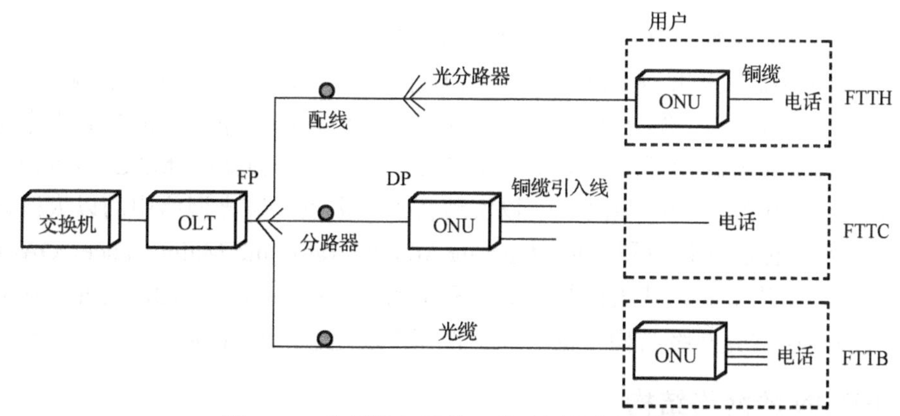

图 4-11　光纤接入网的 3 种不同的应用类型

1. FTTC

在 FTTC 结构中，ONU 设置在路边的入孔或电线杆上的分线盒处（DP）。从 ONU 到各用户之间的部分仍用铜双绞线。若要传输宽带图像业务，则除距离很短的情况外，这一部分可能会用到同轴电缆。

FTTC 结构主要适用于点到点或点到多点的树状拓扑结构，用户为居民住宅用户和小型企事业用户。

2. FTTB

FTTB 也可以视为 FTTC 的一种变型，不同之处在于将 ONU 直接放在楼内，再经多对铜双绞线将业务分别传输给各个用户。FTTB 是一种点到多点结构，通常不用于点到点结构的情况。FTTB 的光纤化进程比 FTTC 更快，光纤已敷设到楼，因为其更适合高密度用户区，也更接近长远发展目标。

3. FTTH 和 FTTO

在 FTTC 结构中，若将设置在路边的 ONU 换成无源光分路器，然后将 ONU 移到用户房间内，则构成 FTTH 结构。若将 ONU 放置在大型企事业用户的大楼终端设备处，并能提供一定范围的灵活业务，则构成 FTTO 结构。

FTTO 结构主要用于大型企事业用户，业务量需求大，因而结构上适合点到点结构或环形结构；而 FTTH 结构用于居民住宅用户，业务量需求很小，因而经济的结构是点到多点结构。

4.2 EPON 技术

4.2.1 EPON 技术的产生和发展

EPON（Ethernet Passive Optical Network，以太网无源光网络）是以太网技术和无源光网络 PON 技术的结合，为了提高以太网在“最后一公里”中的应用，IEEE EFM 工作组于 2000 年开始制定 802.3ah 标准，其中包括 EPON 和 P2P 光纤以太网两种技术，定义了速率为 1000Mbit/s、传输距离为 10km 和速率为 1000Mbit/s、传输距离为 20km 的两种点到点单纤双向光以太网系统。采用 WDM 方式实现单纤双向传输，上行、下行分别使用 1310nm 波长、1490nm 波长进行传输。EPON 技术在保留传统以太网体系结构的基础上定义了一种新的应用于 PON 系统的物理层（主要是光接口）规范和一种新的 MAC 多点控制层协议（Multi-Point Control Protocol，MPCP），以实现在点到多点无源光网络中的以太网帧的时分多址接入，以及一种运行管理和维护（Operate Administrator and Maintenance，OAM）机制。

从 EPON 的结构上看，其关键是消除了复杂而昂贵的 ATM 和 SDH 网元，从而极大地简化了传统的多层重叠网络结构，也消除了伴随多层重叠网络结构的一系列弱点。

4.2.2 EPON 的网络结构

EPON 是一个点到多点结构的光纤接入网，建立在 APON 的标准 G.983 上。它利用 PON 的拓扑结构实现以太网的接入，在 PON 上传输 Ethernet 帧，为用户提供可靠的数据、语音、视频等多种业务。EPON 一般采用双星状或树状结构，其网络结构示意图如图 4-12 所示。

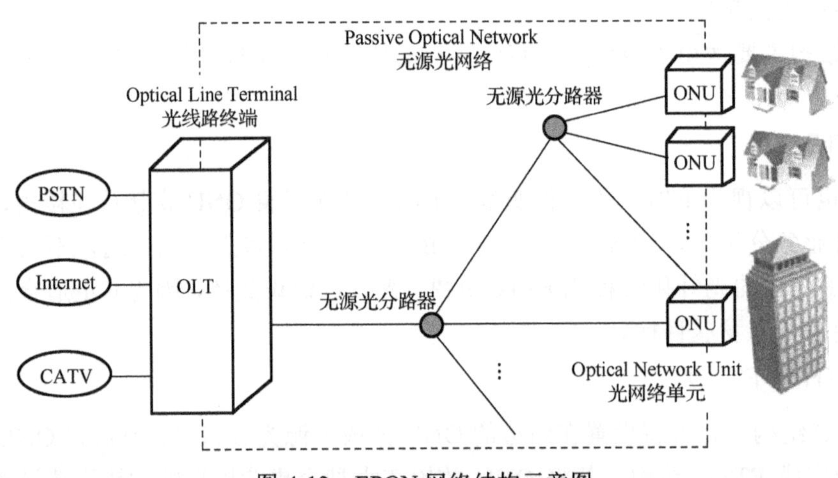

图 4-12 EPON 网络结构示意图

EPON 包括无源网络设备和有源网络设备。

- 无源网络设备指的是光分配网络（ODN），包括光纤、无源光分路器连接器和光纤接头等。它一般放置于局外，称为局外设备。
- 有源网络设备包括无线路终端（OLT）、光网络单元（ONU）和设备管理系统（EMS）。

EPON 中较复杂的功能主要集中于 OLT，而 ONU 的功能较简单，这主要是为了尽量降低用户端设备的成本。

4.2.3 EPON 的传输原理

EPON 系统采用 WDM 技术，实现单纤双向传输，上行波长为1310nm，下行波长为 1490nm，EPON 的单纤复用方式如图 4-13 所示。

点对多点无源光网络技术包括 EPON、GPON、BPON 等。BPON/APON 由于技术比较复杂、成本较高、速率有限、IP 业务映射效率低等原因，不宜再采用。EPON 系统中信息的传输可以分为两个方向：OLT 至 ONU 方向称为下行，ONU 至 OLT 方向称为上行。EPON 系统的上行、下行数据传输采用不同的复用技术，下行方向采用广播方式，OLT 向 ONU 发送下行数据，每个 ONU 根据下行数据的标识信息 LLID（Logical Link Identifier，逻辑链路标识符）接收属于自己的数据，丢弃其他用户的数据。EPON 系统下行工作原理如图 4-14 所示。

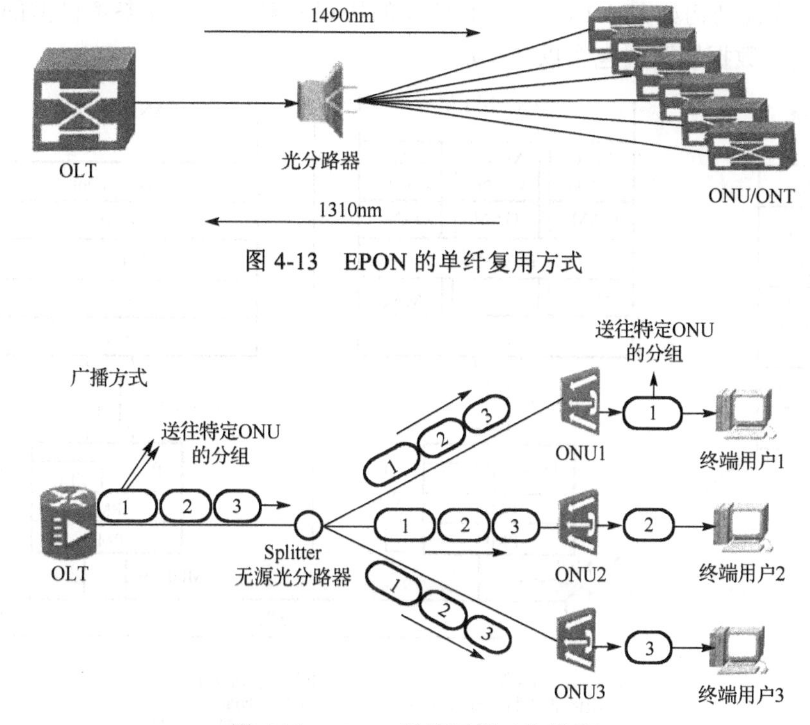

图 4-13　EPON 的单纤复用方式

图 4-14　EPON 系统下行工作原理

EPON 系统上行数据传输采用 TDMA（Time Division Multiplexing Access，时分多址）方式，各个 ONU 上行数据分时发送，ONU 只能在 OLT 规定的时间内发送数据，各 ONU 的发送时间与长度由 OLT 集中控制。EPON 系统上行工作原理如图 4-15 所示。

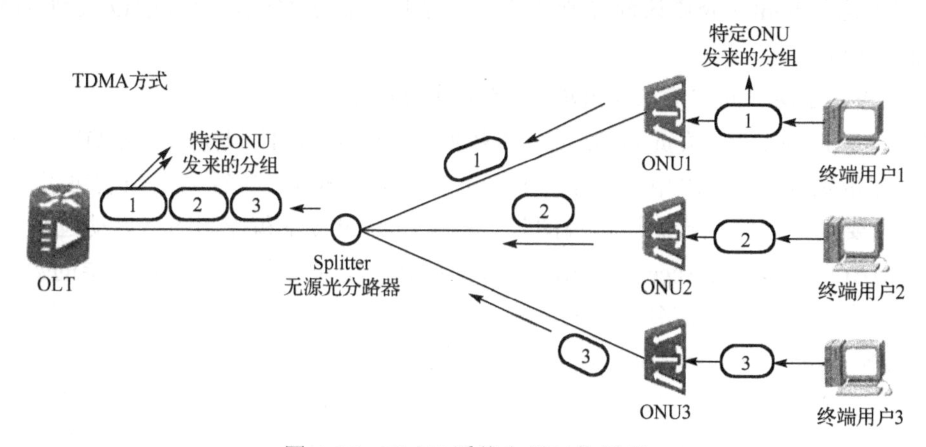

图 4-15　EPON 系统上行工作原理

上行传输方式的原则是：任意时刻只有一个ONU发送上行数据，系统才能正常工作，不同的ONU分配不同的时间片，轮流发送上行数据；每个ONU发送上行数据的时间片可以是动态的，时间片的大小和多少在宏观上表现为带宽的大小。

4.2.4 EPON 协议栈

EPON协议栈结构如图4-16所示。EPON的协议栈对应于OSI参考模型的物理层和数据链路层，其中数据链路层包含以下子层。

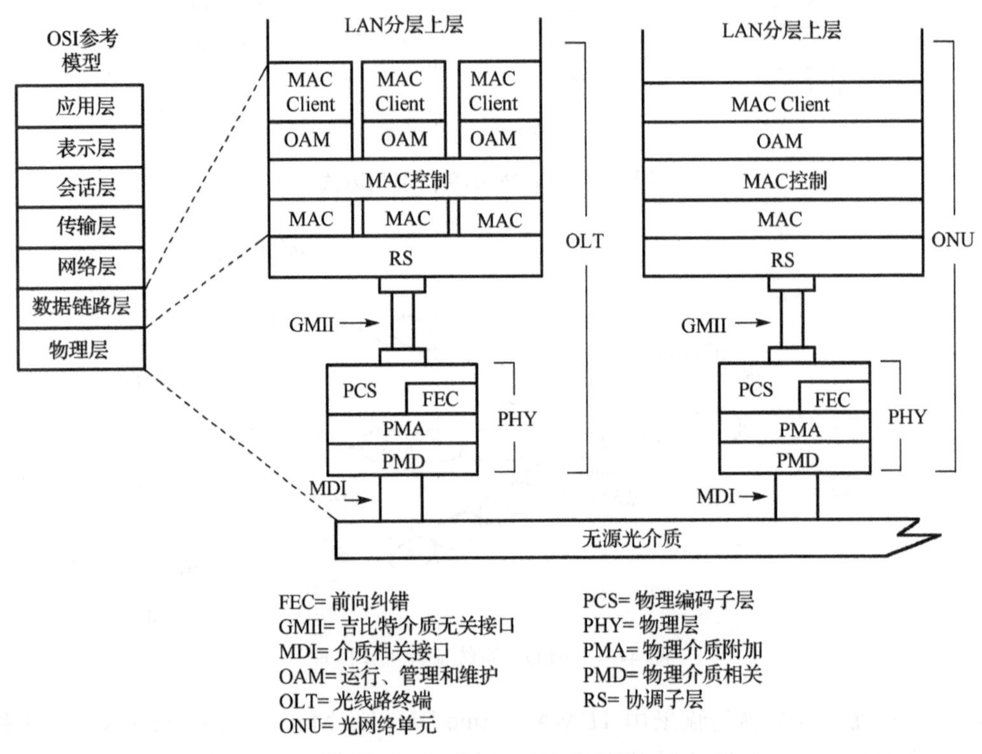

图4-16 EPON协议栈结构

（1）MAC Client（介质访问控制客户端）子层：提供终端协议栈的以太网MAC和上层之间的接口。

（2）OAM子层：负责有关EPON网络运维的功能。

（3）MAC控制子层：负责ONU的接入控制，通过MAC控制帧完成对ONU的初始化、测距和动态带宽分配。采用申请/授权（Request/Grant）机制，执行多点控制协议（MPCP），MPCP的主要功能是轮流检测用户端的带宽请求、分配带宽和控制网络启动过程。

（4）MAC（Medium Access Control，介质接入控制）子层：负责物理层的数据转发。将上层通信发送的数据封装到以太网的帧结构中，并决定数据的发送和接收方式。

（5）RS（Reconciliation Sublayer，协调子层）：将MAC子层的业务定义映射成GMII接口的信号。RS定义了EPON的前导码格式，它在原以太网前导码的基础上引入了逻辑链路标识符（LLID）来区分OLT与各个ONU的逻辑连接，并增加了对前导码的8位循环冗余校验（CRC8）。

EPON 的物理层包含以下子层。

（1）PCS（Physical Coding Sublayer，物理编码子层）：将 GMII 发送的数据进行编码/解码（8bit/10bit），使之适合在物理介质上传输。

（2）PMA（Physical Medium Attachment，物理介质接入）子层：为 PCS 提供一种与介质无关的方法，支持使用串行比特的物理介质。发送部分把 10 位并行码转换为串行码流，发送到 PMD 子层；接收部分把来自 PMD 子层的串行数据转换为 10 位并行数据，生成并接收线路上的信号。

（3）PMD（Physical Medium Dependent，物理介质相关）子层：主要完成光纤连接、电光转换等功能。PMD 为电光收发器，把输入的电压状态变化转变为光波或光脉冲，以便能在光纤中传输。

（4）MDI（Medium Dependent Interface，介质相关接口）：规范物理介质信号和传输介质及物理设备之间的机械与电气接口。

（5）GMII（Gigabit Media Independent Interface，吉比特介质无关接口）：允许多个数据终端混合使用多种吉比特速率物理层。

4.2.5　EPON 的关键技术

1．测距技术

在 EPON 中，一个 OLT 可以接 16～64 个 ONU，从 ONU 至 OLT 的距离有长有短，最短的可以是几米，最长的可达 20km。EPON 采用 TDMA 方式接入技术，使每个 ONU 的上行数据在公用光纤中汇合后，插入指定的时隙，彼此间既不发生碰撞，间隔又不会太大。所以，OLT 必须准确地知道数据在 OLT 和每个 ONU 之间传输的往返时间 RTT（Round Tip Time），即 OLT 要不断地对每个 ONU 与 OLT 的距离进行精确测定（测距），以便控制每个 ONU 发送上行数据的时刻。

测距具体过程如下：OLT 发出测距信息，此信息经过 OLT 内的电子电路和光电转换时延后，光信号进入光纤传输并产生时延后到达 ONU，经过 ONU 内的光电转换和电子电路时延后又发送光信号到光纤并再次产生时延，最后到达 OLT，OLT 把收到的传输时延信号和它发出去的信号的相位进行比较，从而获得传输时延值。OLT 以距离最远的 ONU 的时延为基准，算出每个 ONU 的时延补偿值 T_d 并通知 ONU。该 ONU 在收到 OLT 允许它发送信息的授权后，时延 T_d 后再发送自己的信息，这样各个 ONU 采用不同的 T_d 调整自己的发送时刻，以便使所有 ONU 到达 OLT 的时间都相同。

在 EPON 系统中，OLT 和每个 ONU 内部都有一个 32bit 的计数器，计数器每隔 16ns 计数值增大 1，这些定时器为设备提供本地的时间戳，即时钟。OLT 的本地时钟为整个 PON 系统的时钟基准，其下面所有 ONU 的时钟都要同步到 OLT 的时钟上。EPON 系统所采用的多点控制协议 MPCP 消息都有一个 4 字节长度的 timestamp 字段，用于携带发送该 MPCP 消息的本地计数器的值，进而实现本地时刻值的传递。

测距原理示意图如图 4-17 所示，OLT 和 ONU 之间的往返时间 RTT 主要由两部分组成：$T_{\mathrm{DOWNSTREAM}}$ 和 T_{UPSTREAM}。如果 OLT 发送 MPCP 消息时的本地时间为 t_0，那么这个

消息在经过长度为 L 的光纤传输后到达 ONU，ONU 会立刻设置本地时间为 t_0；在经过 T_{WAIT} 后，ONU 向 OLT 发送上行 MPCP 消息时，会把本地时间 t_1 写入 timestamp 字段，这个消息在经过同样长度的光纤后到达 OLT 时，OLT 当前的本地时间为 t_2，那么，可以推出

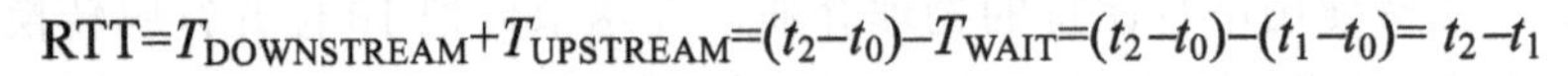

$$RTT=T_{DOWNSTREAM}+T_{UPSTREAM}=(t_2-t_0)-T_{WAIT}=(t_2-t_0)-(t_1-t_0)=t_2-t_1$$

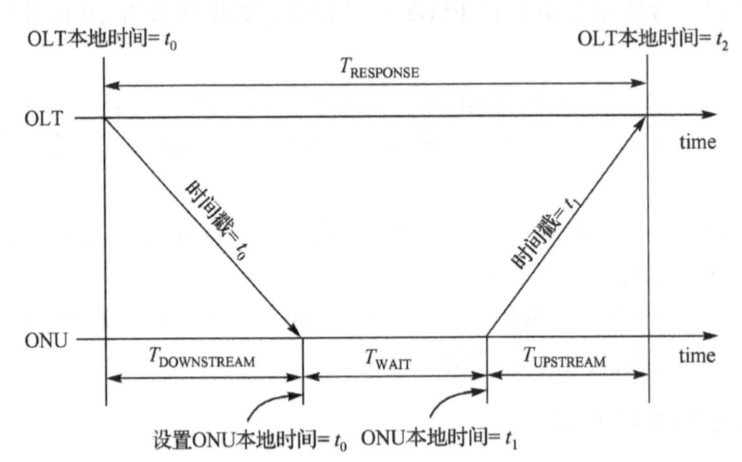

图 4-17　测距原理示意图

可以看出，OLT 只要简单地将本地计数器的值与接收到的 MPCP 消息中携带的 ONU 本地计数器的值相减，就得到了 RTT。一般情况下，光信号在光纤传输中的时延占 RTT 的绝大部分，设备内部处理时延基本可忽略，因此 RTT 值基本能够反映光纤长度，简化后的公式为 L=3.75×RTT，其中 L 的单位是 m，RTT 的单位是 ns。OLT 根据计算出的每个 ONU 的 RTT 值进行授权窗口的补充，在完成注册阶段的测距后，OLT 还必须不断地对 ONU 进行实时的 RTT 测量，以实现动态补偿。

2. 动态带宽分配

动态带宽分配（DBA）是 EPON 系统的主要优点。通过 DBA，OLT 可以对每个 ONU 的上行、下行带宽进行动态管理，按照 ONU 的业务类型和带宽需求，依据网络带宽使用状态来灵活分配 ONU 的带宽，试行按需分配，可以实现按流量和业务类型的管理，既可以保证相关业务的 QoS，又可以方便用户管理。

EPON 标准中没有定义 DBA 的具体算法，具体的实现算法有多种，目前各芯片厂家都可以支持 DBA 算法，主要的 DBA 算法的衡量指标是算法效率和有效性。

3. 安全性及可靠性

EPON 系统可以对上行、下行数据进行加密，每个 ONU 可采用专用密钥以保证其安全性，而且对密钥可以定期更新。具体安全保障措施如下。

- 任意 ONU 只能接收发送给本 ONU 和端口的数据。
- 任意 ONU 端口不能看到其他 ONU 或其他端口的上行数据。
- 数据是否加密由 ONU 与 OLT 进行协商，密钥的转换同时进行。

在 IEEE 802.3ah 有关 EPON 的定义中，专门定义了有关 EPON 系统的维护功能，以利于系统运行时的维护和故障分析。而且，G.983.1 建议采用双 PON 系统，以保证 EPON 系统的可靠性，即用备用的 PON 保护工作的 PON，一旦工作的 PON 发生故障，就可切换到备用的 PON 上。

4.3 GPON 技术

4.3.1 GPON 技术概述

GPON（Gigabit-capable Passive Optical Network，吉比特无源光网络）是由 FSAN（Full Service Access Network，全业务接入网络）组织推动并在 ITU-T 标准化的一种无源光网络技术，在 2001 年发起指定的 PON 标准。相对于其他 PON 标准而言，GPON 标准提供了前所未有的高带宽（下行速率约为 2.5Gbit/s），上行速率、下行速率有对称和不对称两种，其非对称特性更能适应宽带数据业务市场。

与 EPON 直接采用以太网帧不同，GPON 标准规定了一种特殊的封装方法，即 GEM（GPON Encapsulation Method，GPON 封装方法）。GPON 可以同时承载 ATM 信元和 GEM 帧，有很好的提供服务等级、支持 QoS 保证和全业务接入的能力。在承载 GEM 帧时，可以将 TDM 业务映射到 GEM 帧中，使用标准的 8kHz 帧能够直接支持 TDM 业务。作为一种电信级的技术标准，GPON 还规定了在接入网层面上的保护机制和完整的 OAM 功能。

ITU-T 于 2003 年开始发布 GPON 标准——G.984 系列标准，包括 G.984.1、G.984.2、G.984.3、G.984.4、G.984.5、G.984.6 这 6 部分。

GPON 标准规范如下。

（1）G.984.1——吉比特无源光网络的总体特性，主要规范了 GPON 系统的总体要求，包括 OAN 的体系结构、业务类型、SNI 和 UNI、物理速率、逻辑传输距离、系统的性能目标。

G.984.1 对 GPON 提出了总体目标，要求 ONU 的最大逻辑距离为 20km，支持的分路比为 16、32 或 64，不同的分路比对设备的要求不同。从分层结构上看，ITU 定义的 GPON 由 PMD 层和 TC 层构成，分别由 G.984.2 和 G.984.3 进行规范。

（2）G.984.2——吉比特无源光网络的物理介质相关（PMD）子层规范，于 2003 年定稿，主要规范了 GPON 系统的物理层要求。G.984.2 要求系统下行速率为 1.244Gbit/s 或 2.488Gbit/s。该标准规定了在各种速率等级下 OLT 和 ONU 光接口的物理特性，提出了 1.244Gbit/s 及其以下各速率等级的 OLT 和 ONU 光接口参数。但对 2.488Gbit/s 速率等级并没有定义光接口参数，原因在于此速率等级的物理层速率较高，对光器件的特性提出了更高的要求，有待进一步研究。从实用性角度看，在 PON 中实现 2.488Gbit/s 速率等级会比较难。

（3）G.984.3——吉比特无源光网络的传输汇聚（TC）层规范，于 2003 年完成，规定了 GPON 的 GTC 层、帧格式、测距、安全、动态带宽分配（DBA）、操作维护管理功能等。G.984.3 规范了 GPON 的帧结构、封装方法、适配方法、测距机制、QoS 机制、加密机制等，是 GPON 系统的关键技术要求。

（4）G.984.4——GPON 系统管理控制接口规范。2004 年 6 月正式完成的 G.984.4 规范提出了对光网络终端管理与控制接口（OMCI）的要求，目标是实现多厂家 OLT 和 ONT 设备的互通。该建议制定了与协议无关的管理实体，模拟了 OLT 和 ONT 之间信息交换的过程。

（5）G.984.5——GPON 增强带宽规范。2007 年 9 月发布最初版，未来在 GPON 系统中可利用 WDM 技术为新增业务信号提供预留波长，为此定义波长范围，使光分配网 ODN 的价值最大化。

（6）G.984.6——GPON 距离延伸规范。2008 年 3 月发布最初版，规范了利用物理层距离延伸装置实现距离延伸的 GPON 体系架构和接口参数，最大距离可达 60km，损耗预算超过 27.5dB。

4.3.2 GPON 的技术原理

1. GPON 突发传输技术

与 EPON 一样，GPON 的上行信号也是突发信号。EPON 为了接收突发信号，在各个突发包之间留了较大的物理层开销，来实现突发信号的增益恢复及时钟恢复；GPON 则采用了不同的技术来实现对突发信号的接收。

GPON 通过控制管理层面上的信令，在 ONU 启动初始化时调整 ONU 发射机的功率，使 ONU 信号到达 OLT 时幅度变化不会太大，这样有利于信号的快速接收和恢复。ONU 的发射机功率一般可以分为三类：最大功率、最大功率的 1/2、最大功率的 1/4。

经过这样的调整，OLT 的接收机动态范围要比调整前至少提高 6dB。GPON 仍然使用物理层开销，但是相对于 EPON 而言，功率调整的机制使其物理层开销要少得多。

GPON 在物理层面上还引入了前向纠错编码技术（Forward Error Correction，FEC），FEC 原本是在长途光网络中应用的技术，用于增大传输距离或降低误码率。FEC 在 GPON 中的引入，保证在网络具有相同误码率的前提下可以增大网络的传输距离及分束比，降低了网络对 ONU 的激光器的要求，有利于降低网络成本。

2. GPON 的帧结构

GPON 系统采用 125μs 长度的帧结构，用于更好地适配 TDM 业务，继续沿用 APON 中 PLOAM 信元的概念传输 OAM 信息，并加以补充丰富。帧的净负荷中分 ATM 信元段和 GEM（GPON Method）通用帧段，可以实现综合业务的接入。

1）GPON 下行帧结构

GPON 下行帧周期为 125μs，若下行速率为 2.488Gbit/s，则下行帧的长度为 38 880 字节，对于 1.244Gbit/s 的上行速率，上行帧的长度为 19 440 字节，以保证整个系统的定时关系。GPON 下行帧结构如图 4-18 所示。

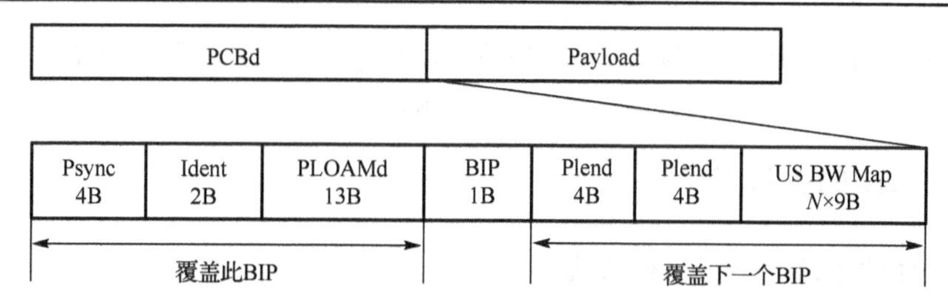

图 4-18　GPON 下行帧结构

GPON 下行帧包括下行物理层控制块（Physical Control Block downstream，PCBd）和载荷部分（Payload）两部分。

PCBd 用于提供帧同步、定时及动态带宽分配等 OAM 功能。Payload 用于透明承载 ATM 信元或 GEM 帧。

PCBd 模块的组成如下。

（1）Psync（Physical synchronization，物理层同步）：长度为 4B，用于 ONU 与 OLT 同步。

（2）Ident：用于指示超帧，其值为 0 时指示一个超帧的开始。

（3）PLOAMd（PLOAMdown-stream）：长度为 13B，用于承载下行 PLOAM 信息。

（4）BIP：长度为 1B，比特间插奇偶校验 8 比特码，用于误码检测。

（5）Plend（Payload Length downstream）：长度为 4B，用于说明 US BW Map 域的长度及载荷中 ATM 信元的数目，为了增强容错性，Plend 出现两次。

（6）US BW Map：域长度为 N×9B，用于上行带宽分配。带宽分配的控制对象是 T-CONT，一个 ONU 可分配多个 T-CONT，每个 T-CONT 可包含多个具有相同 QoS 要求的 VPI/VCI（用来识别 ATM 业务流）或 Port ID（用来识别 GEM 业务流），这是 GPON 动态带宽分配技术中引入的概念，提高了动态带宽分配的效率。

2）GPON 上行帧结构

GPON 上行帧周期为 125μs，帧格式的组织由下行帧中的 US BW Map 字段确定。GPON 上行帧结构如图 4-19 所示。

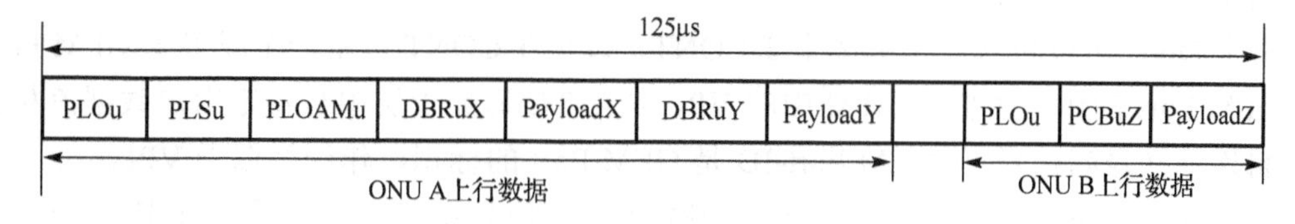

图 4-19　GPON 上行帧结构

GPON 上行帧各字段的作用如下。

（1）PLOu（Physical Layer Overhead upstream，上行物理层开销）：包含前导码、定界符、BIP、PLOAMu 指示及 FEC 指示，其长度在 OLT 初始化 ONU 时设置。ONU 在占据上行信道后首先发送 PLOu 单元，以使 OLT 能够快速同步，并正确接收 ONU 的数据。

（2）PLSu：长度为 120B，为功率测量序列，用于调整光功率。

（3）PLOAMu（PLOAM upstream）：长度为 13B，用于承载上行 PLOAM 信息，包含 ONU ID、Message ID、Message 及 CRC。

（4）DBRu：长度为 2B，包含 DBA 域及 CRC 域，用于申请上行带宽。

（5）Playload：用于填充 ATM 信元或 GEM 帧。

4.3.3 GPON 的关键技术

1. GPON 的上行、下行工作方式

GPON 的工作原理与 EPON 一样，只是帧结构不同。GPON 系统要求 OLT 和 ONU 之间的光传输系统使用符合 ITU-TG.652 标准的单模光纤，上行、下行一般采用波分复用技术实现单纤双向的上行、下行传输，上行使用波长范围为 1260～1360nm（标称波长为 1310nm），下行使用波长范围为 1480～1560nm（标称波长为 1550nm），实现 CATV 业务的承载。

GPON 下行采用广播方式：GPON 的下行帧长为固定的 125μs，下行采用广播方式，所有 ONU 都能收到相同的数据，通过 ONU ID 来区分属于各自的数据。

GPON 上行采用 TDMA 方式：GPON 的上行通过 TDMA（时分复用）的方式传输数据，上行信道被分成不同的时隙，根据下行帧的 US BW Map（Upstream Bandwidth Map，上行带宽映射）字段来给每个 ONU 分配上行时隙，这样所有 ONU 就可以按照一定的秩序发送自己的数据，不会为了争抢时隙而发生数据冲突。

2. GPON 的复用结构

GPON 提供两种复用机制：一种基于异步传递模式（ATM）；另一种基于 GEM。下面重点介绍基于 GEM 的复用机制。

GEM 是 GPON 的一种新的数据封装方法，可以封装任何一种业务。GEM 帧由 5 字节的帧头（Header）和可变长度的净荷（Payload）组成。与 ATM 相同，GEM 也提供面向连接的通信，但 GEM 的封装效率更高。

1）基于 GEM 的上行复用

GPON 结构的上行方向采用 GEM 端口（GEM Port）、传输容器（T-CONT）和 ONU 三级复用结构，如图 4-20 所示。

每个 ONU 可以包含一个或多个 T-CONT，每个 T-CONT 可由一个或多个 GEM Port 构成。GEM Port 的作用类似于 ATM 中的 VP，是在 TC 适配子层中与特定用户数据流相关联的逻辑连接（逻辑信道）。GEM Port-ID 是 GEM Port 的标识，作用类似于 VPI。

T-CONT 是 PON 接口上包含一组 GEM Port 的流量承载实体，是上行带宽分配 DBA 的单元，只存在于上行方向。它由 Alloc-ID 来标识，该值由 OLT 分配，在 ONU 去激活后失效。

GPON 支持的 T-CONT 类型与 ITU-T G.983.4 中规定的相同，分为 5 类，不同种类的 T-CONT 拥有不同类型的带宽，因此可以支持不同 QoS 的业务。T-CONT 可分配的带宽有固定带宽、保证带宽、非保证带宽、尽力而为带宽，这 4 种带宽分配的优先级依次下降。

2）基于 GEM 的下行复用

GPON 结构的下行方向采用 GEM Port 和 ONU 两级复用结构。OLT 将数据流封装到不同的 GEM Port 中，ONU 根据 GEM Port 接收属于自己的数据流。

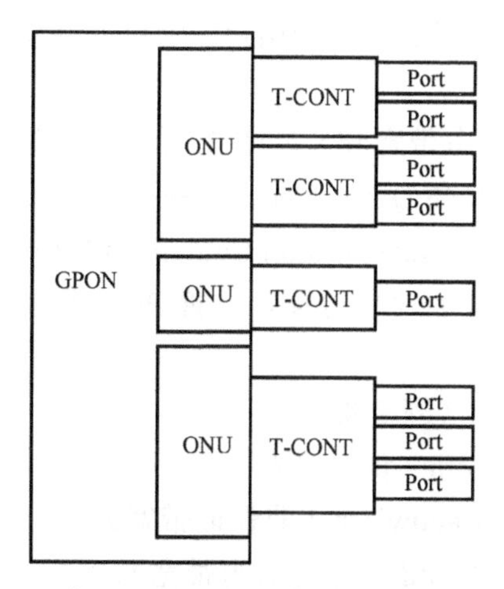

图 4-20　GPON 的复用结构

ONU 采用 ONU-ID 来标识，每个 ONU-ID 在 PON 接口上是唯一的，在 ONU 下电或去激活前都有效。ONU-ID 是在 ONU 激活过程中由 OLT 通过 PLOAM 消息分配的一个 8bit 的值，其中 0～253 为可分配的值，254 为保留值，255 用于广播或尚未分配 ID 的 ONU。

3）GEM 帧

GEM 帧包括 5 字节的帧头和可变长度的净荷，GEM 帧结构如图 4-21 所示。帧头包括 4 个字段，各字段的作用如下。

- PLI 用于指示净荷长度，共 12bit，即 GEM 净荷的最大长度是 4095 字节，超过此长度就需要分片。
- Port-ID 是 GEM 端口的标识，相当于 APON 中的 VPI。12bit 的 Port-ID 可以提供 4096 个不同的端口，用于支持多端口复用，由 OLT 分配。
- PTI 为 3bit，用于指示净荷类型，同时指示在净荷分片时是否为一帧中的最后一片。
- HEC 为 13bit，用于帧头的错误检测和纠正。

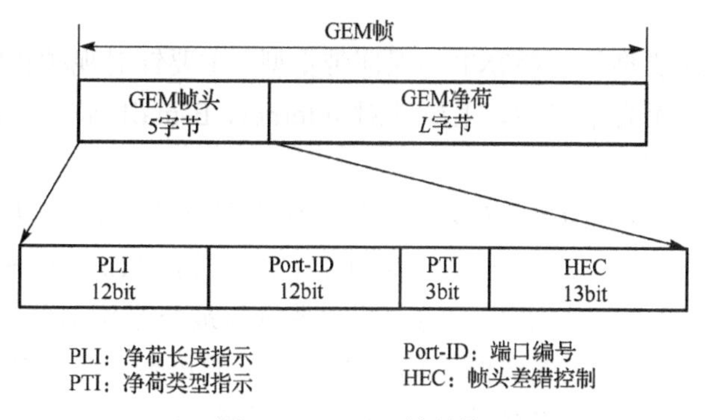

图 4-21　GEM 帧结构

3. GPON DBA 技术

DBA（Dynamically Bandwidth Assignment，动态带宽分配）技术是一种能在微秒或毫秒级的时间间隔内完成对上行带宽动态分配的技术。DBA 技术可以提高 PON 端口的上行线路带宽利用率，在 PON 口上增加更多的用户，用户可以享受到更大带宽的服务，特别是那些带宽突变比较大的业务。

GPON 系统采用 SBA（静态带宽分片）+DBA 的方式来实现带宽的有效利用，TDM 业务通过 SBA 指配带宽以保证其高 QoS，其他一些业务可以通过 DBA 来动态分配带宽。

GPON 技术通过 T-CONT（Transmission Containers）动态接收 OLT 下发的授权，用于管理 PON 系统传输汇聚层的上行带宽分配，改善 PON 系统的上行带宽。T-CONT 的带宽类型分为如下 4 种。

（1）FB：Fixed Bandwidth（固定带宽）。

（2）AB：Assured Bandwidth（保证带宽）。

（3）NAB：Non-Assured Bandwidth（非保证带宽）。

（4）BE：Best Effort Bandwidth（尽力而为带宽）。

在 GPON 技术中可设置 5 种带宽类型，即 Type1、Type2、Type3、Type4、Type5，它们与 T-CONT 带宽类型之间的对应关系如图 4-22 所示。

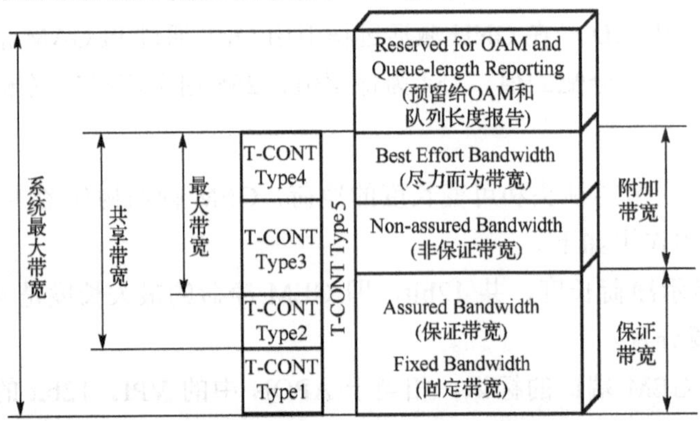

图 4-22　带宽类型与 T-CONT 带宽类型之间的对应关系

（1）Type1 类型的 T-CONT 为固定带宽型，主要针对时延敏感的业务和优先级高的业务，如语音业务。

（2）Type2、Type3 类型的 T-CONT 为保证带宽型，主要针对视频和优先级高的数据业务。

（3）Type4 为尽力而为带宽型，主要针对 Internet、E-mail 等数据业务，优先级比较低，此类业务对带宽需求不大。

（4）Type5 为综合型的 T-CONT 类型，包括所有带宽类型，可以承载所有业务。

（5）根据业务的优先级，GPON 系统对每个 ONU 设置 SLA（Service Level Agreement，服务等级协议），对业务的带宽进行限制。最大带宽和最小带宽对每个 ONU 的带宽进行极限限制，保证带宽根据业务优先级的不同而不同，一般语音业务的优先级最高，视频业务的优先级次之，数据业务的优先级最低。OLT 根据业务 SLA 及 ONU 的实际情况进行带宽许可，优先级高的业务可以得到更大的带宽，满足业务需求。

4.3.4　GPON 与 EPON 的比较

EPON 和 GPON 技术在运营商构建的光纤接入网中得到了广泛的应用。而 EPON 和

GPON 都是在 A/BPON 的基础上发展起来的，有着共同的技术起源。ITU 和 IEEE 两个标准组织定位的不同导致 GPON 和 EPON 在技术理念上存在较大差异。GPON 和 EPON 技术相关指标比较如表 4-1 所示。

表 4-1 GPON 和 EPON 技术相关指标比较

比较项目	GPON（ITU-T G.984）	EPON（IEEE 802.3ah）
TDM 支持能力	TDM over ATM/TDM over Packet	TDM over Ethernet
下行速率（Mbit/s）	2500	1250
上行速率（Mbit/s）	1250	1250
分路比（分光比）	64～128	32～64
最大传输距离（km）	60	20
网络保护	50ms 主干光纤保护倒换	未规定
运营、维护	OMCI 必选，对 ONT 进行全套 FCAPS（故障、配置、计费、性能、安全性）管理	OAM 可选且最低限度地支持：ONT 的故障指示、环回合链路监测
光纤线路检测	OLS G.984.2	无

4.3.5 10G EPON 和 WDM-PON

在国家政策支持的“三网融合”，以及 EPON 和 GPON 都已经大规模部署、普及的背景下，如何保持 PON 技术的持续发展是一个引人思考的话题。业界提出的“下一代 PON”即 NGPON 的概念基于光纤接入网，在业务支撑能力、带宽及接入节点设备功能和性能等方面面临升级的需要。

1. 10G EPON

10G EPON 的标准在 2009 年 9 月被颁布，并取得了快速发展。10G EPON 作为率先成熟的下一代 PON 技术，符合网络发展趋势，具备大带宽、大分光比，以及与 EPON 可兼容组网、网管统一、平滑升级等优势。10G EPON 利用现有网络直接提速 10 倍，且与国内电信运营商的带宽规划完美匹配，支撑国内电信运营商中远期规划目标的实现，支撑运营商在 IDC 业务、政企客户业务、家庭客户的持续拓展。

10G EPON 的标准为 IEEE 802.3av，10G EPON 的标准制定从 2006 年开始，于 2009 年 9 月正式颁布标准。目前，10G EPON 的标准制定进程较快，已经确定了主要的技术细节。

现阶段 10G EPON 已经有不少应用，据初步统计，全球现网部署的 10G EPON 已经超过 25 万线的规模，其中大部分集中在我国。

到目前为止，中国电信已经进行了三次 10G EPON 的性能测试，10G EPON 设备已成熟，互通性已具备，可以在 FTTB 应用场景下开始商用，并且用户 MDU 成本仅提高了 5%～20%，带宽提高了 10 倍，每兆带宽成本大幅下降。

10G EPON 具有以下核心竞争优势。

（1）10G EPON 带宽提升 10 倍，综合成本增加不到 1/10。在现有的 FTTB 模式下，采用 10G EPON 主要是因为 10G EPON 具有大分光比、大容量、大带宽的特点，这使得带宽提升至原来的 10 倍，且设备成本只比 EPON 多 20%～30%。最后综合起来的成本增加不到 10%。

（2）10G EPON 支持 1:256 分光比，满足 FTTB 向 FTTH 的平滑演进需求。

（3）能够支持长距离覆盖，10G EPON 可以达到 OLT 向汇聚型发展的目标。它能够提供更大功率运算和更充足的光功率预算，另外 10G EPON 可以实现长距离覆盖，因此它可使覆盖半径更广，使 OLT 向汇聚型发展。

（4）相对 XG PON 而言，10G EPON 的产业链已经更加成熟，有利于其快速平稳地发展。芯片厂商推出了 ASIC 方案，各大设备商都推出了 10G EPON 的设备。

2．WDM-PON

现行的 EPON 和 GPON 标准都属于 TDM-PON，TDM-PON 在速率超过 10Gbit/s 时，要想实现光的突发接收和发送，技术难度和成本都将大幅提高。为了解决这一难题，WDM-PON 技术应运而生。WDM-PON 采用波分技术，技术难度相对较小，成本相对较低，且 WDM-PON 具有众多的技术优势，比如可以进一步节约主干光纤和 OSP 费用，WDM-PON 系统可以实现单纤 32～40 个波长，并可以进一步扩展至 80 个波长；WDM-PON 系统对速率、业务完全透明，不需要任何封装协议，各波长相互独立工作；WDM-PON 系统具有极高的安全性，同一 PON 口下的所有 ONU 物理隔离；在系统的维护上，WDM-PON 系统可以避免 OTDR 由于高插入损耗对光纤线路测量等的限制，从而更易进行维护等。

WDM-PON 是一种采用波分复用技术、点对点的无源光网络，即在同一根光纤中，双向采用的波长数目大于 3 个，利用波分复用技术实现上行接入，能够以较低的成本提供较大的工作带宽，是光纤接入的未来的重要发展方向。典型的 WDM-PON 系统由三部分组成：OLT、光波长分配网络（Optical Wavelength Distribution Network，OWDN）和 ONU，如图 4-23 所示。

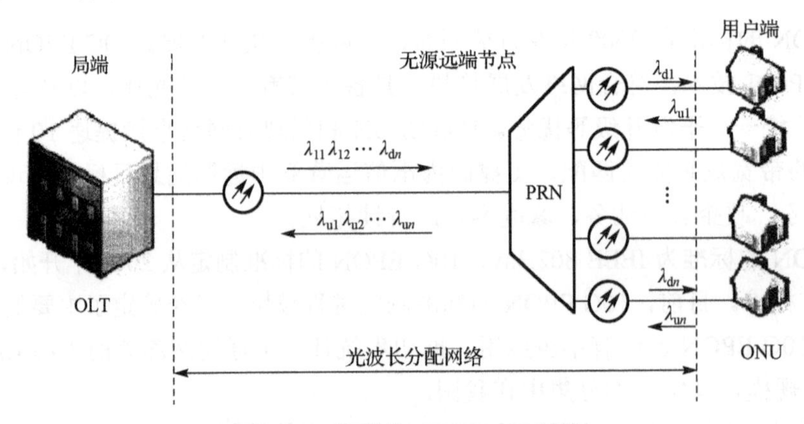

图 4-23　典型的 WDM-PON 系统

OLT 是局端设备，包括光波分复用器/解复用器（OM/OD），一般具有控制、交换、管理等功能。局端的 OM/OD 在物理上与 OLT 设备可以是分立的。OWDN 是指位于 OLT 与 ONU 之间，实现从 OLT 到 ONU 或者从 ONU 到 OLT 的按波长分配的光网络。物理链路上包括馈线光纤和无源远端节点（Passive Remote Node，PRN）。PRN 主要包括热不敏感的阵列波导光栅（Athermal Arrayed Waveguide Grating，AAWG），AAWG 是波长敏感无源光器件，完成光波长复用、解复用功能。ONU 放置在用户终端，是用户侧的光终端设备。

爱立信公司 2010 年提出了其行业第一个实现商业部署的 WDM-PON 解决方案，它目前在韩国、美国、丹麦、瑞士和荷兰等都有应用。该方案最大的优势是：（1）它非常简单，应用不需要配置，可以自动锁定波长，其波长是统一发送的；（2）没有颜色的问题，每个波长都有不同的颜色，爱立信的 ONT 可以自动连接到不同的波长，因此 ONT 应用的范围更广；（3）WDM-PON 可以与现在的 GPON 在同一个光网络上共存，用户不需要对其进行改动，所以既能为原来传统的家庭用户服务，又能为比较大的企业用户服务。爱立信公司的 WDM-PON 解决方案主要应用在大企业及 LTE 4G 无线基站回传上，因为 4G 基站需要更大的带宽、更小的时延，所以 WDM-PON 对下一代 LTE 基站回传应用具有很大的优势。

4.3.6 GPON 的应用

GPON 技术的定位是接入网，是一种宽带光纤接入技术。GPON 用一个流行的行业术语来说，就是实现 FTTn 的一种技术。GPON 设备的市场定位实际上与运营商目前在接入层光纤化的具体进程有关。目前，运营商在接入层光纤化的基本策略都是相同的，即从接入网层面的馈线段、配线段到最终的引线段逐段逐步实现光纤化，最终的目标就是 FTTH。

GPON 设备在 FTTn 的应用中可以显示出其以下独特的优势。

（1）专用的接入网技术规范，适用于接入网的应用环境：为终端用户提供真正源模式的 TDM 服务和高质量的以太网接入服务。

（2）无源光网技术：整个光分配网（ODN）没有有源器件，可维护性好、可靠性高，可以大大降低接入网络的维护成本。

（3）组网灵活，可以在接入层面实现星状、树状、总线状、环状等各种网络拓扑结构。

（4）具有实现全程双向点对点的线路保护能力。

（5）满足了运营商对业务增长和拓扑结构变化的需求，相对于其他 FTTn 手段，性价比高。

综上所述，FTTn 是应用 GPON 技术的最佳场合。利用其综合接入性能可为运营商提供高质量的数据、语音及视频服务。

应该说，最能让 GPON 技术大显身手的应用场合就是 FTTH，但是到目前为止，对于电话业务的传输而言，使用 GPON 技术的 FTTH 系统依然无法达到“铜线对等”的成本要求。但是，随着终端业务综合化要求的提高和 GPON 配套技术的发展，GPON 在 FTTH 中的大规模应用前景比之前任何一种 FTTH 技术都要光明得多。

GPON 技术拥有 2.5Gbit/s 的下行带宽，具备承载多用户同时达到百兆带宽的能力，基于目前运营商可提供的宽带业务种类和模式，GPON 的市场需求量依然相当可观。

我国光通信企业从 2009 年起已在海内外市场进行 GPON 设备的规模商用部署，经过多年研究和开发新产品，PON 产品也层出不穷。在 1G PON、10G PON、25G PON、40G PON、WPON 和 TWDM PON 上进行了多年深入的研发与产品验证，我国光通信领域已拥有丰富的技术沉淀，其中 GPON 设备已在国内被部署于上千个本地网中，在海外被部署于亚、非、欧、拉美等地区的 28 个国家。2016 年，中国电信成功地在上海交通大学完成了 100G PON

的试商用验证。自 2013 年起，中国移动获得固网牌照后，发挥后发优势，在固定宽带领域的投入不断加码，在全国掀起了大规模推广家庭宽带的市场活动。它在部署上倾向于 FTTH 的解决方案，在技术上优先选择高分光比的 GPON 设备及高密度的 16 口 GPON 接口盘。

1．GPON 工程案例

山东省济南市平阴县的中国移动 GPON 项目于 2014 年开始实施。2015 年，该项目在原来规划的基础上新增了若干设备，目的是进一步推广农村乡镇 FTTH。济南移动在平阴县建设的该项目涉及太和、宋柳沟、黑山等若干站点，主要业务模型是通过 OLT 下挂到户型 ONU，传输宽带和语音数据。

当地移动分别在太和、黑山、宋柳沟、西豆山和司桥这 5 个站点增配了不同型号的 OLT 设备，由于是新配的设备，因此全部采用新版本 GPON 的 8 口线卡盘 GC8B 和 16 口线卡盘 GCOB，其中西豆山设备板卡资源统计如表 4-2 所示。

除 OLT 外，当地移动增配了包括 1 个 LAN 口的 ONU 和 4 个 LAN 口的 ONU 共计 3000 余个，其中，大多数配置的都是单口 ONU。黑山 ONU 设备类型统计如表 4-3 所示。

表 4-2 西豆山设备板卡资源统计

逻辑地址	系统名称	IP 地址	系统类型	板卡名称	槽位号	设备加电时间	板卡版本号
济南移动 GPON 工程：平阴 OLT001-FH-AN5516	西豆山 OLT001-FH-AN5516	172.31.255.66	AN5516-06 系统	GC8B	11	2015/3/7	RP0700
		172.31.255.66	AN5516-06 系统	GC8B	12	2015/3/7	RP0700
		172.31.255.66	AN5516-06 系统	GC8B	13	2015/3/7	RP0700
		172.31.255.66	AN5516-06 系统	GC8B	14	2015/3/7	RP0700
		172.31.255.66	AN5516-06 系统	GCOB	15	2015/3/7	RP0700
		172.31.255.66	AN5516-06 系统	PUBA	16	2015/3/7	RP0700

表 4-3 黑山 ONU 设备类型统计

逻辑地址	系统名称	IP 地址	系统类型	ONU 类型	总数
平阴：平阴黑山机房	黑山 5516OLT	58.57.162.9	AN5516-01 系统	AN5516-01-A	62
		58.57.162.9	AN5516-01 系统	AN5516-01-B	4
		58.57.162.9	AN5516-01 系统	AN5516-04	3
		58.57.162.9	AN5516-01 系统	AN5516-07A	3
		58.57.162.9	AN5516-01 系统	AN5516-07B	3
		58.57.162.9	AN5516-01 系统	AN5516-09	11
		58.57.162.9	AN5516-01 系统	AN5516-10	1

2．FTTH-0512 光纤接入网

目前，光纤接入网发展得很快。下面以某公司开发的 FTTH-0512 系统为例，说明光纤接入网的实际应用。

FTTH-0512 系统可提供电话业务、数据业务、CATV 业务及其他宽带业务。该系统由中央局接口单元（COIU）、光网络单元（ONU）、无源光网络（PON）、OAM 系统这 4 个主要部分组成。其中，COIU 是 FTTH-0512 系统与交换机的接口设备；ONU 是 FTTH-0512 系统与用户的接口设备；PON 是 COIU 和 ONU 之间的光分配网络；OAM 系统负责日常维

护、测试与管理。

FTTH-0512 系统的组网方式有两种：一种是点对点方式；另一种是一点对多点方式。图 4-24 所示为点对点（接 PON）组网方式。COIU 通过一对光纤（有可能在分线点串入一个 PON）与远端 8 个（加 PON 时为 9 个）集中放置的 ONU 连接，可提供 512 个用户端口。此时的 9 个 ONU 中只有一个 ONU 提供光接口，其余均采用电接口互连。

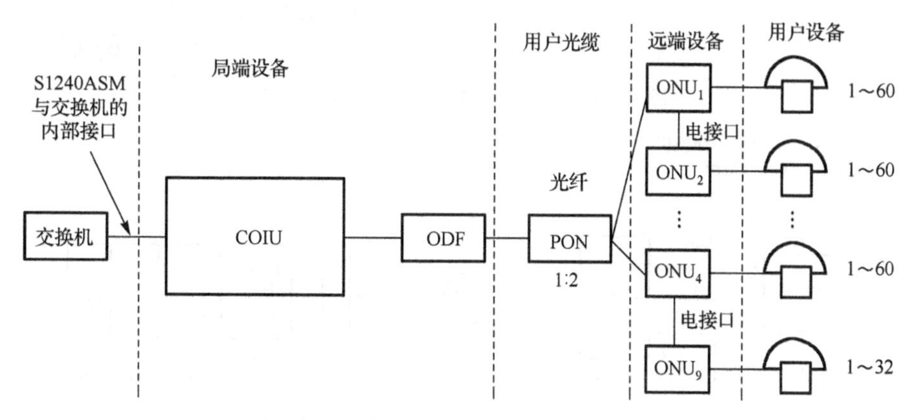

图 4-24　点对点（接 PON）组网方式

图 4-25 所示为一点对多点组网方式。COIU 通过一对光纤和 PON 与 9 个分散安置的 ONU 连接，而且组网方式比较灵活，它可在 2～8 个地点按需要组合分配。当某点需配置 2 个以上的 ONU 时，可以只选配一个带光接口的 ONU，以减小投资成本。

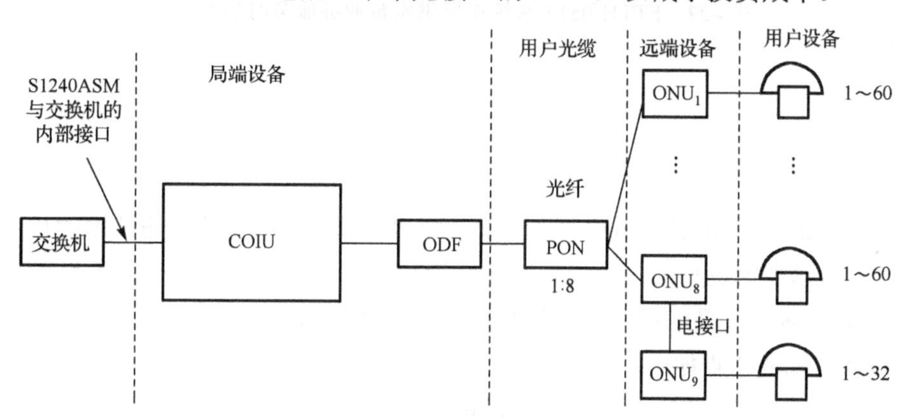

图 4-25　一点对多点组网方式

FTTH-0512 系统可提供多种服务。广播式 CATV 业务的系统结构如图 4-26 所示，它采用波分复用技术（1310nm 和 1550nm 波长），在一根光纤中同时实现两种业务的传输。这种广播式 CATV 光接收机可给 500～2000 个用户提供业务，而一个光发射机可驱动 16 个光接收机（利用 PON 分配），因此每个 CATV 光传输系统可为 8000～32 000 个用户提供服务。另外，FTTH-0512 系统在提供宽带业务服务时的结构如图 4-27 所示，其中宽带适配器（BBA）提供 ISDN 业务与 COIU 接口的连接功能。在用户端 ONU 配置不同的插板后，可提供符合 ITU-T 要求的 X.25、V.24、V.35、E1、2B+D 等数据接口及数据和语音的混合接口。

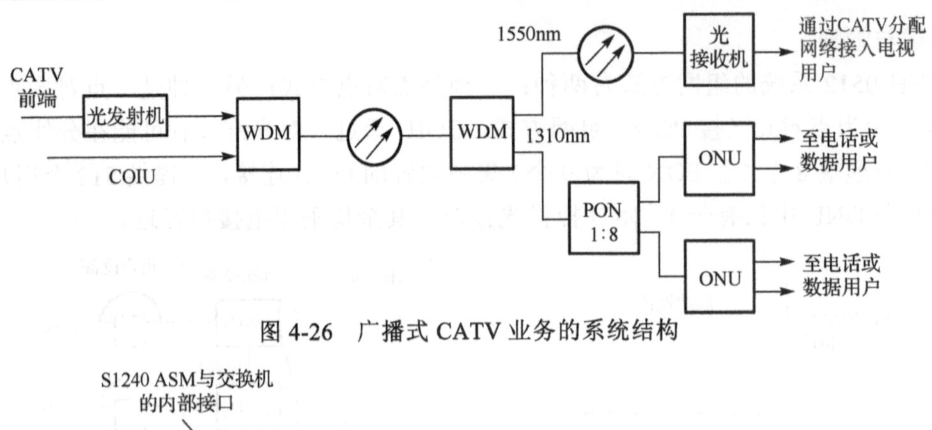

图 4-26 广播式 CATV 业务的系统结构

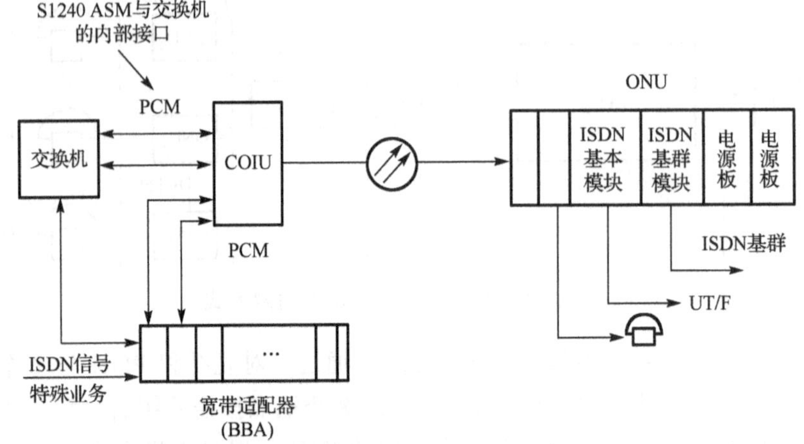

图 4-27 FTTH-0512 系统在提供宽带业务服务时的结构

小结

1．光纤接入网（Optical Access Network，OAN）就是采用光纤传输技术的接入网，泛指本地交换机或远端模块与用户之间采用光纤通信或部分采用光纤通信的系统。

2．无源光网络一般采用星状、树状和总线状拓扑结构。

3．WDM 技术的特点如下：

（1）可充分利用光纤的巨大带宽资源，增大光纤的传输容量；

（2）在单根光纤上实现双向传输，减小线路投资成本；

（3）降低了对器件的超高速要求；

（4）由于波分复用通道具有数据格式的透明性，因此能方便地进行网络扩容，引入宽带新业务；

（5）对激光二极管要求高，因为 WDM 要求每个 ONU 都在指定波长上发射；

（6）OLT 设备复杂，成本高，因为每个波长都需光发射器和检测器。

4．光纤接入网可分为不同的应用类型，主要有光纤到路边（FTTC）、光纤到楼（FTTB）、光纤到户（FTTH）或光纤到办公室（FTTO）等。

5．由于 EPON 的上行信道采用 TDMA 方式，多点接入导致各个 ONU 数据帧的时延不同，因此必须引入测距和时延补偿技术，以防止数据发生时域碰撞，并支持 ONU 的即插即用。准确测量各个 ONU 到 OLT 的距离，并精确调整 ONU 的发送时延，可以减小 ONU 发送窗口的间隔，从而提高上行信道的利用率并减小时延。

习题

1．无源光网络和有源光网络有什么不同？各有哪些特点？
2．PON 的基本拓扑结构有哪几种？选择 PON 的拓扑结构主要应考虑哪些因素？
3．测距的目的是什么？
4．比较 GPON 与 EPON 的区别。

第5章　HFC接入网

随着我国经济的不断发展、科技水平的不断进步，有线电视的发展也在不断加速，尤其是光纤网的延伸，不少地方已经实现了FTTH（Fiber To The Home，光纤到户）。HFC（Hybrid Fiber Coax，混合光纤同轴电缆）接入网似乎要退出历史的舞台，但介于各地经济水平所限，各地发展并不均衡，目前的网络还有很大一部分是HFC接入网，在没有全部改成光纤网的条件下，原来的HFC接入网不但要继续使用，而且得承载更多的新业务。本章将从HFC接入网的基本概念、网络结构、EOC技术、网络的演进方向等方面对HFC接入网进行介绍。

5.1　HFC接入网概述

5.1.1　HFC的发展

HFC是采用光纤和有线电视网传输数据的宽带接入技术，它起源于广电有线电视网。传统的有线电视网是采用高频电缆、微波等传输信号，并在一定的用户中进行分配和交换声音、图像及数据的电视系统，其主要特点是以闭路传输方式把电视节目传送给千家万户。有线电视网出现于1970年左右，20世纪80年代中后期以来有了较快的发展。在许多国家，有线电视网的覆盖率已经与公用电话网不相上下，甚至超过了公用电话网，成为社会重要的基础设施之一。有线电视网上原来承载的业务一般只有电视和调频广播，这些业务都是单向的，只有从局端到用户的信号，没有从用户到局端的信号，用户处于被动接收的状态。随着社会经济的发展和人们对信息需求的不断增加，传统的有线电视网已经难以满足需求，并且在20世纪80年代后期，铜资源越来越紧缺，铜价不断上涨，铜线越来越贵；而光纤、光通信设备的价格却越来越便宜，“光进铜退”已经成为发展趋势。光纤传输技术逐步被引入有线电视网，有线电视网已从全电缆网发展到以光缆作为干线、电缆作为分配网的HFC型有线电视网。另外，为了适应时代的发展，HFC接入网承载的业务也由单一的模拟电视逐步增加了数字电视、宽带接入等多功能综合信息业务，HFC接入网在我国成为重要的现代基础信息网络。

HFC的主要优点是传输容量大、易实现双向传输。从理论上讲，一对光纤可同时传送150万路电话或2000套电视节目；频率特性好，在有线电视传输带宽内无须均衡；传输损耗小，可延长有线电视的传输距离，25km内无须中继放大；光纤间不会有串音现象，不怕电磁干扰，能确保信号的传输质量。

HFC既是一种灵活的接入系统，又是一种优良的传输系统，HFC把铜线和光缆搭配起来，同时具有两种物理介质的优良特性。HFC既满足新兴宽带应用的带宽需求，又比FTTC（光纤到路边）或SDV（交换式数字视频）等解决方案的成本低；HFC可同时支持模拟传输和数字传输，在大多数情况下，HFC 可以与现有的设备和设施合并。

HFC 支持现有的、新兴的全部传输技术，其中包括 ATM、帧中继、SONET（Synchronous Optical Network，同步光纤网络）和 SMDS（Switched Multimegabit Data Service，交换式多兆位数据服务）。一旦 HFC 部署到位，它可以很方便地被运营商扩展以满足日益增长的服务需求并支持新型服务。总之，从目前来看，HFC 仍是一种理想的、全方位的服务技术是经济、实用的综合数字服务宽带网接入技术。

5.1.2 HFC 系统的频谱划分

在 HFC 接入网中，由于同轴电缆分配网实现双向传输，只能采用频分复用方式，因此在频谱资源十分宝贵的情况下，必须考虑上行、下行频率的分割问题。合理的频谱划分十分重要，既要考虑历史和当下，又要考虑未来的发展。HFC 接入网必须具有灵活的、易管理的频段规划，载频必须由前端完全控制并由网络运营者分配。

虽然对同轴电缆中各种信号的频谱划分目前尚无正式的国际标准，但已有多种建议方案。过去，为了确保下行频率资源得到充分利用，通常采用"低分割"方案，即 5～30MHz 用于上行传输，30～48.5MHz 为过渡带，48.5MHz 以上全部用于下行传输。但近年来，随着各种综合业务的逐渐开展，"低分割"方案的上行带宽显得越来越不够用，且上行信道在频率低端存在严重的噪声积累现象，使该频段的利用受到限制，进一步突显了上行带宽的不足。

随着滤波器质量的改进，且考虑点播电视的信令及电话数据等其他应用的需要，在真正开展双向业务时，可考虑采用"中分割"方案，即将上行信道进行扩展。

以我国 HFC 频带划分为例，根据 GY/T 106—1999 标准的最新规定，在 HFC 接入网中，低端的 5～65MHz 频带为上行数字传输信道，通过 QPSK 和 TDMA 等技术提供非广播数据通信业务，65～87MHz 为过渡带。87～1000MHz 频带均用于下行传输，其中，87～108MHz 频段为 FM 广播频段，提供普通广播电视业务；108～550MHz 频段用来传输现有的模拟电视信号，采用残留边带调制（VSB）技术，每条通路的带宽为 6～8MHz，因此共可以传输 60～80 路各种不同制式的电视信号；550～750MHz 频段采用 QAM 和 TDMA 技术提供下行数据通信业务，允许用来传输附加的模拟电视信号或数字电视信号，但目前一般用于双向交互型通信业务，特别是电视点播业务。若采用 64QAM 调制方式和 4Mbit/s 的 MPEG-2 图像信号，则频谱效率可达 5bit/s·Hz，从而允许在一个 6～8MHz 的模拟通路内传输 30～40Mbit/s 的数据信号。若扣除必需的前向纠错等辅助比特后，则大致相当于 6～8 路 4Mbit/s 的 MPEG-2 的图像信号，于是这 200MHz 的带宽总共可以至少传输约 200 路 VOD 信号。当然也可以利用这部分频带来传输电话、数据和多媒体信号，可选取 6～8MHz 通路传输电话。若采用 QPSK 调制方式，每 3.5MHz 带宽可传输 90 路 64kbit/s 的语音信号、128kbit/s 的信令和控制信息，适当选取 6 个 3.5MHz 的子频带并单位置入 6～8MHz 的通路，即可提供 540 路下行电话通路。通常这 200MHz 频段传输的是混合型业务信号。将来随着数字编码技术的成熟和芯片成本的大幅度下降，550～750MHz 频带可以向下扩展到 450MHz 乃至最终取代 50～550MHz 模拟频段。届时，这 500MHz 频段可以传输 300～600 路数字广播电视信号。高端的 750～1000MHz 频段已明确仅用于各种双向通信业务，其中，两个 50MHz

频带可用于个人通信业务，其他未分配的频段可以有各种应用，需应付未来可能出现的其他新业务。

实际上，HFC 系统所用的标称频带为 750MHz、860MHz 和 1000MHz，目前用得最多的是 750MHz。典型的 HFC 频谱划分示意图如图 5-1 所示。

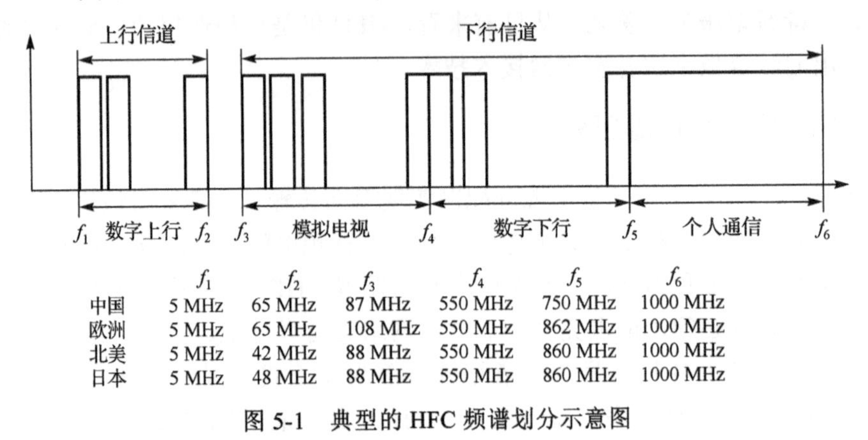

	f_1	f_2	f_3	f_4	f_5	f_6
中国	5 MHz	65 MHz	87 MHz	550 MHz	750 MHz	1000 MHz
欧洲	5 MHz	65 MHz	108 MHz	550 MHz	862 MHz	1000 MHz
北美	5 MHz	42 MHz	88 MHz	550 MHz	860 MHz	1000 MHz
日本	5 MHz	48 MHz	88 MHz	550 MHz	860 MHz	1000 MHz

图 5-1　典型的 HFC 频谱划分示意图

5.2 HFC 接入网的结构

HFC 接入网由传统的同轴电缆 CATV（Cable Television System，有线电视系统）网发展而来，但与其相比，HFC 接入网的结构发生了重要变化：第一，光纤干线采用星状或环状结构；第二，支线和配线网络的同轴电缆部分采用树状或总线状结构；第三，整个网络按照光节点划分成一个服务区。这种网络结构可满足为用户提供多种业务服务的要求。

5.2.1 传统 CATV 网的结构

有线电视系统是采用电缆作为传输介质来传送电视节目的一种闭路系统，它以有线的方式在电视中心和用户终端之间传递声、像信息。所谓闭路，指的是不向空间辐射电磁波。因为早期的有线电视系统（CATV）通过电缆传输信号，所以也称为电缆电视系统或闭路电视系统（Closed Circuit Television System，CCTV）。随着科学技术的发展，CATV 系统的功能在进一步扩大，已成为计算机技术、数字通信技术的综合运用平台。

传统的有线电视网通常由前端、干线传输系统、用户分配网络组成。一般采用树状拓扑结构，利用同轴电缆将 CATV 信号分配给各个用户。信号源从有线电视前端出来后不断分级展开，最后到达用户。一个传统的单向业务同轴电缆 CATV 网的结构如图 5-2 所示。

1．前端

有线电视网的前端部分主要负责接收来自各种信号源的信号，并对这些信号进行频分复用，将它们调制到不同的频段上，再输出到长途干线网络上进行传输。其中，信号源可以是开路广播电视信号、卫星电视信号、微波电视信号、运营商制作的本地电视节目信号。前端设备负责处理和混合多个信号源，它输出的信号频率范围为 5MHz～1GHz。

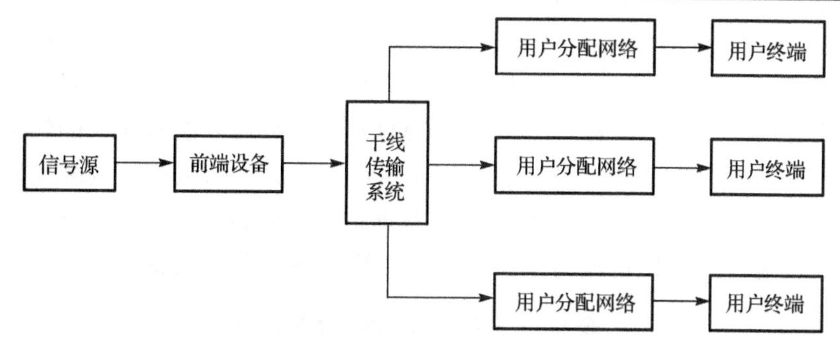

图 5-2　一个传统的单向业务同轴电缆 CATV 网的结构

2．干线传输系统

干线传输系统负责将从前端设备输出的电视信号传输给用户分配网络，主要功能包括信号传输、信号放大，这部分的线缆长度可达十几千米。

3．用户分配网络

信号分配系统负责将从干线传输系统传输过来的信号分配到楼群、单元，再由下引线将电视信号从用户分配网络引到用户的家中，完成电视信号到户的任务。在用户分配网络中，同轴电缆较短，一般为 1～3km，主要由分支线、分支器、分配器等设备组成。

由于同轴电缆具有传输特性，因此信号每传输一段距离就会产生衰减，并且在传输过程中，信号功率分配到各分支电缆也会造成信号的衰减。因此，在干线传输系统和用户分配网络中必须使用放大器来补偿这一部分衰减的信号功率。

随着 CATV 网覆盖范围的不断增大，干线电缆也随之不断增长，被分割的次数逐渐增多，最终导致网络中使用的放大器数目剧增。当网络中放大器的数目过多时，将会严重影响 CATV 网的性能，导致信号出现严重失真。与此同时，CATV 网用户对交互式业务的需求与日俱增，而 CATV 网是一个单向传输的网络，只能传输下行模拟电视信号。所以，为了满足双向通信的需要，对 CATV 网进行双向改造势在必行。然而，在以同轴电缆为传输介质的 CATV 网上进行双向改造是非常困难的。此时，新一代有线电视网（HFC 接入网）的出现，给有线电视业带来了勃勃生机。

5.2.2　HFC 接入网的设计方案

在 HFC 接入网中，干线传输系统用光纤作为传输介质，而用户分配网络仍然采用同轴电缆。HFC 接入网除可以提供原 CATV 网提供的业务外，还可以提供双向电话业务、高速数据业务和其他交互型业务，因此也被称为全业务网。

目前，基于 HFC 接入网的双向宽带接入主流方案主要有以下三种：CMTS+CM 方案、EPON+ LAN 方案、EPON+EOC 方案。表 5-1 所示为这三种双向改造技术的比较。

1．CMTS+CM 方案

CMTS+CM 方案是基于 HFC 接入网的最传统的方案，主要由前端、干线和用户分配网络这三部分组成，原理框图如图 5-3 所示。该方案是在广电的前端或分前端放置电缆调制解调器头端系统（Cable Modem Terminal Systems，CMTS），在用户侧放置电缆调制解调器

（Cable Modem，CM）。CMTS在与CM的双向通信中居于主导地位，负责对CM进行认证、带宽分配和管理。CMTS作为前端路由器/交换集线器和CATV网络之间的连接设备，上连城域网，下连反向光接收机。在下行方向，CMTS完成数据到射频RF的转换，并与有线电视的视频信号混合，送入HFC接入网中。在用户终端放置的电缆调制解调器CM负责连接HFC接入网和数据终端，用于RF信号与数据信号的解调和调制。在上行方向，CM从计算机接收数据包，把它们转换为模拟信号，传输给网络前端设备。

表5-1 三种双向改造技术的比较

		CMTS+CM	EPON+LAN	EPON+EOC
投资情况	前期投资 规模发展 户均成本	CMTS价格较高，项目前期投资大，前期覆盖成本低；规模扩大后，大带宽需求用户成本依然偏高；户均成本高	前期覆盖成本高，初期投入大；规模扩大后，新增用户成本低；用户密集度越高，户均成本越低	前端价格较低，前期投资低，覆盖成本较低；规模扩大后，成本呈线性增大；户均成本较低
工程要求	网改难度 覆盖能力 施工难度 维护难度	要求全网双向改造；前端覆盖能力强，可短期内进行规模覆盖；施工技术要求较高；网络漏斗噪声和电平均衡要求高，对运维人员要求较高	对HFC接入网无改动，但要重铺LAN网络；要进行覆盖建设；小区、楼道、入户走线难度大；网络容易受各种外界条件的影响，维护量大	无须对HFC接入网进行改造；可在短期内选择区域覆盖；施工难度小，前端终端安装方便；设备易维护，对运维人员要求低
功能性能	户均带宽	共享前端40Mbit/s带宽，户均带宽小；网管能力强；抗噪能力弱，对网络质量要求高	铺新网，带宽大，组网灵活；网管能力强；抗干扰能力较强，电口传输距离有限	前端带宽大，且靠近用户侧，户均带宽大；网管能力较强；抗噪能力强，维护简单

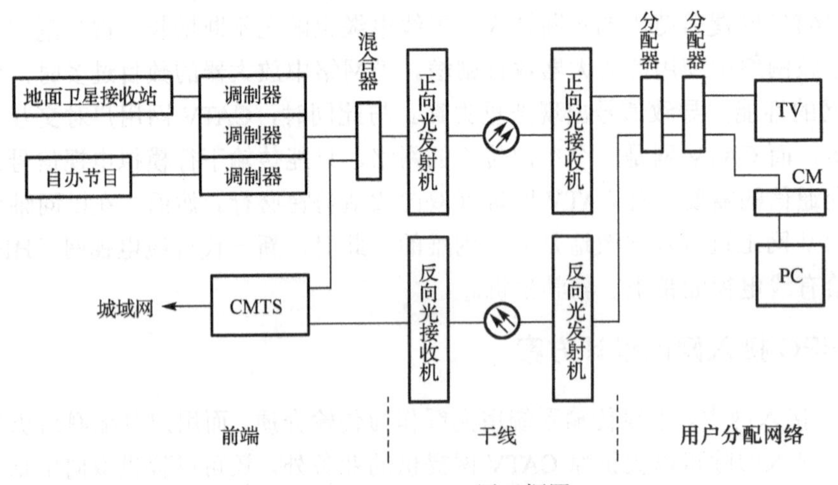

图5-3 CMTS+CM原理框图

1）前端

CATV网中对前端的定义是进行电视信号处理的机房。在前端，设备完成对有线电视信号的处理，从各种信号源（天线、地面卫星接收站、录像机、摄像机等）解调出音频和视频信号，然后将音频/视频信号调制在某个特定的载波上，这个过程称为频道处理。被调制的载波占用8MHz的带宽，针对载波频率的国家标准规定为：一路电视信号是一个频道。在前端，许多不同频率的载波被混合，混合的目的是将各信号在同一个网络中复用（频分复用）。开展数据业务后，在前端设备中又加入了数据通信设备，如路由器、交换机等，可以接收来自Internet的数据。在HFC接入网中，前端包括来自各种信号源（卫星、本地）的电视信号、PSTN、Internet数据信息的接收与处理中心。

2）干线

正向信号（有线电视信号载波和下行的数据载波）在前端混合后送往各小区。如果小区距离前端很近，那么直接用同轴电缆就可以传输，在主干线路上的同轴电缆线路称为干线。干线一般采用低损耗电缆，但一般而言，300m左右的距离就需要加入放大器了。

若小区距离前端较远，如5～30km，则需要采用光传输系统。光传输系统的作用是将射频信号（RF）调制到光信号上，在光缆上实现远距离传输，在远端光节点上从光信号中还原RF信号。光传输系统中的光发射机一般放置在前端机房中，光接收机放置在小区里。对于传输距离特别远的线路，可以在线路中加中继器，将光信号放大后再续传。

反向信号（上行的数据载波）的传输路径与正向信号相反。各用户的上行数据载波信号在远端光节点上汇聚后，调制到反向光发射机，从远端光节点传输到前端机房，在前端机房从反向光接收机中还原RF信号，送入CMTS。正向信号和反向信号一般采用空分的形式在不同的光纤上传输。反向光发射机与正向光接收机可以构置在同一个机壳中，称之为光站。光传输系统的结构如图5-4所示。

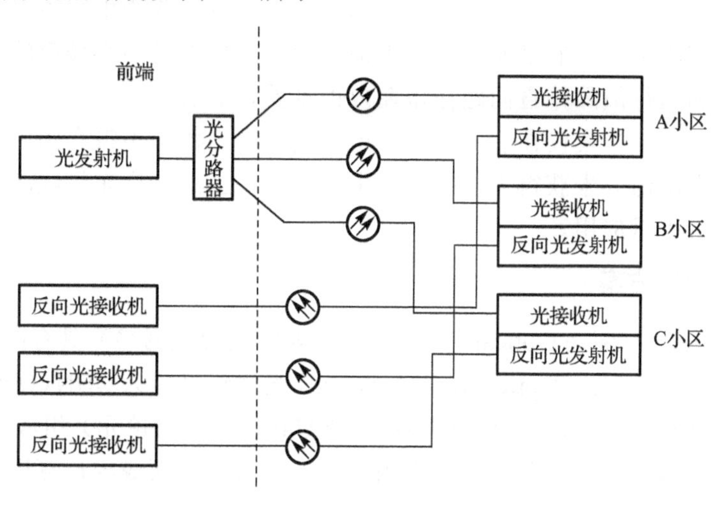

图5-4　光传输系统的结构

3）用户分配网络

用户分配网络不仅完成正向信号的分配，而且完成反向信号的汇聚。正向信号在从前端通过干线（光传输系统或同轴电缆）传输到小区后，需要进行分配，以使小区中的各用户都能以合适的接收功率收看电视，从干线末端的放大器或光接收机到用户终端盒的网络就是用户分配网络，用户分配网络是一个由分支分配器串接起来的网络，如图5-5所示。

CMTS+CM方案高度集中，管理、维护较方便；另外，CMTS的时间成本低，只要布置了CMTS，就可以随时开通用户。CMTS系统采用DOCSIS协议，DOCSIS 3.0采用频道捆绑技术，可以大大提高速率，甚至达到下行1Gbit/s、上行500Mbit/s的水平，这是其他铜线接入技术无法达到的。在同轴电缆用量占 HFC 接入网较大比例的年代，CMTS 几乎是基于同轴电缆的唯一可选的双向改造方案。

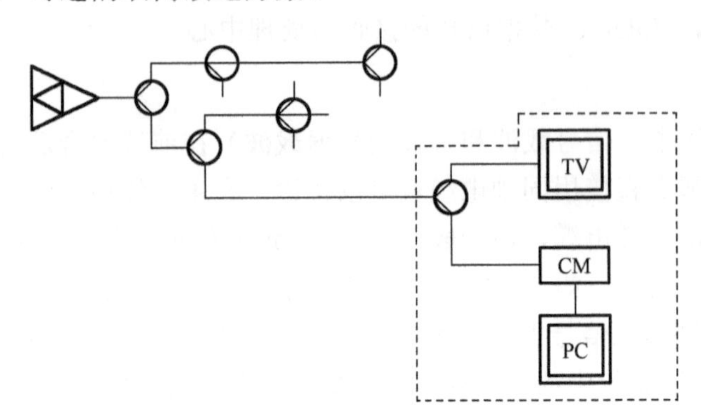

图 5-5 用户分配网络

但是，CMTS+CM 方案的劣势也是非常明显的，单位成本太高是这种方案的致命弱点。短期内，如果只做宽带接入和上网，那么每个信道实际接入服务 200 户以下（覆盖 2000 户以下）。由于信道共享和非同时应用，因此上网速率还可以达到 200kbit/s～2Mbit/s。如果做流媒体服务（IPTV、VOD 等），每个用户都需要长时间占用网络、大流量吞吐数据，那么每个信道只能服务 40 户以下，成本太高。此外，反向噪声汇聚也是一个难题，HFC 接入网反向设计和施工工艺的控制在我国大部分地区，特别是中小城市的实施还存在一定的难度，且维护和运行故障排查问题在短期内也难妥善解决。

因此，CMTS+CM 方案仅在北美地区获得普遍应用，由于不符合国内用户比较密集的实际情况，因此在国内并未获得大规模的应用，只是在上海和广东等经济条件较好且广电改造较早的地区有少量应用。

2．EPON+LAN 方案

EPON（Ethernet Passive Optical Network，以太网无源光网络）具有高带宽、长距离、高分光的显著特点，由 OLT（Optical Line Terminal，光线路终端）、ODN（Optical Distribution Network，光分配网络）、ONU（Optical Network Unit，光网络单元）组成。局域网（Local Area Network，LAN）是指在某一区域内由多台计算机互连而成的计算机组。由于 EPON 网络的拓扑结构与现有 HFC 接入网的支线部分相似，因此在 HFC 接入网的基础上叠加 EPON 非常容易。只要将 OLT 放置在分前端，将 ONU 放置在原来的光节点处，即可完成 HFC 接入网与 EPON 的叠加，实现网络的双向化。

EPON+LAN 方案的数据部分在物理上是和电视传输部分分开的，采用不同的设备、不同的线缆，实际上就是在原有的有线电视系统上另建了一个双向系统，在最后 100m 采用 LAN 技术，以五类双绞线入户，原理框图如图 5-6 所示。原有的 CATV 模拟电视信号和数字电视信号通过 HFC 接入网进行传输，而 VOD 交互信号、数字电视上行信号、宽带数据信号等单播数据则通过 EPON 系统传输。EPON+LAN 方案在理论上是成本最低的有线接入方案。

在 EPON+LAN 方案中，二层以太网交换机的价格并不昂贵，并且数字信号在五类双绞线上没有调制/解调过程，若不考虑重新布线，则此方案的性价比是最高的，其优势如下。

（1）运营商不承担用户终端的投入，网络升级改造方便。

（2）接入带宽高，1000Mbit/s 到小区，100Mbit/s 到楼道，10Mbit/s 到用户，可扩充性好，可以承载全业务运营。

（3）采用外交互方式，不占用同轴电缆的频率资源，光传输采用 EPON 技术，传输链路中无有源设备，维护方便。

（4）两个网络同时运营，单网故障相互不影响。

（5）目前，LAN 产品丰富，价格低廉；EPON 产品的支持厂家众多，产品兼容性好。

该方案的缺点是时间成本和隐性成本较高。由于需要重新布线，因此施工量和施工难度较大；并且楼道需安装交换机，协调比较麻烦；楼道交换机端口无避雷功能，将导致网络可靠性降低；两个网络分开运营，对维护人员素质的要求较高。

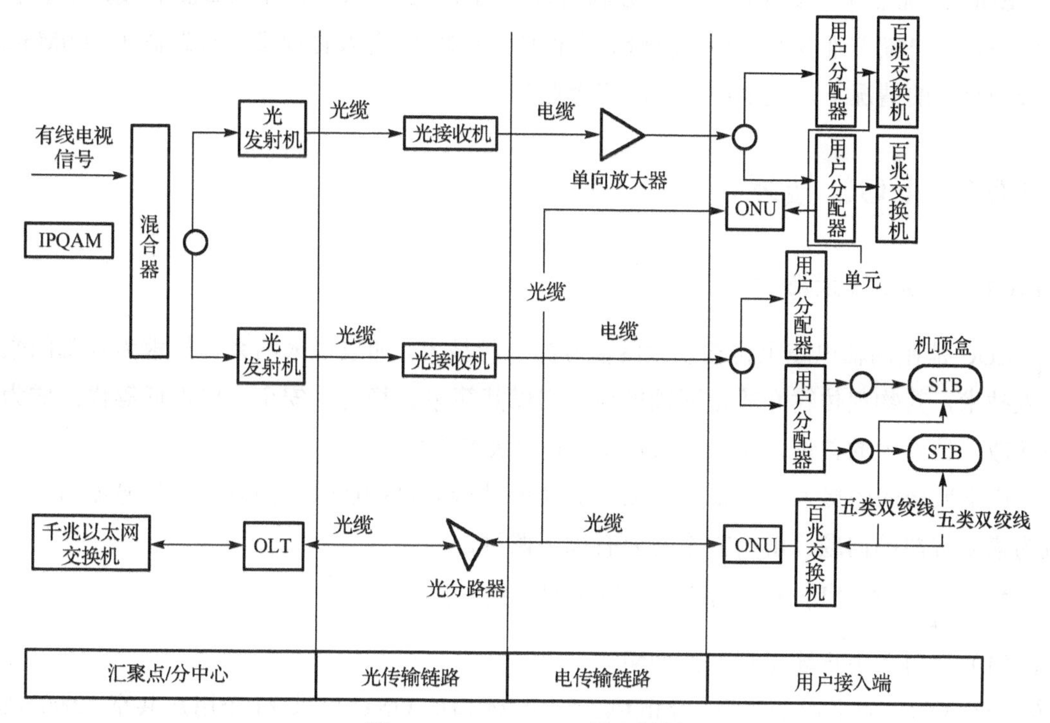

图 5-6　EPON+LAN 原理框图

3. EPON+EOC 方案

EOC（Ethernet Over Coax，以太网信号通过同轴电缆传输）是一种在同轴电缆上传输以太网信号的技术，由 EOC 头端和 EOC 终端两部分组成，解决最后 100m 的同轴电缆双向入户问题。

随着光纤到楼、EPON 技术的成熟和产品价格的下降，EPON+EOC 方案在广电网络改造中得到越来越多的关注。目前，广电双向宽带接入网将 EPON+EOC 技术作为主流模式。典型的 EPON+EOC 方案如图 5-7 所示，在该方案中，模拟电视、数字电视等广播业务通过分前端传输至光接收机；数据、语音等单播业务通过 EPON 系统传输至 ONU；光接收机和 ONU 分别通过同轴电缆和五类双绞线连接 EOC 头端，EOC 头端将电视信号和 IP 数据进行混频，通过同轴电缆传输到用户家中；在用户家中放置 EOC 终端，用于信号的接收和分离。

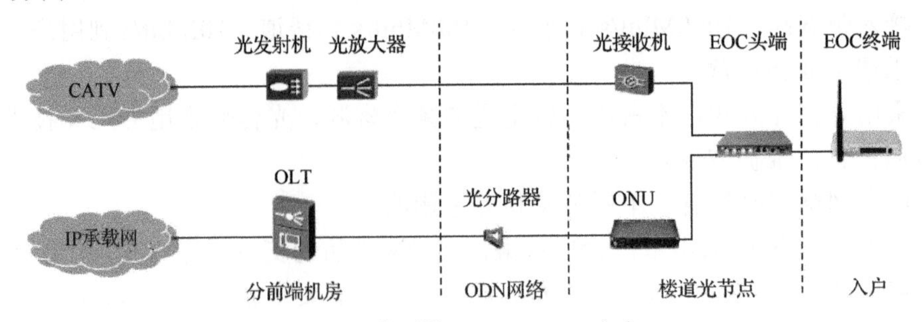

图 5-7 典型的 EPON+EOC 方案

EOC 的优点非常明显，可以充分利用现有的 HFC 接入网，无须重新布线，节省驻地网资源，入户施工难度非常小，改造成本很低。EOC 的有效物理带宽普遍高于 100Mbit/s，在合理组网的情况下，完全可以开展宽带业务。

5.3 EOC 技术

5.3.1 EOC 技术概述

EOC 是在同轴电缆上传输以太网信号的一种技术，即以以太网系列技术为基础的数据接入技术，其物理传输介质是同轴电缆。它以其简单、稳定、安全、成本低等优点成为双向网改造技术中的首选，称为“最后 100m 解决方案”。

广电城域网的接入网在采用 EPON 到楼的结构时，ONU 输出的以太网信号如何入户就成为需要解决的问题。解决方案主要有以下两种。

1. 多个用户公用一个 ONU——五类双绞线入户方案

（1）采用多用户输出端口的 ONU

一个 ONU 的平均带宽为 32Mbit/s，一个 24 口的 ONU 可供 24 个用户共享 32Mbit/s。ONU 的每个输出端口（RJ-45）通过五类双绞线直接接入用户。

（2）采用单用户输出端口的 ONU

在 ONU 输出端口接以太网交换机，多个用户共享一个 ONU，用五类双绞线直接接入用户。

2. 多个用户公用一个 ONU——同轴电缆入户方案

这种方案的实质是将五类双绞线上的以太网信号通过转换，使其能在同轴电缆上传输。这种变换称为 EOC，EOC 通过一种介质变换器来实现。介质变换器分为无源 EOC（基带型）介质变换器、有源 EOC（调制型）介质变换器。无源 EOC 是指原以太网信号的帧格式没有发生改变；有源 EOC 是指将以太网信号经过调制/解调等复杂处理后通过同轴电缆传输，同轴电缆上传输的信号不再保持以太网信号的帧格式。

5.3.2 EOC 的工作原理

1．无源 EOC 的工作原理

无源 EOC 技术是一种在同轴电缆上传输以太网信号的技术。原有的以太网信号的帧格式没有改变，最大的改变是从便于双绞线传输的双极性（差分）信号转换成便于同轴电缆传输的单极性信号。

根据频谱分配，在有线电视网络中，有线电视信号在 111～860MHz 频率传输、基带数据信号在 1～20MHz 频率传输的特性，可以使两者在同一根同轴电缆中传输而互不影响。把有线电视信号与基带数据信号通过合路器，利用有线电视网络送至用户。在用户端，通过分离器将有线电视信号与基带数据信号分离开来，接入相应的终端设备。无源 EOC 技术原理如图 5-8 所示，主要由二/四线变换、高/低通滤波两部分实现。由于采用基带传输，因此无须采用调制/解调技术，楼道端、用户端设备均是无源设备。通常，以太网技术涉及收和发共两对线，而同轴电缆在逻辑上只相当于一对线，所以在无源滤波器中需要进行从四线到二线的变换，如图 5-9 所示。图 5-10 所示为无源 EOC 网络架构实例。

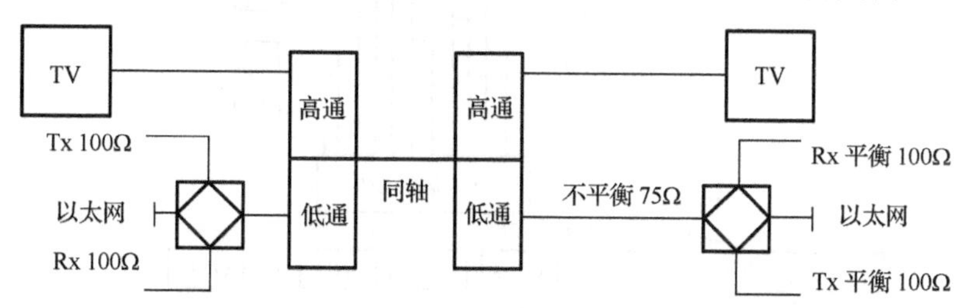

图 5-8　无源 EOC 技术原理

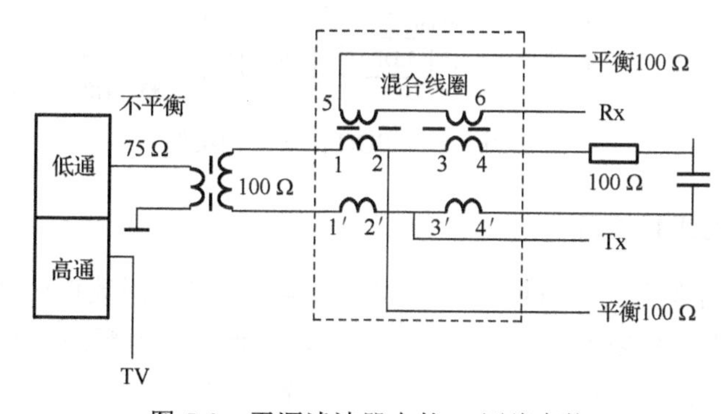

图 5-9　无源滤波器中的二/四线变换

无源 EOC 技术的优点是：遵循以太网协议；标准化程度高；系统支持每个客户独享 10Mbit/s 的速率；客户端为无源终端；提高了系统的稳定性；减小了运营维护成本；工程安装无须重新敷设五类双绞线；有效地解决了楼内重新敷设线缆的施工困难问题；建设成本较低。

无源 EOC 技术的缺点是：适合星状结构的无源分配同轴网络，不适合树状结构，也不能通过分支分配器。从改造情况看，无源 EOC 改造必须具备两个条件：局端数据信号必须到楼道；EOC 下行信道不能有分支分配器，且不能有额外干扰源。这两个条件导致采用无源 EOC 技术的广电双向网络的改造成本非常高，无法适用于广电的树状拓扑结构，除利用电缆入户外，相当于要重建网络。另外，由于采用了简单的信号耦合，因此无源 EOC 技术的抗干扰能力差、对阻抗匹配要求高，缆线悬空会导致网络自环不可用等问题，在实际使用中的适应性比较差。无源基带产品的另一个问题是对传输距离的影响。由于同轴电缆的介入，无源基带的信号传输实际是分为三段的，中间为同轴电缆，同轴电缆两侧均为五类双绞线。通常，五类双绞线的传输距离可达 100m，引入同轴电缆作为中间传输介质后，虽然同轴电缆本身的传输性能优良，不会对以太网信号造成太大衰减，但由于在两端经过了两次介质耦合，信号受到一定损失，因此，同轴无源基带系统中五类双绞线的最大传输距离小于 100m。

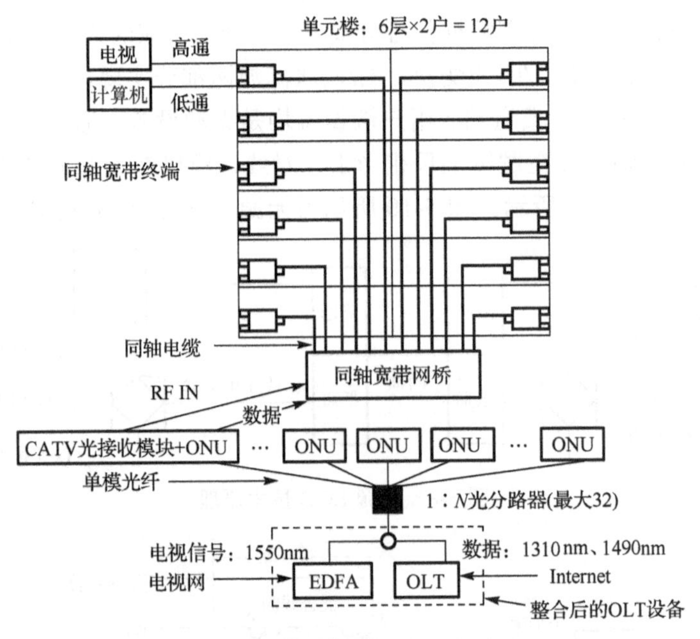

图 5-10 无源 EOC 网络架构实例

2. 有源 EOC 的工作原理

有源 EOC 的工作原理是：EOC 头端将 ONU 输出的以太网数据信号对射频载波（该射频载波的频率与有线电视频谱不重叠）进行调制，已调制的射频载波与有线电视射频信号在 EOC 头端频分复用后，输入同轴分配网并传输到用户。

用户的上传数据信号在 EOC 的用户端设备 EOC-Modem 上对上行射频载波进行调制后，通过同轴分配网上传到有源 EOC 的头端，在此解调为数据信号并输出到 ONU，再由 EPON 系统完成数据上传。

有源 EOC 由于采取了一些适应 CATV 网络特性的处理技术，因此能克服无源 EOC 的缺点，能适应树状、星状、混合型网状网，能够透传分支分配器，具有传输距离远、带宽大、支持 QoS、支持集中网管等优点，能够很好地满足 HFC 分配网络的结构要求。

由于不同生产厂家采用的调制技术不同，现有的有源 EOC 有多种产品。按调制载波频率可以分为高频调制和低频调制两大类。目前，我国市场的有源 EOC 技术分类如表 5-2

所示。

表 5-2 我国市场的有源 EOC 技术分类

序 号	分 类	标准/非标准	高频/低频	EOC 技术
1	有源 EOC	标准	低频	HomePNA
2	有源 EOC	标准	低频	HomePlug BPL
3	有源 EOC	标准	低频	HomePlug AV
4	有源 EOC	标准	低频	IEEE P1901
5	有源 EOC	非标准	低频	ECAN
6	有源 EOC	标准	高频	同轴 Wi-Fi
7	有源 EOC	标准	高频	ITU G.hn
8	有源 EOC	标准	高频	MOCA
9	有源 EOC	标准	高频	HiNOC
10	有源 EOC	非标准	高频	BIOC/WOC

下面对常见的 HomePNA、HomePlug、同轴 Wi-Fi、MOCA、HiNOC 等标准体系进行简单介绍。

1）HomePNA

HomePNA（Home Phoneline Networking Alliance，家庭电话线网络联盟）是一种可以利用家庭已有的电话线路，快速、方便、低成本地组建家庭内部局域网的技术。HomePNA 可以利用家庭内部已经布设好的电话线和插座，不需要重新布设五类双绞线，增加数据终端如同增加电话机一样方便。

HomePNA3.0 于 2005 年成为世界标准——ITU G.9954，将数据传输速率大幅提升到 128Mbit/s，且还可扩充到 240Mbit/s。HomePNA 3.0 提供了对视频业务的支持，除可使用电话线作为传输介质外，也可使用同轴电缆，为 HomePNA over Coax 奠定了基础，数据传输速率将提高到 160～320Mbit/s。

HomePNA 系统工作在低频段，其链路衰减小，覆盖范围较广；系统数据传输能力较好，频谱利用率高；采用 TDMA 工作方式，系统的以太网二层功能较全，能够实现基于流的 QoS 保证和业务管理；该系统网管能力较强，支持 SNMP（Simple Network Management Protocol，简单网络管理协议）网管；在节点较少的家庭联网场合，是一种比较实用的技术。由于低频段的频谱资源有限，因此该系统不支持多信道工作，系统可扩展性较差；该系统采用 FDQAM 调制方式，系统接收范围较窄，抗干扰能力相对较差。

2）HomePlug

HomePlug（HomePlug Powerline Alliance，家庭插电联盟）是领先的开发全球互联电力线通信规格的开放标准组织。该组织自成立以来陆续制定了一系列 PLC（Powerline Communication，电力线通信）技术规范，包括面向室内多媒体宽带网络的 HomePlug AV、面向宽带电力线接入的 HomePlug BPL、面向较低带宽控制应用的家庭自动化的 HomePlug Command & Control，形成了一套完整的 PLC 技术标准体系，基本覆盖了所有电力通信技术的应用领域。

HomePlug AV 的目的是在家庭内部的电力线上构筑高质量、多路媒体流、面向娱乐的网络，专门用来满足家庭数字多媒体传输的需要。它采用先进的物理层和 MAC 层技术，提供 200Mbit/s 的电力线网络，用于传输视频、音频和其他数据。

HomePlug AV 的优势是：使用的低压电力线是现有的电力基础设施，是世界上覆盖面最大的网络，无须新建线缆，无须穿墙打洞，避免了对建筑物和公共设施的破坏；系统工作于低频段，链路衰减较小，覆盖范围较广；由于采用较多的抗干扰技术，因此系统抗干扰能力较强；利用室内电源插座安装简单、设置灵活，为用户实现宽带互联和户内移动带来很多方便；能够为电力公司的自动抄表、配用电自动化、负荷控制、需求侧管理等提供传输通道，实现电力线的增值服务，进而实现数据、音频、视频、电力的“四线合一”。HomePlug AV 的劣势体现在以下方面：电力负荷的波动对 PLC 接入网的吞吐量有一定影响，由于多个用户共享信道带宽，因此当用户增多到一定程度时，网络性能和用户可用带宽有所下降，并且低频段的频谱资源有限。

HomePlug BPL 是一种连接到家庭的宽带接入技术，它利用现有交流配电网的中、低压电力线路，传输和接入 Internet 的宽带数据业务。HomePlug BPL 的应用分为以电力公司为主的服务和以用户为主的服务。以电力公司为主的服务包括远程抄表、负荷控制、窃电检测等；以用户为主的服务包括 Internet 宽带接入、VOIP、视频传输、远程网络管理等。

HomePlug BPL 的优势体现在以下方面：系统工作频段低，链路衰减较小，覆盖范围较广；设备接收动态范围较宽；系统以太网二层功能较全，支持统一局端下的用户相互隔离、广播包/未知包抑制、MAC 地址数限制功能、VLAN 的划分和管理；具有高级网络管理功能，支持即插即用，可由用户或服务提供商安装和配置网络；共存模式支持多个用户内网络和接入网络间高效的带宽共享。HomePlug BPL 的劣势也是显而易见的：由于低频资源有限，因此系统不支持多信道工作，系统可扩展性较差；系统带外抑制性能较差；系统数据带宽有待提高；系统大包长数据传输时延较大；系统长期丢包率较高，稳定性较差。

3）同轴 Wi-Fi

同轴 Wi-Fi 系统工作于 2.4GHz，此类技术在入户的最后一段距离内将 Wi-Fi AP 的 2.4GHz 微波信号经阻抗变换后，送入同轴电缆传输，接入端既可使用专用的接收设备，又可使用市场上普遍销售的 802.11 系列无线网卡。无线网卡既可以采用无线方式，又可采用同轴电缆有线连接。采用 802.11g 标准，PHY 速率可达 54Mbit/s，实际吞吐量可达 22Mbit/s。

此类技术的优势是：Wi-Fi 技术成熟，无论是 AP 还是无线网卡，全球范围内的出货量都很大，并且无源同轴电缆网不用进行集中分配改造。使用过程中需注意：无源同轴分配网的无源器件需要更换成 2.4GHz；AP、网卡均为有源设备，有一定的运维成本；当 RF 同轴电缆工作在 2.4GHz 时，其损耗需要由使用者测定，若不能测定，则传输距离只能靠摸索而定。

4）MOCA

MOCA（Multimedia Over Coax Alliance，同轴电缆多媒体联盟）是产业标准，提供基于同轴电缆的宽带接入和家庭网络产品方案，MOCA 的成员包括运营商、系统设备制造商、芯片供应商，它们构成了完整的产业链。MOCA 利用 C-link 技术作为 MOCA1.0 规范的依据，使用的频率为 800～1500MHz，每条信道使用 50MHz 的带宽，理论上最高可以获得 270Mbit/s 的数据传输速率。使用多个信道之后，理论上可以获得 1Gbit/s 以上的数据传输速率。工作在半双工模式，最大传输距离为 600m，最多允许三级放大，可以支持 31 个用户或 62 个用户。其最大特点是可使用同轴电缆中的空余频段，在同一频带内进行双向通信，不需要专门留出上行带宽。由于 MOCA 系统工作于高频段，因此链路衰减较大，系统在传输对等带宽双向视频业务时，VOD 视频质量不能保证。

5）HiNOC

HiNOC（High performance Network Over Coax，高性能同轴网络）是一种利用有线电视网络中的同轴电缆，实现高性能双向信息传输的宽带接入解决方案。该技术在光纤到楼（FTTB，Fiber To The Building）网络结构的基础上，利用小区楼道和户内已经敷设、分布广泛的有线电视同轴电缆，无须对入户电缆线路进行任何改造，即可构建高速的信息接入网，实现多种高速数据业务的双向传输。HiNOC 技术为最后 100m 的宽带接入提供了一种便捷、实用的新型解决方案，可提供吉比特每秒（Gbit/s）级别的接入速率，形成宽带、双向、全功能的互动接入方式。

HiNOC 技术是由国家新闻出版广电总局（以下简称广电总局）广播科学研究院于 2005 年联合北京大学、西安电子科技大学等多家高校和研究机构开展研究并提出的一种自主创新的高性能同轴电缆双向接入技术，是获得广电总局批准的三大 EOC 技术之一。2007 年，HiNOC 技术正式纳入了“863”计划，明确要建立国内同轴电缆接入标准；2008 年完成了信道建模、物理层算法设计、MAC 层控制流程设计；2009 年完成了物理层硬件逻辑前端设计；2010 年 3 月，完成了《HiNOC 标准建议书》、PHY 与 MAC 层间控制接口、第一期样机；2010 年 10 月，第一版基带芯片成功流片；2010 年 11 月，完成了 HiNOC 标准草案修改稿；2011 年 3 月，展出了第一版原型样机；2012 年 8 月，HiNOC1.0 标准正式发布；2016 年 3 月 18 日，HiNOC2.0 标准正式发布，此举对推动我国下一代广播电视网的持续发展具有重要意义。

HiNOC1.0 行业标准 GY/T 265—2012 的设计目标是利用楼内的“最后 100m”同轴电缆实现百兆接入，使用 750～1006MHz 的空余频段进行以 IP 为主的数据信号传输，保留更低频段和更高频段的可扩展性，工作频带满足现有及未来有线电视网络频率的规划要求。信道带宽为 16MHz，采用 TDD（Time Division Duplex，时分双工）方式，在物理层采用 OFDM（Orthogonal Frequency Division Multiplexing，正交频分复用）调制机制，在 MAC（Media Access Control，媒体接入控制）层采用 TDMA（Time Division Multiple Access，时分多址）有序接入技术。在 16MHz 信道带宽上，物理层数据传输速率可达 100Mbit/s，有效频带可达 7bit/s·Hz。

HiNOC2.0 行业标准 GY/T 297—2016 针对实现吉比特传输性能进行设计，信道带宽为 128MHz，在 OFDM 调制技术的基础上最高支持 4096QAM（Quadrature Amplitude Modulation，正交幅度调制），支持自适应调制技术，最大传输效率可达 9bit/s·Hz，支持 BCH、LDPC（Low Density Parity Check，低密度奇偶校验）编码，在 MAC 层支持 TDMA/OFDMA 机制，并设计了高效的信道分配机制，能够实现吉比特传输带宽、毫秒级的传输时延和传输抖动。HiNOC2.0 标准的关键技术参数与 HiNOC1.0 标准的对比如表 5-3 所示。

表 5-3 HiNOC2.0 标准的关键技术参数与 HiNOC1.0 标准的对比

关键技术参数	HiNOC2.0（GY/T 297—2016）	HiNOC1.0（GY/T 265—2012）
最高数据传输速率	1.14Gbit/s	>1000Mbit/s
工作频率	未限定	750～1006MHz
单信道带宽	128MHz	16MHz
双工方式	TDD	TDD
多址方式	TDMA/OFDMA	TDMA
调制方式	OFDM，子载波个数为 2048，分组自适应调制	OFDM，子载波个数为 256，子载波自适应调制
纠错编码	BCH，LDPC（可选）	BCH
星座映射	QPSK～4096QAM	QPSK～1024QAM
信道分配机制	报告-授权机制	预约-许可机制
测距机制	支持	不支持
重传机制	可选支持	不支持

HiNOC 技术的主要应用场景是“光纤到楼+同轴覆盖入户”。HiNOC 系统由 HB（HiNOC Bridge，HiNOC 网桥）和 HM（HiNOC MODEM，HiNOC 调制解调器）构成，通过在楼头增加 HB 设备、在用户家庭内增加 HM 设备，就可以利用有线电视网络为用户提供高清、标清的电视节目，以及高速上网、视频点播、网络游戏等多媒体宽带业务。在组网模式上，HiNOC 系统的典型网络覆盖距离不超过 100m，物理拓扑采用树状结构，逻辑拓扑采用点到多点结构，单信道支持的最大用户数为 64 个，其组网方案如图 5-11 所示。

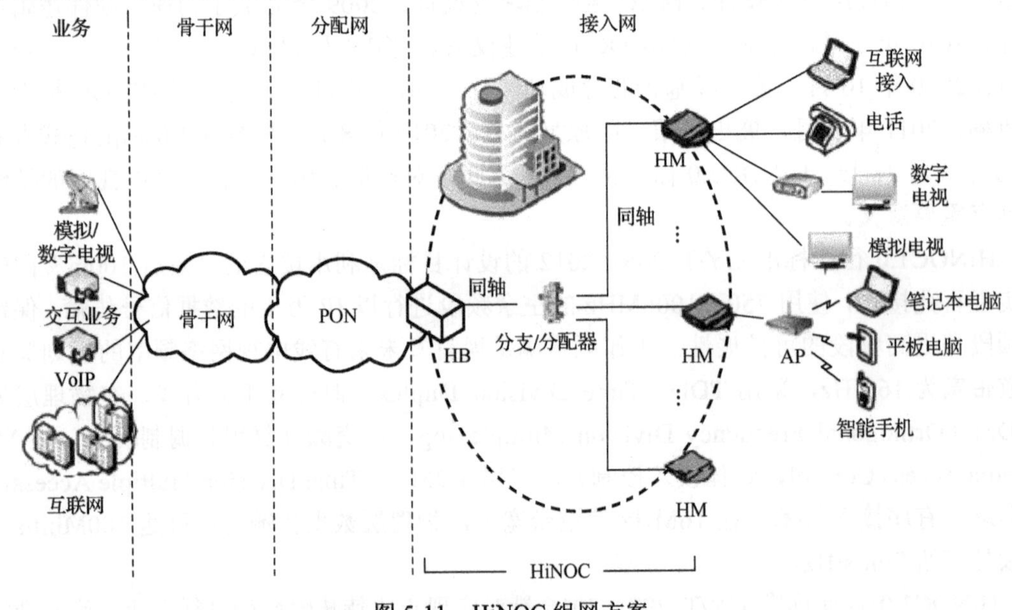

图 5-11 HiNOC 组网方案

HiNOC 技术针对同轴宽带接入场景做了很多优化设计，主要技术特点如下。

（1）吉比特宽带接入（MAC 层的理论最高数据传输速率为 1.14Gbit/s）

该技术采用同轴电缆中的高频段进行通信，信道质量好；在物理层独创性地提出“分布式信道均衡”算法，降低信道训练开销，实现高效的物理层传输；在 MAC 层采用精简的信令开销，并引入节点测距、以太网分片和打包等技术提高数据传输速率，使得其 MAC 层的净载荷传输效率高达 90%。

（2）毫秒级时延抖动

采用 TDD/TDMA 通信体制，以 2.5ms 作为各个节点信道资源的统一调度周期，在保证上行、下行带宽资源灵活分配的前提下控制数据传输时延，在多节点并发的情况下，其平均传输时延可以控制在 3ms 以内，平均时延抖动可以控制在 2ms 以内。

（3）高效率带宽管理

采用报告-授权机制进行带宽管理，每个用户可使用极少量的子载波以 OFDMA 的方式独立上报带宽需求，局端可根据网管配置的 SLA（Service-Level Agreement，服务水平协议）、局端本地及用户上报等信息，对各用户带宽及上行、下行信道进行 DBA（Dynamic Bandwidth Allocation，动态带宽分配），带宽资源分配精度为 1Mbit/s，提供"固定带宽""保证带宽""尽力而为带宽"等多种业务保证等级。

（4）强功能中心管控

采用局端中心管控的机制，信道通信资源均由局端根据各个节点的信道状况独立地进行速率匹配和调度，可以控制性能劣化节点对全网质量的影响。同时在设备层面，局端会收集各个节点的上行、下行信道状况并予以上报，包括通信频段内的链路损耗、子载波信噪比、幅频相频曲线、误码率等参数，配合网络拓扑图，便于基层技术人员等进行运维。

（5）多维度干扰规避

在物理层与 MAC 层进行了多个维度的优化设计，能够稳定适用于实际网络中复杂的干扰环境，如冲激脉冲、无线干扰、多径串扰及设备自身的非理想因素。通过多维度干扰规避，HiNOC 获得了系统效率与稳定性之间的平衡点。

（6）全方位 QoS（Quality of Service，服务质量）保证

具备硬件加速流分类功能，可以针对以太网帧特征进行捕获、插入、修改、标记等操作；支持 VLAN（Virtual Local Area Network，虚拟局域网）、TOS/COS、基于 QoS 的优先级调度、IGMP 多播等常见的业务功能。

相较其他几种有线 EOC 技术，HiNOC 技术是一种具有自主知识产权，更适合我国居民居住环境、有线电视网络结构的有线电视网络双向改造技术。

5.4　HFC 接入网的演进方向

5.4.1　HFC 接入网存在的问题

1．噪声问题

HFC 接入网在进行上行信号传输时，频段一般为 5～65MHz，但是部分 HFC 接入网在很大程度上是树状结构，所以上行信道中的噪声是各支路噪声的总和，各支路噪声通过层层叠加使上行信道中的噪声增大，降低了上行信道的信噪比。噪声一般分为脉冲干扰和窄带干扰。窄带干扰是在上行频带优先支配无线电业务过程中产生的干扰，情况不同，干扰

频率也不相同，因此需要在上行信道中规避窄带干扰频率。脉冲干扰指的是用户家中的各种电器引起的干扰，这些干扰很难控制。

2. 回传信道过窄

上行的传输频带为 60MHz，一般情况下可以进行 937 个 64kbit/s 信道的传输。如果 HFC 接入网中的交互业务不断增多，那么上行信道会处于拥挤状态，会对网络的规范化产生一定的影响。

3. 生命力问题

随着我国科技的进步，CATV 在快速地向数字化方向发展，HFC 接入网的传输模式是在 CATV 网的基础上发展起来的，会和数字化发展趋势有一定的抵触，致使其寿命缩短。

5.4.2 HFC 接入网的发展思路

（1）消除干扰。HFC 接入网在进行信号传输时解调会产生一定的干扰，为了使信息正常传输，需要消除干扰。消除干扰的途径有加强系统屏蔽隔离、提高同轴电缆和接头的使用要求，这些需要有良好的屏蔽性，在信息传输客户端应当用滤波器进行隔离。

（2）回传信道过窄的思考。对于回传信道过窄的情况，客户端中的上行信道信号采用 CDMA 方式对编码进行扩频，使用户通过使用同一频谱的不同编码来进行区分；还可以通过智能调制解调器对各项业务动态分配所需的频率来达到目的，解调器需要有动态分配软件的支持才可以更好地运行。

（3）HFC 接入网还有很长的生存期，因此可以把 HFC 接入网和 FTTC（Fiber To The Curb，光纤到路边）交互式信号进行结合，做到安全传输。

FTTC 和 HFC 接入网相互结合指的是共缆分纤传输方式，FTTC 传输的是交互窄带数字信号并且可以对此升级，HFC 接入网在进行宽带信号传输时能够和 FTTC 公用电缆。在 HFC 接入网中，CATV 前端和中心局设置在一起，HFC 光节点和 FTTC 的光网络单元设置在一起，完全能够利用同轴电缆对 ONU 进行供电，由同轴电缆进行模拟宽带信号和电视机的有效连接。

5.4.3 有线电视网络的发展趋势

随着互联网技术的发展和智能终端的普及，用户对广播电视的需求已逐渐向随时随地收看、点播、分享和再造转变。用户要求广播电视节目内容的传播能实现多屏互动，因此，传统广电市场面临来自包括 IPTV、移动电视、互联网视频、OTT TV 等在内的新媒体的严峻挑战，尤其是 IPTV 和 OTT TV 的快速发展对广电的基本收视业务产生巨大冲击。目前，有线电视网络的发展呈现如下趋势。

1. 同轴电缆网络是光纤向用户家庭和户内延伸的最好介质

随着 FTTB 的建设，光节点延伸到楼头，同轴电缆网络的覆盖范围通常在 100m 左右。根据同轴电缆和分支分配器的技术特性，模拟带宽需支持 1GHz 频段，经过实际测试，在覆盖 100m 的组网场景下，现有同轴电缆网络可以工作在 1.2GHz 频段附近。以有线电视网络通常采用的 75-5 同轴电缆为例，考虑 1 台头端节点覆盖 32 台终端节点的情况，计算可得 100m 网络的链路损耗最大约为 45dB。由于同轴电缆网络具有电磁封闭的特性，因此受到的外界干扰比较小，理想情况下可以达到 40dB 以上的信噪比。经粗略计算，假设在带宽 5～1005MHz、信噪比为 40dB 时，根据 $C=B\log_2(1+\mathrm{SNR})$，计算可得同轴电缆网络的数据传输速率为 13Gbit/s。

随着现代通信技术的发展，通信系统的传输能力逐渐接近香农极限，考虑工程实现及现存网络中存在线缆老化弯折、接头不匹配等问题，可以认为现有网络的传输能力至少可以达到香农极限的 50%。以工作在 1GHz 频段附近的 HiNOC 系统为例，信道带宽为 128MHz，理论最高数据传输速率为 1.1Gbit/s，实测速率为 700～1000Mbit/s。可以认为，同轴电缆网络能够提供接近 10Gbit/s 的总体数据传输速率，同轴电缆网络的潜力有待进一步挖掘。

广电运营商拥有丰富的同轴电缆网络资源，2016 年年底我国有线电视用户规模总量为 2.52 亿户，连接到这些家庭的最后一段（接入段和户内段）的传输介质都是同轴电缆。由于光纤具有质地脆、不易维护、弯折半径不宜过小等问题，使其难以在家庭户内部署走线，因此即使光纤正在逐渐向用户延伸，直至光纤到户，光纤链路也会被终结，采用其他介质来构建到用户设备的传输网络。对于广电运营商来说，已经广泛部署的同轴电缆网络是连接光纤终结点到用户设备的最好的传输介质。

2. 有线同轴接入的吉比特时代即将来临

经过 10 年左右的发展，有线同轴接入技术已经历了三个阶段的演进。

（1）第一阶段是有线电视网络双向改造初期，从单向广播到双向传输是广播电视网的一次重大革命，特别是在双向宽带化发展后，多种技术体制、多项源于其他介质改造的技术分别尝试并应用于同轴电缆网络，包括基于 HFC 接入网的电缆调制解调（Cable MODEM）技术、来源于电力线通信的 Home Plug/Home Plug AV 和 Home PNA、Wi-Fi 降频技术、基带 EOC 技术及基于家庭组网的 MOCA 接入技术等，技术种类多、指标参差不齐，有线同轴接入技术也呈现出杂乱的状态。这一阶段是有线电视网络从单向到双向转换的起步阶段，是一个双向数据传输“从无到有”的过程，广电行业整体处于尝试和探索的状态，尚未形成明确的双向接入技术要求及行业标准规范，同时随着改造工程的加快和三网融合的升温，技术、标准、工程及维护都陷入混乱。

（2）第二阶段是有线电视网络双向改造的快速发展阶段，国务院先后发布了三网融合、宽带中国战略。在这个阶段，在政府引导和市场检验下，有线同轴接入技术实现了汇聚、整合，自主创新技术取得发展，标志性事件是 2012—2013 年广电总局发布了三项 NGB 宽带接入技术标准：①HiNOC，完全自主的创新技术；②C-HPAV，以 Home Plug AV 技术为基础演变而来；③C-DOCSIS，以 HFC 双向技术为基础演变而来。在这个阶段，接入技术标准和产品均以百兆级别的接入速率为设计目标，并开始考虑满足业务、运营、管理、维护的要求。与此同时，有线网络双向改造快速发展，从 2011 年年初到 2015 年年底，双向网络覆盖用户从约 5000 万户发展到 1.23 亿户。

（3）第三阶段是有线电视网络双向改造的深化阶段。超高清电视、物联网、VR/AR 等新兴多媒体业务的发展，驱动用户带宽需求快速增长，促使有线运营商关注网络承载能力及业务运营管理能力。与此同时，电信运营商在FTTH规模部署的道路上高歌猛进，高带宽业务和IPTV（Internet Protocol Television，网络协议电视）业务不断"攻城掠地"，有线电视用户开始出现流失。可以认为现阶段迎来了吉比特同轴接入技术发展的新契机，与此同时，HiNOC2.0行业标准率先发布，能够提供与FTTH相当的传输性能和管理能力，是解决丰富存量同轴电缆网络升级换代问题的有效技术手段。

3．光纤到户网络和同轴双向网络并存将是有线电视网络的发展常态

双向改造技术的选择是由业务需求、改造成本、运营维护的难度与成本等相关因素综合决定的。从现阶段来看，运营商关心的一个重要因素是成本，为此，需要根据应用场景来选择技术。在用户密集居住的城市区域，光纤延伸到楼头，楼内的短距同轴线缆可以覆盖几十户家庭，是EOC接入技术的主要应用场景，目标是充分利用现有同轴线缆资源，提供高带宽双向接入。采用EOC技术进行双向接入改造无须重新布线或改网，改造成本较低，而且目前的EOC产品最高可以支持千兆接入带宽，能够满足现阶段和未来较长时间内的业务带宽需求。在用户分散居住的区域，存在光节点到用户的距离较远、取电困难等问题，适宜采用光纤到户的方式开展双向改造。目前，广电运营商在进行技术选择时，较一致地采取了如下做法：农村模拟和单向网改造采用光纤到户及在新建网络中部署光纤到户；而对于已经完成双向改造的大部分区域，则在原有系统的基础上进行升级。根据目前情况可以推断，同轴双向网络和光纤到户网络在未来很长一段时间内将同时存在、并行运营。

小结

1．传统的有线电视网络通常由前端、干线传输系统、用户分配网络组成。一般采用树状拓扑结构，利用同轴电缆将CATV信号分配给各个用户。信号源从有线电视前端出来后不断分级展开，最后到达用户。

2．混合光纤同轴电缆（Hybrid Fiber Coax，HFC）接入技术是采用光纤和有线电视网络传输数据的宽带接入技术，它由传统有线电视技术发展而来。在HFC接入网中，干线传输系统用光纤作为传输介质，而在用户分配系统中仍然采用同轴电缆。HFC接入网除可以提供原CATV网提供的业务外，还可以提供双向电话业务、高速数据业务和其他交互型业务。

3．现代HFC接入网基本采用星状+总线状结构，由三部分组成：前端、干线传输系统和用户分配网络。

4．目前，基于HFC接入网的双向宽带接入主流方案主要有以下几种：CMTS+CM方案、EPON+ LAN方案、EPON+EOC方案。

5．Cable MODEM系统主要在双向HFC接入网上工作，是构建HFC接入网的重要部分。该系统主要由两部分组成：电缆调制解调器头端系统（CMTS）和安装在用户侧的电缆调制解调器（Cable MODEM，CM）。

6．EOC是当下双向改造中的热门技术，即以太网数据通过同轴电缆传输，在一个同轴电缆上同时传输电视信号及宽带网络信号。

7．EOC 技术可分为无源 EOC 和有源 EOC。无源 EOC 是指原以太网信号的帧格式没有发生改变；有源 EOC 是指将以太网信号经过调制/解调等复杂处理后通过同轴电缆传输，同轴电缆上传输的信号不再保持以太网信号的帧格式。

习题

1．填空题

（1）HFC 接入网由________、________和________组成。

（2）HFC 的中文和英文名称分别是________和________。

（3）EOC 技术可分为________和无源 EOC。

（4）Cable MODEM 系统工作在________网上，主要由________和________组成。

2．选择题

（1）在下列频段中，用于传输数字电视信号的是（　　）。

A．110～550MHz　　B．750～1000MHz

C．550～750MHz　　D．860～1000MHz

（2）在 HFC 接入网中，从局端向用户端看，所部署的设备顺序是（　　）。

A．前端设备　同轴电缆放大器　光节点

B．前端设备　光节点　同轴电缆放大器

C．光节点　同轴电缆放大器　前端设备

D．同轴电缆放大器　光节点　前端设备

（3）电缆调制解调器（CM）是在下面哪个网络的基础上用来连接互联网的设备？（　　）

A．PSTN　　B．ATM　　C．CATV　　D．PSPDN

3．简答题

（1）HFC 接入网由哪几部分组成？各部分的功能是什么？

（2）简述我国 HFC 接入网的频谱分配方案。

（3）简述 EOC 技术的分类及各自的特点。

（4）在双向 HFC 接入网中如何应用 EPON 技术？

（5）简述 HiNOC 技术的基本原理及特点。

（6）简述我国有线电视网络的发展趋势。

第 6 章　局域网技术

本章首先介绍计算机网络的定义、功能及分类等，然后介绍以太网技术的发展、分类及应用，最后介绍局域网接入的典型应用。

6.1　计算机网络概述

计算机网络虽然只有半个多世纪的发展历程，但其发展速度却令人叹为观止，这是与人们对网络的需求及网络提供的功能密切相关的。

6.1.1　计算机网络的定义

随着计算机应用的普及及网络技术的不断发展，计算机网络相关技术已经成为当今社会的重要技术之一。

1．计算机技术的发展

计算机网络的主要实体是计算机。早期的计算机主要用于军事计算，而且计算速度相当慢，完全是一个低级计算器。经过几十年的发展，计算机技术已经发生了天翻地覆的变化。

现在，计算机已经进入第六代——多核微处理器的时代，但是它的发展还远远没有结束，正朝着更实用、更智能、更微型的方向发展。

2．计算机网络

计算机网络是为了实现信息交换和资源共享，利用通信线路与通信设备，将分布在不同地理位置上的具有独立工作能力的计算机互相连接起来，按照网络协议进行数据交换的计算机系统。众多的计算机通过通信线路串联起来，就像网络一样错综复杂。

6.1.2　计算机网络的功能

计算机网络能给人们带来很多方便，可以使用聊天工具进行文字、语音或视频聊天，可以查看新闻，在线看视频、玩游戏，也可以查询资料、进行网络学习等。因此，计算机网络不但可进行教学和娱乐，还提供了资源共享和数据传输的平台。

计算机网络的基本功能可以归纳为以下 4 个方面。

1．资源共享

所谓的资源，是指构成系统的所有要素，包括软件资源、硬件资源，如大容量磁盘、高速打印机、绘图仪、通信线路、数据库、文件和计算机上的其他有关信息。受经济和其他因素的制约，这些资源并非可被所有用户独立拥有，所以网络上的计算机既可以使用自身的资源，又可以共享网络上的资源。资源共享提高了网络上计算机的处理能力，提高了计算机软件、硬件的利用率。

计算机网络建立的最初目的就是实现对分散的计算机系统的资源共享，以此提高各种设备的利用率，减少重复劳动，进而实现分布式计算的目标。

2. 数据通信

数据通信功能即数据传输功能，是计算机网络最基本的功能之一，主要完成计算机网络中各个节点之间的系统通信。用户可以在网络上传送电子邮件，发布新闻消息，进行电子购物、电子贸易、远程电子教育等。计算机网络使用初期的主要用途之一就是在分散的计算机之间实现无差错的数据通信。同时，计算机网络能够实现资源共享的前提条件，就是在源计算机与目标计算机之间完成数据交换任务。

3. 分布式处理

通过计算机网络，可以将一个任务分配到不同地理位置的多台计算机上协同完成，以此均衡负荷、提高系统的利用率。对于许多综合性的重大科研项目的技术和信息处理，可利用计算机网络的分布式处理能力，采用适当的算法，将任务分散到不同的计算机上共同完成。同时，联网之后的计算机可以互为备份系统，当一台计算机出现故障时，可以调用其他计算机执行替代任务，从而提高系统的可靠性。

4. 网络综合服务

利用计算机网络，可以在信息化社会实现对各种经济信息、科技情报和咨询服务信息的处理。计算机网络对文字、声音、图像、视频等多种信息进行传输、收集和处理。综合信息服务和通信服务是计算机网络的基本服务功能，可以实现文件传输、电子邮件、电子商务、远程访问等功能。

6.1.3 计算机网络的分类

传统的计算机网络主要按照网络作用范围和网络拓扑结构两种模式分类。下面重点讲述按照网络作用范围分类的网络结构及特征。

1. 按照网络作用范围分类

按照网络作用范围分类，计算机网络基本可以分为局域网、城域网和广域网三种。各种公司、学校和企业内的网络称为局域网，以一个城市为核心的网络称为城域网，各城市之间、国家之间的网络称为广域网。计算机网络分类如图 6-1 所示。

2. Internet 及其应用

下面以 Internet（互联网）的构成为例，进一步说明计算机网络的分类。

通常所讲的 Internet 是指全球网，即全球各个国家通过线路连接起来的计算机网络，可以说是世界上最大的网络。那么，这个庞大的网络是怎么连接起来的呢？

（1）在一个城市内，各个地方（如机关、企事业单位、工厂等）的小网络都连到主干线上，如图 6-2 所示。

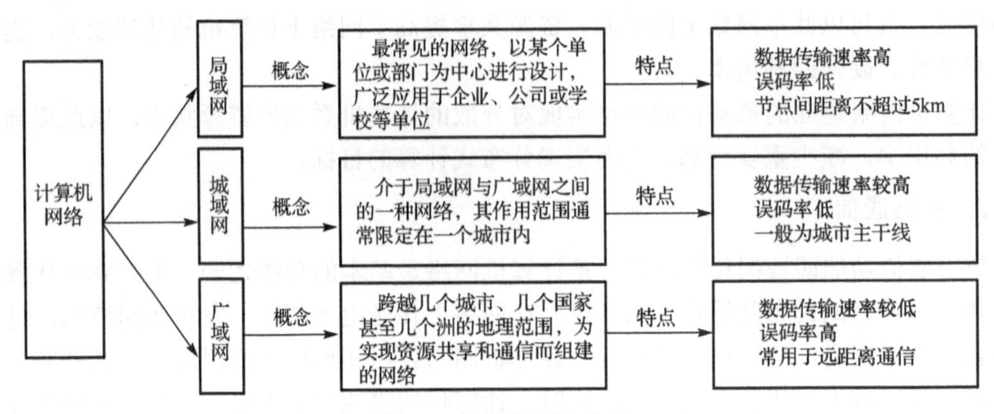

图 6-1　计算机网络分类

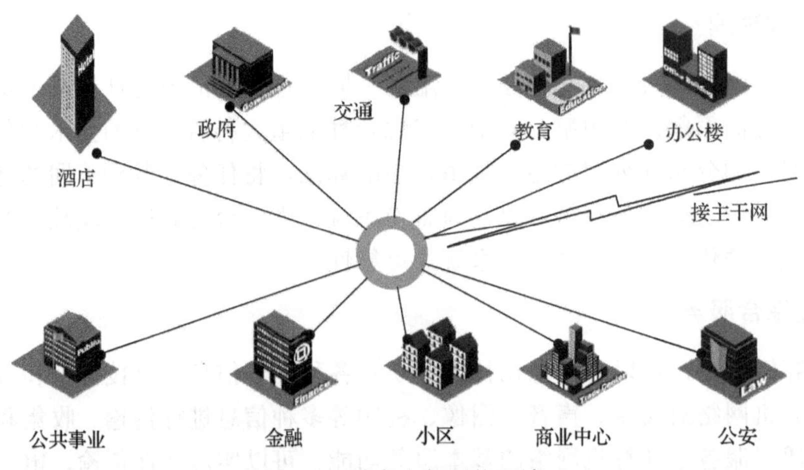

图 6-2　城市内部网络互连

（2）各城市之间又由主干线连接起来。现在的主干线大多是光纤连接，各城市之间通过各种形式将光纤连接起来，再由对外接口接到国外的网络上。城市间的网络连接如图 6-3 所示。

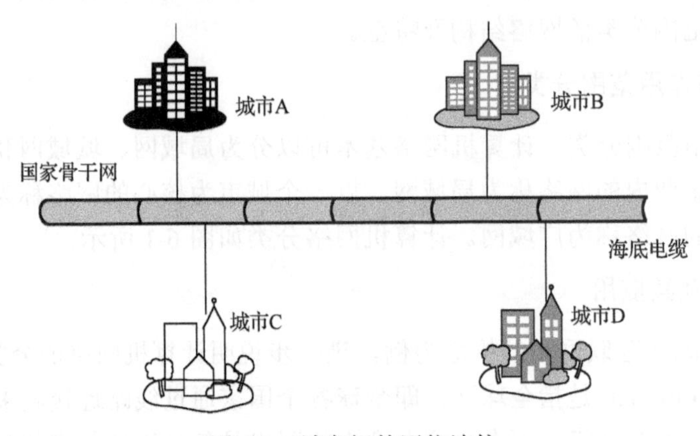

图 6-3　城市间的网络连接

（3）一个国家的网络通过网络接口连到其他国家，这样，全球的 Internet 就建成了。

Internet 就是这样级联构成的，当然，它的构成远不是这么简单，这里面除网络线路、连接设备和计算机外，还有许多软件在支持网络的运行。

6.2　局域网

6.2.1　局域网概念

局域网是从 20 世纪 70 年代末发展起来的，局域网技术在计算机网络中占有非常重要的地位。

局域网最主要的特点是：网络为一个单位所拥有，且地理范围和站点数目均有限。在局域网刚出现时，局域网比广域网具有更高的数据传输速率、更小的时延和更低的误码率。但随着光纤技术在广域网中的普遍使用，现在的广域网也具有很高的数据传输速率和很低的误码率了。

局域网具有如下主要优点。

（1）具有广播功能，从一个站点可很方便地访问全网。局域网上的主机可共享连接在局域网上的各种硬件和软件资源。

（2）便于系统的扩展和逐渐演变，可灵活地调整与改变各设备的位置。

（3）提高了系统的可靠性（Reliability）、可用性（Availability）和生存性（Survivability）。

局域网可按网络拓扑进行分类。随着集线器（Hub）的出现和双绞线在局域网中的大量应用，星状以太网和多级星状结构的以太网获得了非常广泛的应用。图 6-4(a)是星状网，图 6-4(b)是环状网，图 6-4(c)是总线状网，各站直接连在总线上。总线两端的匹配电阻吸收在总线上传播的电磁波信号的能量，避免在总线上产生有害的电磁波反射。总线状网以传统以太网最为著名。局域网经过了几十年的发展，尤其是在快速以太网（100Mbit/s）、吉比特以太网（1Gbit/s）、10 吉比特以太网（10Gbit/s）相继进入市场后，以太网已经在局域网市场中占据绝对的优势位置。现在，以太网几乎是局域网的同义词，因此本章主要讨论以太网技术。

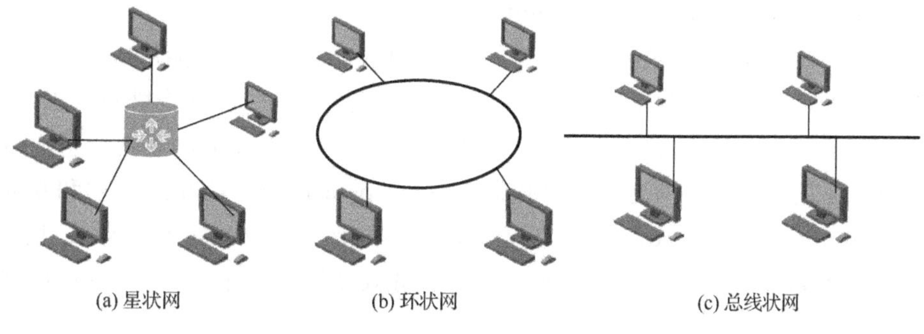

图 6-4　网络拓扑结构

局域网可使用多种传输介质，其中，双绞线最便宜，原来只用于低速（1～2Mbit/s）基带局域网。现在，10Mbit/s、100Mbit/s、1Gbit/s 的局域网也可使用双绞线。双绞线已成为局域网中的主流传输介质。当数据传输速率很高时，往往需要使用光纤作为传输介质。

在共享信道时，要着重考虑的一个问题是如何使众多用户能够合理而方便地共享通信媒体资源。这在技术实现上有以下两种方法。

（1）静态划分信道，主要有频分复用、时分复用、波分复用、码分复用等。用户只要被分配了信道，就不会和其他用户发生冲突。但这种划分信道的方法的代价较大，不适合局域网使用。

（2）动态媒体接入控制，又称为多点访问（Multiple Access），其特点是信道并非在用户通信时固定地被分配给用户。它又分为以下两类。

① 随机接入。它的特点是所有用户可随机地发送信息，但如果恰巧有两个或更多用户在同一时刻发送信息，那么在共享媒体上就会产生碰撞（发生了冲突），使得这些用户的发送都失败。因此，必须有解决碰撞的网络协议。

② 受控接入。它的特点是用户不能随机地发送信息而必须服从一定的控制，典型代表有分散控制的令牌环局域网和集中控制的多点线路探询（Polling）（或称为轮询）。本章将重点讨论随机接入的以太网。

由于以太网的数据传输速率已演进到百兆比特/秒、吉比特/秒或 10 吉比特/秒，因此通常用“传统以太网”来表示最早流行的 10Mbit/s 速率的以太网。下面先介绍传统以太网。

6.2.2 以太网概念

以太网（Ethernet）是当今现有局域网采用的最普及的通信协议标准，它基于 CSMA/CD（Carrier Sense Multiple Access/Collision Detect，载波监听多点访问/碰撞检测）机制，采用共享介质的方式实现计算机之间的通信。据统计，目前约有 80%的局域网采用以太网技术。以太网有两个标准：DIX Ethernet V2 与 IEEE 的 802.3 局域网标准。最早的以太网是美国施乐（Xerox）公司的 PARC 研究项目组于 1975 年提出的，当时的数据传输速率是 2.94Mbit/s。1980 年，DEC（数字设备公司）、Xerox 公司、Intel（英特尔）公司联合开发了 DIX V1.0 标准，把以太网的数据传输速率提升到 10Mbit/s。1982 年，DIX V2.0 标准发布，即 Ethernet II。

在此基础上，IEEE 802 委员会的 802.3 工作组于 1983 年制定了第一个 IEEE 的以太网标准 IEEE 802.3，数据传输速率为 10Mbit/s。

由于有关厂商在商业上存在激烈竞争，因此 IEEE 802 委员会未能形成一个统一的、最佳的局域网标准，而是被迫制定了几个不同的局域网标准，如 802.4 令牌总线网、802.5 令牌环网等。为了使数据链路层更好地适应多种局域网标准，IEEE 802 委员会把局域网的数据链路层拆成了两个子层，即逻辑链路控制 LLC（Logical Link Control）层和媒体访问控制 MAC（Medium Access Control）层。与接入传输媒体有关的内容都放在 MAC 层，而 LLC 层则与传输媒体无关，不管采用何种传输媒体和 MAC 层的局域网，对于 LLC 层来说都是透明的，如图 6-5 所示。

然而，在 20 世纪 90 年代后，激烈竞争的局域网市场逐渐明朗。以太网在局域网市场中已占据了垄断地位，并且几乎成为了局域网的代名词。由于 Internet 发展很快而 TCP/IP 体系经常使用的局域网只剩下 DIX Ethernet V2 而不是 IEEE 802.3 标准中的局域网，因此现在 IEEE 802 委员会制定的逻辑链接控制层（IEEE 802.2 标准）的作用已经消失了，很多厂商生产的适配器上仅装有 MAC 协议而没有 LLC 协议。本章在介绍以太网时不再考虑 LLC 层，这样针对以太网工作原理的讨论会更加简单、易懂。

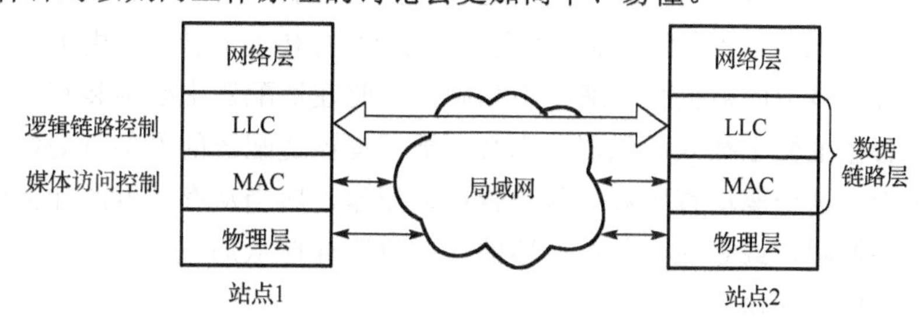

图 6-5　局域网对 LLC 层是透明的

6.2.3　以太网技术的发展

（1）10Base-2、10Base-5，分别以细同轴电缆和粗同轴电缆作为传输介质，没有中心网络设备，为共享式网络，带宽为 10Mbit/s。网络的性能和可扩展性较差。

（2）10Base-T，采用双绞线介质，需要中心网络设备（如 Hub），为共享式网络，带宽为 10Mbit/s。网络的性能没有太大提高，可扩展性和可维护性明显提高。

（3）10Base-TX、10Base-FX，采用双绞线或光纤介质，需要网络交换机，为交换式网络，称为交换式以太网，带宽为 10Mbit/s。网络性能得以大幅提高，网络设备的智能性提高，为网络管理提供了可能。

（4）100Base-TX、100Base-FX，采用双绞线或光纤介质，需要网络交换机，称为交换式快速以太网，带宽为 100Mbit/s。网络性能较交换式以太网有较大的提高，网络设备的可管理性进一步提高。

（5）1000Base-TX、1000Base-FX，采用双绞线或光纤介质，需要网络交换机，称为交换式千兆以太网，带宽为 1000Mbit/s。千兆以太网是目前大规模投入使用的最快速的以太网，在网络结构上与交换式以太网和交换式快速以太网相同，主要优点是可提供高带宽和高服务质量。

（6）10 吉比特以太网（万兆以太网），即 IEEE 802.3ae，带宽为 10Gbit/s。

目前最常用的以太网技术是快速以太网和万兆以太网，通常以万兆以太网作为主干。另外，以太网技术（如 VLAN、QoS、第三层交换、组播等）的应用使以太网技术具有更高的性能和市场竞争力。以太网是现在最流行的局域网技术，其优点是设备性价比较高、可扩展性好、能够平滑升级、适应范围广泛、生产厂商众多等。

6.2.4　以太网工作过程

计算机是怎样连接到局域网的呢？计算机通过适配器（Adapter）与外界局域网连接。适配器本来是在主机箱内插入的一块网络接口板（或者是在笔记本电脑中插入的一块 PCMCA 卡——计算机存储器卡接口适配器），这种接口板又称为网络接口卡 NIC（Network Interface Card）或简称为“网卡”。由于现在计算机主板上都已经嵌入了这种适配器而不再使用单独的网卡了，因此本章统一使用适配器这一术语。在适配器上装有处理器和存储器（包括 RAM 和 ROM），适配器和局域网之间的通信是通过电缆或双绞线以串行传输方式进行的，而适配器和计算机之间的通信则是通过计算机主板上的 I/O 总线以并行传输方式进行的，因此，适配器的一个重要功能就是进行串行/并行传输的转换。由于网络上的数据传输速率和计算机总线上的数据传输速率不相同，因此在适配器中必须装有对数据进行缓存的存储芯片。若在主板上插入适配器，则必须把管理该适配器的设备驱动程序安装在计算机的操作系统中。这个驱动程序以后就会告诉适配器，应当从存储器的什么位置把多长的数据块发送到局域网，或者应当在存储器的什么位置存储从局域网传输过来的数据块。适配器还应能实现以太网协议。

适配器实现的功能包含数据链路层及物理层这两个层次的功能。现在芯片的集成度都很高，以致很难把一个适配器的功能严格按照层次进行精确划分。适配器接收和发送各种帧时不使用计算机的 CPU，这时，CPU 可以处理其他任务。当适配器收到有差错的帧时，会把这个帧丢弃而不必通知计算机。当适配器收到正确的帧时，它会使用中断来通知该计算机并交付给协议栈中的网络层。当计算机要发送 IP 数据报时，由协议栈把 IP 数据报向下交给适配器，组装成帧后发送到局域网。适配器的作用如图 6-6 所示。必须注意的是，计算机的硬件地址就在适配器的 ROM 中，而计算机的软件地址（IP 地址）则在计算机的存储器中。

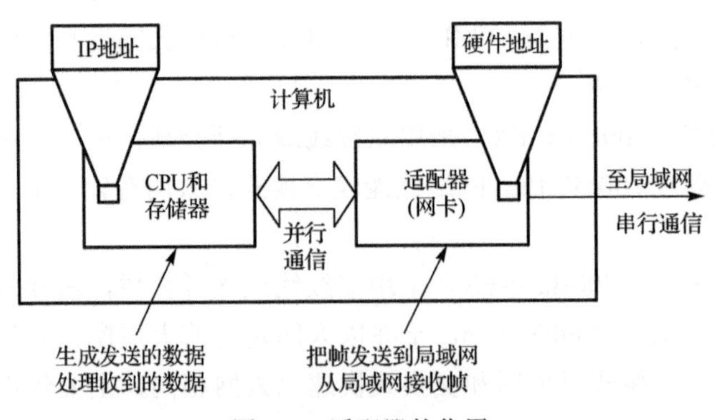

图 6-6　适配器的作用

6.2.5 关键技术——CSMA/CD 协议

最早的以太网将许多计算机都连接在一根总线上，当初认为这样的连接方法既简单又可靠，因为在那个时代普遍认为——有源器件不可靠，而无源的电缆才是最可靠的。

总线的特点是：当一台计算机发送数据时，总线上的所有计算机都能检测到这个数据。这就是广播通信方式，但并不总在局域网上进行一对多的通信。为了在总线上实现一对一的通信，可以使每台计算机的适配器都拥有一个与其他适配器不同的地址。在发送数据帧时，在帧的首部写明接收站的地址。现在的电子技术可以很容易地做到：仅当数据帧中的目的地址与适配器 ROM 中存放的硬件地址一致时，该适配器才接收这个数据帧，适配器将不是发送给自己的数据帧丢弃，这样，在具有广播特性的总线上就实现了一对一的通信。

人们常把局域网上的计算机称为“主机”“工作站”“站点”或“站”。

为了方便通信，以太网采取了以下两种措施。

（1）采用较灵活的无连接的工作方式，即不必建立连接就可以直接发送数据。适配器对发送的数据帧不进行编号，也不要求对方发回确认，这样做可以使以太网工作起来非常简单，局域网信道的质量很好，因信道质量不好而产生差错的概率是很小的。因此，以太网提供的服务是不可靠的交付，即尽最大努力的交付。当目的站收到有差错的数据帧时就丢弃此帧，其他什么也不做，差错帧是否需要重传则由高层决定。例如，如果高层使用TCP协议，那么TCP就会发现丢失了一些数据。于是经过一定的时间后，TCP就把这些数据重传给以太网，但以太网并不知道这是一个重传的帧，而当成一个新的数据帧来发送。

总线上只要有一台计算机在发送数据，总线的传输资源就被占用了。因此，在同一时间只能允许一台计算机发送数据，否则各计算机之间就会互相干扰，使得所发送的数据被破坏。因此，如何协调总线上各计算机的工作就是以太网要解决的一个重要问题。以太网采用最简单的随机接入方式，但需要用协议来减小冲突发生的概率。这就如同有很多人在开会，没有会议主持人控制发言，想发言的人随时可发言，不需要举手示意。这时，必须用一种协议来协调大家的发言，也就是说：如果听见有人在发言，那么你就必须等别人讲完了才能发言（否则就干扰了别人的发言）。但有时碰巧有两个或更多的人在同时发言，那么一旦发现冲突，就必须立即停止发言，等没有人发言时再发言。以太网采用的协调方法和上述办法非常相似，它使用的协议是CSMA/CD，即载波监听多点访问/碰撞检测。

（2）以太网发送的数据都是使用曼彻斯特（Manchester）编码的信号。二进制基带数字信号通常是高、低电压交替出现的信号。使用这种信号的最大问题是：当出现一长串的连1或连0时，接收端无法从收到的比特流中提取位同步（比特同步）信号。如图6-7所示，曼彻斯特编码把每个码元再分成两个相等的间隔：码元0表示前一个间隔为低电压而后一个间隔为高电压；码元1则正好相反，表示从高电压变到低电压。这样就保证了在每个码元的正中间出现一次电压的转换，而接收端利用这种电压的转换可以很方便地把位同步信号提取出来。但是，从曼彻斯特编码的波形图中不难看出其缺点，这就是它所占的频带宽度是原始的基带信号的频带宽度的2倍（因为每秒传输的码元数加倍了）。

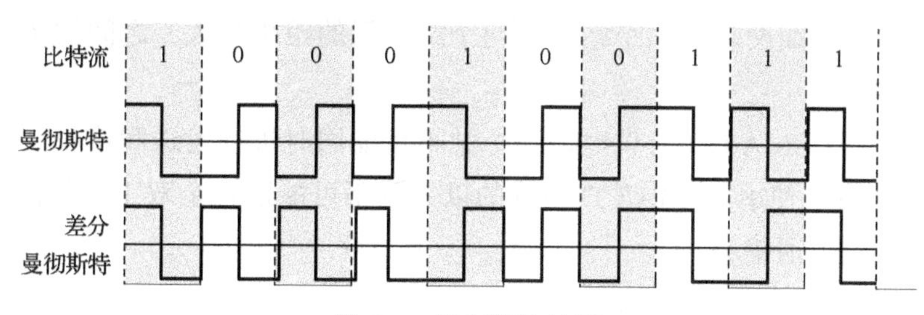

图6-7　曼彻斯特编码

下面介绍CSMA/CD协议的要点。

“多点访问”说明这是总线状网络，许多计算机以多点访问的方式连接在一根总线上。协议的实质是“载波监听”和“碰撞检测”。

“载波监听”是指用电子技术检测总线上有没有其他计算机也在发送数据。其实，总线上并没有“载波”，这里只不过借用“载波”这个名词而已，因此，载波监听就是检测信道，这是很重要的措施。不管是在发送前还是在发送中，每个站都必须不停地检测信道。在发送前检测信道，是为了获得发送权。若检测出已经有其他站在发送，则暂时不许发送数据，必须等信道变为空闲时才能发送。在发送中检测信道，是为了及时发现有没有其他站和本站的发送碰撞。

“碰撞检测”就是“边发送边监听”，即适配器边发送数据边检测信道上的信号电压的变化情况，以判断自己在发送数据时其他站是否也在发送数据。当几个站同时在总线上发送数据时，总线上的信号电压变化幅度将会增大（互相叠加）。当适配器检测到的信号电压变化幅度超过一定的门限值时，就认为总线上至少有两个站在同时发送数据，表明发生了碰撞。所谓“碰撞”就是发生了冲突，因此“碰撞检测”也称为“冲突检测”。这时，总线上传输的信号产生了严重的失真，无法从中恢复有用的信息。因此，任何一个正在发送数据的站，一旦发现总线上出现了碰撞，其适配器就要立即停止发送，免得继续进行无效的发送，此时需等待一段时间然后再次发送。

既然每个站在发送数据之前已经监听到信道为“空闲”，那么为什么数据在总线上还会发生碰撞呢？这是因为电磁波在总线上总是以有限的速率传播的，这和开会的过程相似。会场一安静，我们就立即发言，但偶尔也会发生因几个人同时抢着发言而发生冲突的情况。图 6-8 可以说明这种情况，该图中的局域网两端的 A 站和 B 站相距 1km，用同轴电缆相连。电磁波在 1km 电缆中的传播时延约为 5μs，因此，A 站向 B 站发出的数据在 5μs 后才能传输到 B 站。换言之，B 站若在 A 站发送的数据到达 B 站之前发送自己的帧（因为这时 B 站的载波监听检测不到 A 站所发送的信息），则必然要在某个时间和 A 站发送的帧发生碰撞，碰撞的结果是两个帧都变得无用。在局域网的分析中，常把总线上的单程端到端传播时延记为 τ。发送数据的站希望尽早知道是否发生了碰撞，那么，A 站发送数据后，最迟要经过多长时间才能知道自己发送的数据和其他站发送的数据有没有发生碰撞呢？从图 6-8 不难看出，这个时间最多是 2 倍的总线的端到端传播时延（2τ）或总线的端到端往返传播时延。由于局域网上任意两个站之间的传播时延有长有短，因此局域网必须按最坏情况设计，即取总线两端的两个站（这两个站之间的距离最大）之间的传播时延为端到端传播时延。

显然，在使用 CSMA/CD 协议时，一个站不可能同时进行发送和接收（但必须边发送边监听信道），因此，使用 CSMA/CD 协议的以太网不可能进行全双工通信，而只能进行双向交替通信（半双工通信）。

下面是图 6-8 中的一些重要的时刻。

在 $t=0$ 时，A 站发送数据，B 站检测到信道为空闲。

在 $t=\tau-\delta$（$\tau>\delta>0$），A 站发送的数据还没有到达 B 站时，由于 B 站检测到信道是空闲的，因此 B 站发送数据。

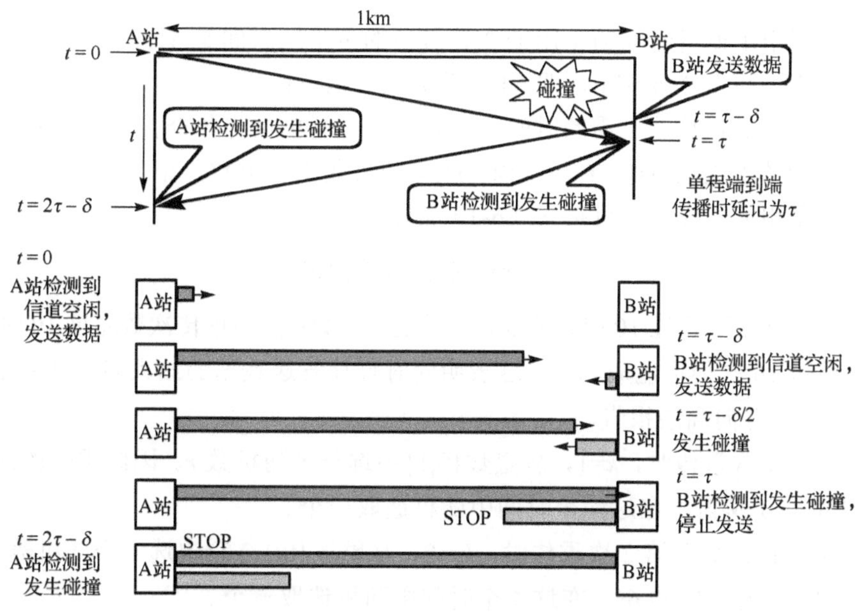

图 6-8　传播时延对载波监听的影响

经过时间 $\delta/2$ 后，即在 $t=\tau-\delta/2$ 时，A 站发送的数据和 B 站发送的数据发生了碰撞，但这时 A 站和 B 站都不知道发生了碰撞。

在 $t=\tau$ 时，B 站检测到发生了碰撞，于是停止发送数据。

在 $t=2\tau-\delta$ 时，A 站也检测到发生了碰撞，因而也停止发送数据。

A 站和 B 站发送数据均失败，它们都要推迟一段时间再重新发送。

由此可见，每个站在自己发送数据之后的一小段时间内，存在着发生碰撞的可能性。这一小段时间是不确定的，它取决于从另一个发送数据的站到本站的距离。因此，以太网不能保证在某一时间段内一定能够把自己的数据帧成功地发送出去。以太网的这一特点称为发送的不确定性。若希望在以太网上发生碰撞的概率很小，则必须使整个以太网的平均通信量远小于以太网的最高数据传输速率。

从图 6-8 可看出，最先发送数据帧的 A 站在发送数据帧后最多经过时间 2τ 就可知道所发送的数据帧是否发生了碰撞，这就是 $\delta\to 0$ 的情况。因此，以太网的端到端往返传播时延 2τ 称为争用期（Contention Period），它是一个很重要的参数。争用期又称为碰撞窗口（Collision Window），这是因为一个站在发送完数据后，只有通过争用期的“考验”，即经过争用期这段时间还没有检测到发生碰撞，才能肯定这次发送不会发生碰撞。这时，就可以放心地把这一帧数据顺利发送了。

以太网使用截断二进制指数退避（Truncated Binary Exponential Backoff）算法来确定碰撞后重传的时机。截断二进制指数退避算法（以下简称指数退避算法）并不复杂，这种算法让发生碰撞的站在停止发送数据后，不是等待信道变为空闲后就立即发送数据，而是推迟（称为退避）一段随机的时间。这一点很容易理解，因为如果几个发生碰撞的站都在监听信道，那么就会同时发现信道变为空闲。如果这几个站同时重新发送，那么肯定又会发生碰撞。为了使各站进行重传时再次发生碰撞的概率减小，以太网采用指数退避算法。具体的指数退避算法如下。

（1）协议规定了退避时间为争用期 2τ，具体的争用期时间是 51.2μs。对于 10Mbit/s 以太网，在争用期内可发送 512bit，即 64 字节数据。也可以说争用期是 512bit 时间，其中，1bit 时间就是发送 1bit 数据所需的时间，所以这种时间单位与数据传输速率密切相关。

（2）从离散的整数集合[0, 1, …, (2^k-1)]中随机取出一个数，记为 r。重传应推迟的时间就是 r 倍的争用期。参数 k 可按式（6-1）计算

$$k=\min[\text{重传次数}, 10] \tag{6-1}$$

可见当重传次数不超过 10 时，参数 k 等于重传次数；但当重传次数超过 10 时，k 为 10。

（3）当重传 16 次仍不能成功时（这表明同时打算发送数据的站太多，以致连续发生碰撞），丢弃该帧，并向高层报告。

例如，在第 1 次重传时，k=1，从整数{0,1}中选一个随机数 r。因此重传的站可选择的重传推迟时间是 0 或 2τ，在这两个时间中随机选取一个。

若再发生碰撞，则在第 2 次重传时，$k=2$，从整数{0,1,2,3}中选一个随机数 r。因此重传推迟时间是 0、2τ、4τ 和 6τ，在这 4 个时间中随机选取一个。

同样，若再发生碰撞，则在第 3 次重传时，$k=3$，从整数{0,1,2,3,4,5,6,7}中选一个随机数 r，以此类推。

若连续多次发生碰撞，则表明可能有较多的站争用信道。但使用上述指数退避算法可使重传需要推迟的平均时间随重传次数的增多而增大（这也称为动态退避），因而减小发生碰撞的概率，有利于整个系统的稳定。

还应注意到，适配器每发送一个新的帧，就要执行一次指数退避算法。适配器对过去发生过的碰撞并无记忆功能，因此，当几个适配器正在执行指数退避算法时，很可能某一个适配器发送的新帧碰巧能够立即成功地插入信道中，得到了发送权，而已经推迟好几次发送的站有可能很不巧还要继续执行指数退避算法，继续等待。

现在考虑一种情况，某个站发送了一个很短的帧，但发生了碰撞。不过，在这个帧发送完毕后，发送站才检测到发生了碰撞，已经没有办法中止帧的发送，因为这个帧早已发送完了。这样，在发送完毕之前没有检测出碰撞，这显然是不希望的。为了避免发生这种情况，以太网规定了最短帧长为 64 字节，即 512bit。如果要发送的数据非常少，那么必须加入一些填充字节，使帧长不小于 64 字节。对于 10Mbit/s 以太网，发送 512bit 数据的时间为 51.2μs，也就是前面提到的争用期。

由此可见，以太网在发送数据时，如果在争用期（共发送了 64 字节）没有发生碰撞，那么后续发送的数据就一定不会发生碰撞。换句话说，如果发生了碰撞，那么一定是在发送的前 64 字节之内。由于一检测到碰撞就立即中止发送，这时已经发送出去的数据长度一定小于 64 字节，因此凡长度小于 64 字节的帧都是因碰撞而异常中止的无效帧。只要收到了这种无效帧，就应当立即将其丢弃。

前面已经讲过，信号在以太网上传播 1km 大约需要 5μs，以太网最大的端到端传播时延必须小于争用期的一半（25.6μs），这相当于以太网的最大端到端长度约为 5km。实际上以太网覆盖范围远远没有这样广，因此，以太网都能在争用期 51.2μs 内检测到可能发生的碰撞。

以太网的争用期确定为 51.2μs，不仅考虑以太网的端到端传播时延，而且包括其他许多因素，如因存在转发器而增加的时延，以及下面要讲到的强化碰撞的干扰信号的持续时间等。

下面介绍强化碰撞的概念。一旦发现发送数据的站发生了碰撞，除立即停止发送数据外，还要继续发送 32bit 或 48bit 的人为干扰信号（Jamming Signal），以便让所有用户都知道现在已经发生了碰撞，如图 6-9 所示。对于 10Mbit/s 以太网，发送 32（或 48）bit 只需要 3.2（或 4.8）μs。

从图 6-9 可以看出，A 站从发送数据开始到发现碰撞并停止发送的时间间隔是 T_B。A 站得知碰撞已经发生时所发送的强化碰撞的干扰信号的持续时间是 T_J。图中的 B 站在得知发生碰撞后，也要发送人为干扰信号，简单起见，图 6-9 没有画出 B 站所发送的人为干扰信号。发生碰撞使 A 站浪费时间 T_B+T_J，可是整个信道被占用的时间还要增加一个单程的端到端传播时延 τ，因此，信道占用时间是 $T_B+T_J+\tau$。

以太网还规定了帧间最小间隔为 9.6μs，相当于 96bit 时间。这样做是为了使刚刚收到数据帧的站的接收缓存来得及清除，做好接收下一帧的准备。

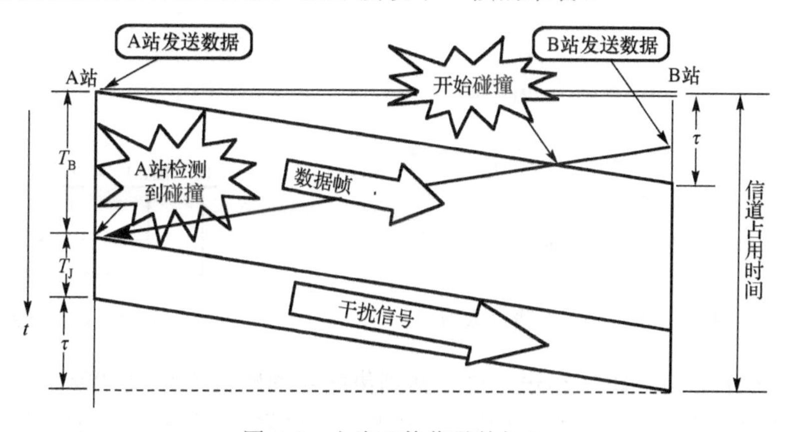

图 6-9　人为干扰信号的加入

根据以上所讨论的内容，可以把 CSMA/CD 协议的要点归纳如下。

（1）准备发送：适配器从网络层获得一个分组，加上以太网的首部和尾部组成以太网帧，放入适配器的缓存中。但在发送之前，必须先检测信道。

（2）检测信道：若检测到信道忙，则应不停地检测，一直等待信道变为空闲。若检测到信道空闲，并在 96bit 时间内信道保持空闲（保证了帧间最小间隔），则发送这个帧。

（3）在发送过程中仍不停地检测信道，即网络适配器要边发送边监听。这里只有以下两种可能情况。

① 发送成功：在争用期内一直未检测到发生碰撞，这个帧肯定能够发送成功。发送完毕后，回到（1）。

② 发送失败：在争用期内检测到发生碰撞，这时立即停止发送数据，并按规定发送人为干扰信号。适配器接着执行指数退避算法，等待 r 倍的 512bit 时间后，回到（2），继续检测信道。但若重传 16 次仍不成功，则停止重传而向上报错。

以太网每发送完一帧，一定要暂时保留已发送的帧。如果在争用期内检测出发生了碰撞，那么还要在推迟一段时间后再把这个暂时保留的帧重传一次。

6.2.6 以太网使用集线器的星状拓扑

传统以太网最初使用粗同轴电缆，后来演进到使用比较便宜的细同轴电缆，最后发展为使用更便宜和更灵活的双绞线。这种以太网采用星状拓扑，在星状的中心增加了一种可靠性非常高的设备，称为集线器（Hub），如图 6-10 所示，双绞线以太网总是和集线器配合使用的。每个站需要使用两对无屏蔽双绞线（放在一根电缆内），分别用于发送和接收。双绞线的两端使用 RJ-45 插口。由于集线器使用了大规模集成芯片，因此其可靠性大大提高。1990 年，IEEE 制定出星状以太网 10BASE-T 的标准 IEEE 802.3i，其符号标志如图 6-11 所示。“10”代表 10Mbit/s 的数据传输速率，BASE 代表连接线上的信号是基带信号，T 代表双绞线。实践证明，这比使用具有大量机械接头的无源电缆要可靠得多。由于使用双绞线电缆的以太网价格便宜且使用方便，因此粗缆以太网和细缆以太网现在都已成为历史，并在市场上消失了。

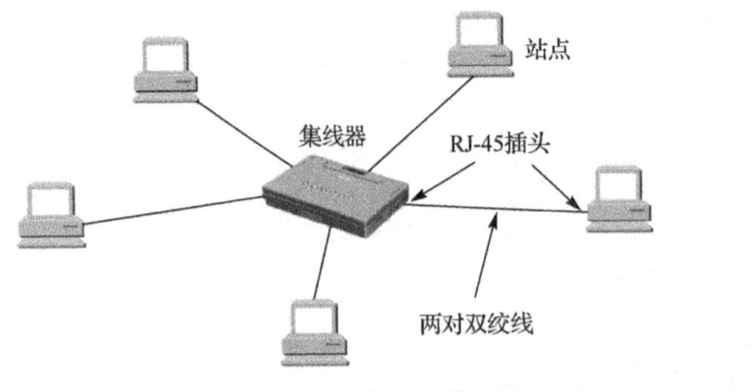

图 6-10 使用集线器的双绞线以太网

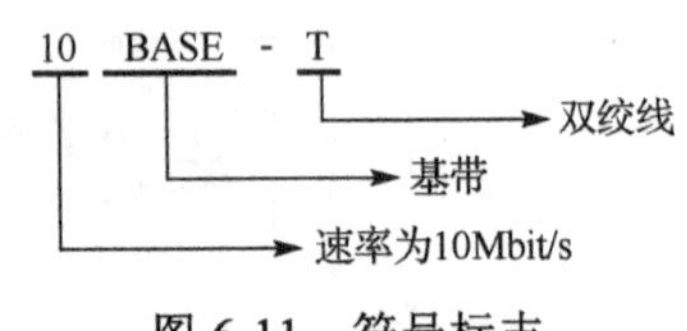

图 6-11 符号标志

但 10BASE-T 的通信距离稍短，每个站到集线器的距离不超过100m。这种10Mbit/s 无屏蔽双绞线星状网的出现，既降低了成本，又提高了可靠性，具有很高的性价比。10BASE-T 双绞线以太网的出现是局域网发展史上的一个非常重要的里程碑，它为以太网在局域网中占据统治地位奠定了牢固的基础。从此，以太网的拓扑就从总线状拓扑变为更加方便的星状拓扑。

使双绞线能够传输高速数据的主要措施是把双绞线的绞合度做得非常精确，这样不仅可使特性阻抗均匀以减小失真，而且大大减少了电磁波辐射和无线电频率的干扰。在多对双绞线的电缆中，还要使用更加复杂的绞合方法。

集线器的一些特点如下。

（1）从表面上看，使用集线器的局域网在物理上是一个星状网，但由于集线器使用电子器件来模拟实际电缆线的工作，因此整个系统仍然像一个传统的以太网那样运行。也就是说，使用集线器的以太网在逻辑上仍是一个总线状网，各工作站使用的仍是 CSMA/CD 协议（各站中的适配器执行的是 CSMA/CD 协议）。网络中的各站必须通过竞争的方式获取对传输媒体的控制，并且在同一时刻至多允许一个站发送数据。因此，这种 10BASE-T 以太网又称为星状总线（Star-shaped Bus）或盒中总线（Bus in a Box）。

（2）集线器很像一个多接口（如 8～16 个接口）的转发器，每个接口通过 RJ-45 插口（与电话机使用的 RJ-11 插口相似，但略大一些）用两对双绞线与一个工作站上的匹配器相连（这种插座可连接 4 对双绞线，实际上只用 2 对，即发送和接收过程各使用一对双绞线）。

（3）集线器工作在物理层，它的每个接口仅仅简单地转发比特——收到 1 就转发 1，收到 0 就转发 0，不进行碰撞检测。若两个接口同时有信号输入（发生碰撞），则所有接口都收不到正确的帧。具有三个接口的集线器如图 6-12 所示。

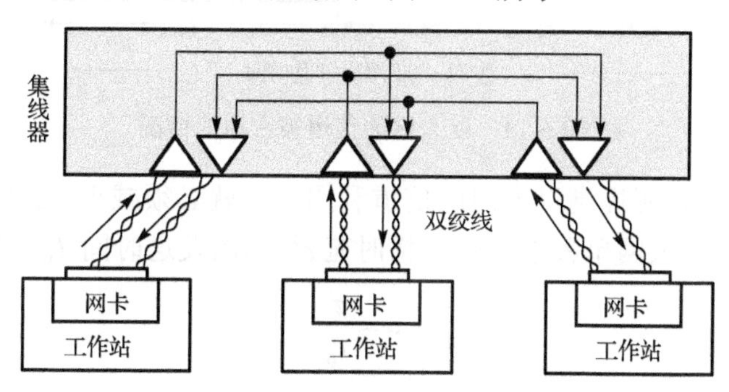

图 6-12　具有三个接口的集线器

（4）集线器采用了专门的芯片进行自适应串音回波抵消，这样就可使接口转发出去的较强信号不致对该接口接收到的较弱信号产生干扰（近端串扰），在转发之前还要进行再生整形并重新定时。

集线器本身必须非常可靠，现在的堆叠式（Stackable）集线器由 4～8 个集线器堆叠起来。集线器一般都具有容错能力和网络管理功能，例如，假定在以太网中有一个适配器出现故障，不停地发送以太网帧，这时，集线器可以检测到这个问题，在内部断开与发生故障的适配器的连接，使整个以太网仍然能够正常工作。模块化的机箱式智能集线器有很高的可靠性，它的全部网络功能都以模块方式实现。各模块可进行热插拔，发生故障时，在不断电的情况下即可更换或增加新模块。集线器上的指示灯还可显示网络上的故障情况，给网络的管理带来了极大的方便。

IEEE 802.3 标准还可使用光纤作为传输介质，相应的标准是 10BASE-F 系列，F 代表光纤，它主要用于集线器之间的远程连接。

6.2.7 以太网的信道利用率

假定一个 10Mbit/s 以太网上同时有 10 个站在工作，那么每个站的数据传输速率似乎应当是总数据传输速率的 1/10（1Mbit/s）。其实不然，因为多个站在以太网上同时工作就可能发生碰撞。当发生碰撞时，信道资源实际上是被浪费了。因此，在扣除碰撞所造成的信道损失后，以太网总的信道利用率并不能达到 100%。

以太网的信道被占用的情况如图 6-13 所示。一个站在发送帧时发生了碰撞，经过一个争用期 2τ后，可能又发生了碰撞。这样经过若干争用期后，一个站发送成功了。假定发送帧需要的时间是 T_0，它等于帧长（bit）除以数据传输速率（10Mbit/s）。

应当注意到，成功发送一帧需要占用信道的时间是 $T_0+\tau$，比这个帧的发送时间长单程端到端传播时延τ。这是因为当一个站发送完最后一比特时，该比特还要在以太网上传播。在最极端的情况下，发送站在传输介质的一端，而该比特在传输介质上传输到另一端所需的时间是τ。因此，必须在经过时间 $T_0+\tau$后，以太网的信道才完全变为空闲状态，才能允许其他站发送数据。

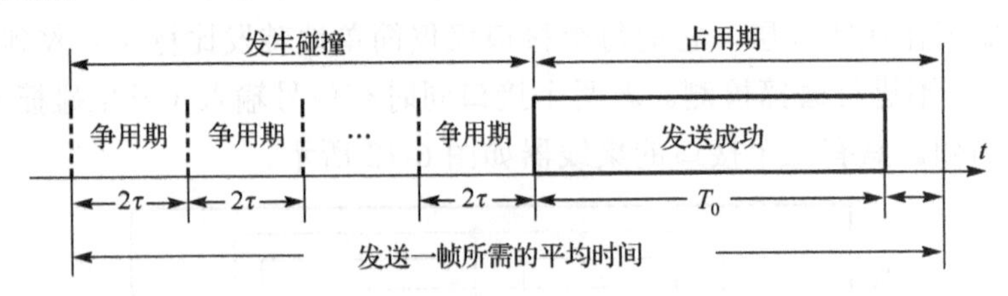

图 6-13 以太网的信道被占用的情况

从图 6-13 可看出，要提高以太网的信道利用率，就必须减小τ与 T_0 之比。在以太网中定义了参数 a，它是以太网单程端到端传播时延τ与帧的发送时间 T_0 之比

$$a=\frac{\tau}{T_0} \tag{6-2}$$

当 $a\rightarrow 0$ 时，表示只要发生碰撞，就可以立即检测出来，并立即停止发送，因而被浪费的信道资源非常少。反之，参数 a 大，表明争用期所占的比例大，这就使得每次碰撞都浪费了不少信道资源，使得信道利用率明显降低。因此，a 的值应尽可能小。从式（6-2）可看出，这就要求分子 τ 的数值小些，而分母 T_0 的数值大些。就是说，当数据传输速率一定时，以太网连线的长度受到限制（否则 τ 的数值会太大），同时以太网的帧长不能太短（否则 T_0 的值会太小，使 a 值太大）。

现在考虑一种理想化的情况。假定以太网上的各站在发送数据过程中都不会发生碰撞（这显然已经不是 CSMA/CD 协议了，而需要使用一种特殊的调度方法），并且能够非常有效地利用网络的传输资源，即总线一旦空闲，就由某个站立即发送数据。这样，发送一帧需要占用信道的时间是 $T_0+\tau$，而帧本身的发送时间是 T_0，于是，可以计算出极限信道利用率 S_{max}

$$S_{max}=\frac{T_0}{T_0+\tau}\times 100\%=\frac{1}{1+a}\times 100\% \tag{6-3}$$

式（6-3）的意义是：虽然实际的以太网不可能有非常高的极限信道利用率，但式（6-3）指出了只有当参数 a 远小于 1 时，才能得到尽可能高的极限信道利用率。反之，若参数 a 远大于 1（每发生一次碰撞，就要浪费相对多的传输数据的时间），则极限信道利用率就远小于 1，而这时实际的信道利用率就更低了。据统计，当以太网的信道利用率达到 30%时，已经处于重载的状态，很多网络容量都被网上的碰撞消耗了。

6.2.8 以太网的 MAC 层

1. MAC 层的硬件地址

在局域网中，硬件地址又称为物理地址或 MAC 地址（因为这种地址用在 MAC 帧中）。

在所有计算机系统的设计中，标识系统（Identification System）都是一个重要问题。在标识系统中，地址是识别某个系统的一个非常重要的标识符。在讨论地址问题时，很多人常常做如下定义："名字指出我们所要寻找的那个资源，地址指出那个资源在何处，路由告诉我们如何到达该处。”这个非形式的定义虽然很简单，但有时却不够准确。严格地讲，名字应当与系统的所在地无关。这就像每个人的名字一样，不随所处的地理位置的改变而改变。但是，IEEE 802 标准为局域网规定了 48 位的全球地址（一般简称为“地址”），是指局域网上的每台计算机中固化在适配器的 ROM 中的地址。

（1）假定连接在局域网上的一台计算机的适配器坏了，然后更换了一个新的适配器，那么这台计算机的局域网的“地址”就改变了，尽管这台计算机的地理位置没有变化，所接入的局域网也没有任何改变。

（2）假定把位于重庆的某局域网上的一台笔记本电脑带到成都，并连接在北京的某局域网上。虽然这台电脑的地理位置改变了，但只要电脑中的适配器不变，那么该电脑在北京的局域网中的“地址”仍然和它在重庆的局域网中的“地址”一样。

由此可见，局域网上的某台主机的“地址”根本不能指明这台主机位于什么地方。因此，严格地讲，局域网的“地址”应当是每个站的“名字”或标识符。不过，计算机的名字通常都是比较适合记忆的不太长的字符串，而这种 48 位二进制数的“地址”却很不像一般计算机的名字。现在，人们还是习惯把这种 48 位的“名字”称为“地址”，本书也采用这种习惯说法，尽管这种说法并不太严谨。

请注意，如果连接在局域网上的主机或路由器安装了多个适配器，那么这样的主机或路由器就有多个“地址”。更准确地说，这种 48 位“地址”应当是某个接口的标识符。

在制定局域网的地址标准时，首先遇到的问题就是应当用多少位来表示一个网络的地址字段。为了减少不必要的开销，地址字段的长度应尽可能短。起初，人们觉得用 2 字节（16 位）来表示地址就够了，因为一共可表示 6 万多个地址。但是，由于局域网发展迅速，而处在不同地点的局域网之间又经常需要交换信息，因此希望各地的局域网中的站具有互不相同的物理地址。为了使用户在买到适配器并把机器连到局域网后立刻就能工作，而不需要等待网络管理员给他分配一个地址，IEEE 802 标准规定 MAC 地址字段可采用 6 字节（48 位）或 2 字节（16 位）这两种格式中的一种。6 字节地址字段对局部范围内使用的局域网来说的确太长了，但是由于 6 字节地址字段可使全世界所有的局域网适配器都具有不同的地址，因此现在的局域网适配器实际上使用的都是 6 字节 MAC 地址，如图 6-14 所示。

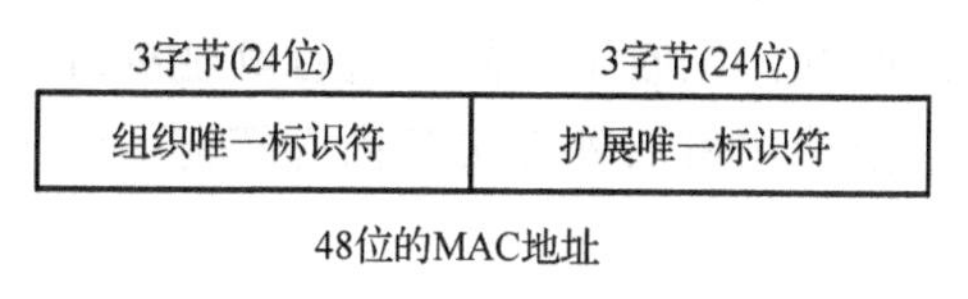

图 6-14　6 字节 MAC 地址

现在，IEEE 的注册管理机构是局域网全球地址的法定管理机构，它负责向厂家分配 6 字节地址字段中的前三字节（高 24 位）。凡是生产局域网适配器的厂家都必须购买由这三字节构成的号（地址块），这个号的正式名称是组织唯一标识符（Organizationally Unique Identifier，OUI），通常也称为公司标识符（Company_id）。例如，华为技术有限公司生产的某终端 MAC 地址的前三字节是 c4-86-e9。后三字节 5f-a2-f5 由厂家自行指派，称为扩展唯一标识符（Extended Unique Identifier），必须保证生产出的适配器没有重复的地址。

可见，用一个地址块可以生成 2^{24} 个不同的地址。这种 48 位地址称为 MAC-48，它的通用名称是 EUI-48，EUI 表示扩展唯一标识符。EUI-48 的使用范围并不局限于局域网的硬件地址，而是可以用于软件接口。但应注意，不能单独使用 24 位的 OUI 来标志一个公司，因为一个公司可能有几个 OUI，也可能由几个小公司合起来购买一个 OUI。在生产适配器时，这种 6 字节的 MAC 地址已被固化在适配器的 ROM 中，因此，MAC 地址也称为硬件地址或物理地址。

可见，MAC 地址实际上就是适配器地址或适配器标识符 EUI-48。当这块适配器插入（或嵌入）某台计算机后，适配器上的标识符 EUI-48 就成为这台计算机的 MAC 地址了。

IEEE 规定地址字段的第一字节的最低位为 I/G 位，I/G 表示 Individual/Group。当 I/G 位为 0 时，地址字段表示单个站地址；当 I/G 位为 1 时，表示组地址，用来进行多播。因此，IEEE 只分配地址字段的前三个字段中的 23 位。当 I/G 位分别为 0 和 1 时，一个地址块可分别生成 2^{24} 个单个站地址和 2^{24} 个组地址。需要指出的是，有些书中把上述最低位写为“第一位”，但“第一”的定义是含糊不清的。这时，有两种记法：第一种记法是把每一字节的最低位写在最左边，IEEE 802.3 标准就采用这种记法；第二种记法是把每一字节的最高位写在最左边。在发送数据时，两种记法都按照字节的顺序发送，但每个字节中先发送哪一位则不同：第一种记法先发送最低位，第二种记法先发送最高位。

IEEE 还考虑有人可能并不愿意向 IEEE 的注册管理机构购买 OUI，为此，IEEE 把地址字段第一字节的第二最低位规定为 G/L 位，表示 Global/Local。当 G/L 位为 0 时，是全球管理（保证全球没有相同的地址），厂商购买的 OUI 都属于全球管理；当 G/L 位为 1 时，是本地管理，这时用户可任意分配网络上的地址。采用 2 字节地址字段时全都是本地管理，但应当指出，以太网几乎不理会这个 G/L 位。这样，在全球管理时，每个站的地址可用 46 位二进制数来表示（最低位和第二最低位都是 0 时）。剩下的由 46 位组成的地址空间可以有 2^{46} 个地址，已经超过 70 万亿个，可保证世界上的每个适配器都有唯一的地址。

当路由器通过适配器连接到局域网时，适配器上的硬件地址可用来标志路由器的某个接口。路由器如果同时连接到两个网络，那么就需要两个适配器和两个硬件地址。

适配器具有过滤功能，适配器从网络上每收到一个 MAC 帧，就用硬件检查 MAC 帧中的目的地址。若是发往本站的帧，则收下，然后进行其他处理，否则就将此帧丢弃，不再进行其他处理，这样做不会浪费主机的处理机和内存资源。这里“发往本站的帧”包括以下三种帧。

（1）单播（Unicast）帧（一对一），即收到的帧的 MAC 地址与本站的硬件地址相同。

（2）广播（Broadcast）帧（一对全体），即发送给本局域网中所有站点的帧（全 1 地址）。

（3）多播（Multicast）帧（一对多），即发送给本局域网中一部分站点的帧。

所有适配器都至少能够识别单播地址和广播地址，有的适配器可用编程的方法识别多播地址。当操作系统启动时，它就把适配器初始化，使适配器能够识别某些多播地址。显然，只有目的地址才能使用广播地址和多播地址。

以太网适配器还可设置为一种特殊的工作方式，即混杂方式。工作在混杂方式的适配器只要“听到”有帧在以太网中传输，就都接收，而不管这些帧是发往哪个站的。这样做的本质是“窃听”其他站点的通信且并不中断其他站点的通信。网络上的黑客常利用这种方式非法获取网上用户的口令，因此，以太网中的用户不愿意网络中有工作在混杂方式的适配器。

但混杂方式有时非常有用，例如，网络维护和管理人员需要用这种方式来监视与分析以太网的流量，以便找出提高网络性能的具体方法。有一种很有用的网络工具称为嗅探器（Sniffer），它使用的就是设置为混杂方式的适配器。此外，这种嗅探器还可帮助学习网络的人员更好地理解各种网络协议的工作原理。因此，混杂方式就像一把双刃剑，是利是弊要看如何使用它。

2. MAC 帧格式

常用的以太网 MAC 帧格式有两种标准：一种是 DIX Ethernet V2 标准（以太网 V2 标准）；另一种是 IEEE 802.3 标准。这里只介绍使用得最多的以太网 V2 标准的 MAC 帧格式（如图 6-15 所示）。图中假定网络层使用的是 IP 协议，实际上，使用其他协议也是可以的。

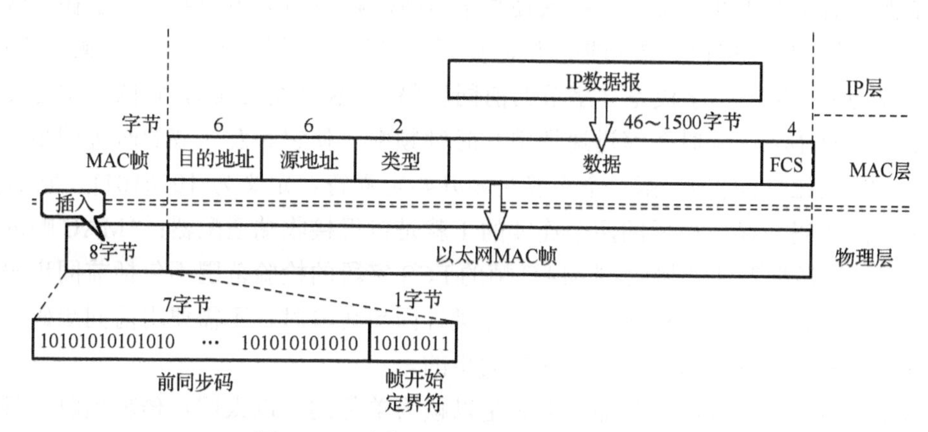

图 6-15　以太网 V2 标准的 MAC 帧格式

以太网 V2 标准的 MAC 帧较简单，由 5 个字段组成。前两个字段分别为 6 字节的目的地址和源地址。第三个字段是 2 字节的类型，用来标志上一层使用的是什么协议，以便把收到的 MAC 帧的数据交给上一层协议。例如，当类型字段的值是 0x0800 时，表示上一层使用的是 IP 数据报。若类型字段的值是 0x0137，则表示该帧是由 Novell IPX 发过来的。第 4 个字段是数据，其长度在 46～1500 字节范围内（46 字节是这样得出的：最小长度 64 字节减去 18 字节的首部和尾部，可得到数据字段的最小长度）。最后一个字段是 4 字节的帧检验序列 FCS（使用 CRC 检验）。当传输介质的误码率为 10^{-8} 时，MAC 层可使未检测到的差错率小于 10^{-14}。

这里要指出，在以太网 V2 标准的 MAC 帧格式中，其首部并没有一个帧长度（或数据长度）字段。那么，MAC 层如何知道从接收到的以太网帧中取出多少字节的数据交给上一层协议呢？前面介绍曼彻斯特编码时已经讲过，这种曼彻斯特编码的一个重要特点是：在曼彻斯特编码的每个码元（不管码元是 1 还是 0）的正中间一定有一次电压的转换（从高到低或从低到高）。发送端把一个以太网帧发送完毕后，就不再发送其他码元了（既不发送 1，又不发送 0）。因此，发送端网络适配器的接口上的电压就不再变化了。这样，接收方可以很容易地找到以太网帧的结束位置。从这个位置往前数 4 字节（FCS 字段的长度是 4 字节），就能确定数据字段的结束位置。

当数据字段的长度小于 46 字节时，MAC 层就会在数据字段的后面加入一个整数字段的填充字段，以保证以太网的 MAC 帧长不小于 64 字节。应当注意到，MAC 帧的首部并没有指出要将数据字段和填充字段一起交给上一层协议。现在的问题是：上一层协议如何知道填充字段的长度呢（IP 层应当丢弃没有用处的填充字段）？可见，上一层协议必须具有识别有效的数据字段长度的功能。当上一层使用 IP 协议时，其首部有一个“总长度”字段，因此，“总长度”加上填充字段的长度，应当等于 MAC 帧的数据字段的长度。例如，当 IP 数据报的总长度为 42 字节时，填充字段的长度为 4 字节，当 MAC 帧把 46 字节的数据上交给 IP 层后，IP 层就把最后 4 字节的填充字段丢弃。

从图 6-15 可看出，在传输介质上实际传输的比特流比 MAC 帧还多 8 字节，这是因为当一个站在刚开始接收 MAC 帧时，由于适配器的时钟尚未与到达的比特流同步，因此 MAC 帧的最前面的若干位无法被接收，结果使整个 MAC 帧成为无用的帧。为了在接收端迅速实现位同步，从 MAC 层向下传到物理层时还要在帧的前面插入 8 字节（由硬件生成），它由两个字段构成。第一个字段是 7 字节的前同步码（1 和 0 交替码），它的作用是使接收端的适配器在接收 MAC 帧时能够迅速调整其时钟频率，使它和发送端的时钟同步，也就是“实现位同步”（比特同步）。第二个字段是帧开始定界符，定义为 10101011，它的前 6 位的作用和前同步码一样，最后的两个连续的 1 就是告诉接收端适配器：“MAC 帧的信息马上就要来了，请适配器注意接收。”MAC 帧的 FCS 字段的检验范围不包括前同步码和帧开始定界符。顺便指出，在使用 SONET/SDH 进行同步传输时，不需要用前同步码，因为在同步传输时总是一直保持着收发双方的位同步的。

还需要注意，在以太网上传输数据时是以帧为单位的。以太网在传输帧时，各帧之间必须有一定的间隙。因此，接收端只要找到了帧开始定界符，其后面的连续到达的比特流就都属于同一个 MAC 帧。可见，以太网不需要使用帧结束定界符，也不需要使用字节插入来保证透明传输。

IEEE 802.3 标准规定，凡出现下列情况之一的，均为无效的 MAC 帧：

（1）数据字段的长度与长度字段的值不一致；

（2）帧的长度不是整数字节；

（3）用收到的帧检验序列 FCS 进行检错和纠错；

（4）收到的 MAC 帧长度不在 46～1500 字节范围内。考虑 MAC 帧的首部和尾部的长度之和为 18 字节，可以得出有效的 MAC 帧长度为 64～1518 字节。

对于检验出的无效的 MAC 帧应简单地丢弃，以太网不负责重传丢弃的帧。

IEEE 802.3 标准规定的 MAC 帧格式与上述以太网 V2 标准的 MAC 帧格式相似，具体区别如下。

第一，IEEE 802.3 标准规定的 MAC 帧的第三个字段是“长度/类型”。当这个字段值大于 0x0600（相当于十进制的 1536）时，表示“类型”，这样的帧和以太网 V2 标准的 MAC 帧完全一样。当这个字段值小于 0x0600 时，表示“长度”，即 MAC 帧的数据字段的长度。

显然，在这种情况下，若数据字段的长度与长度字段的值不一致，则该帧为无效的 MAC 帧。实际上，由于以太网采用了曼彻斯特编码，因此长度字段并无实际意义。

第二，当“长度/类型”字段值小于 0x0600 时，数据字段必须装入上面的逻辑链路控制层的 LLC 帧。

由于现在广泛使用的局域网只有以太网，因此 LLC 帧已经失去了原来的意义。现在市场上流行的大多是以太网 V2 标准的 MAC 帧，也常常把它称为 IEEE 802.3 标准的 MAC 帧。

6.3 扩展的以太网

许多情况下都希望可以扩展以太网的覆盖范围，本节先讨论在物理层扩展以太网，然后讨论在数据链路层扩展以太网。这种扩展的以太网在网络层仍然是一个网络。

6.3.1 在物理层扩展以太网

以太网上的主机之间的距离不能太远（例如，10BASE-T 以太网的两台主机之间的距离不超过 100m），否则主机发送的信号经过铜线的传输会衰减到使 CSMA/CD 协议无法正常工作。在过去广泛使用粗缆以太网或细缆以太网时，常使用工作在物理层的转发器来扩展以太网的覆盖范围，那时，两个电缆网段可用一个转发器连接起来。IEEE 802.3 标准还规定，任意两个站之间最多可以经过三个电缆网段。随着双绞线以太网成为以太网的主流，在扩展以太网的覆盖范围时已很少使用转发器了。

现在，扩展主机和集线器之间距离的一种简单方法是使用光纤（通常是一对光纤）和一对光纤调制解调器，如图 6-16 所示。

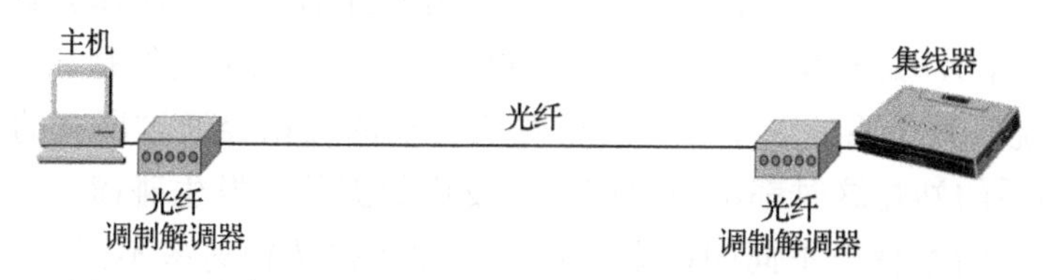

图 6-16　主机使用光纤和一对光纤调制解调器连接到集线器

光纤调制解调器的作用是进行电信号和光信号的转换。由于光纤带来的时延很小且其带宽很大，因此使用这种方法很容易使主机和几千米以外的集线器相连。

如果使用多个集线器，就可连接成覆盖更大范围的多级星状结构的以太网。例如，一个学院的三个系各有一个 10BASE-T 以太网，可通过一个主干集线器把各系的以太网连接起来，构成一个更大的以太网，如图 6-17 所示。

这样做有以下两个好处：第一，使这个学院不同系的以太网中的计算机能够进行跨系的通信；第二，扩展了以太网的覆盖范围。例如，在一个系的 10BASE-T 以太网中，主机与集线器的最大距离是 100m，因而两台主机之间的最大距离是 100m。在通过主干集线器相连后，不同系的主机之间的距离被扩展了，因为集线器之间的距离可以是 100m（使用双绞线）或更远（使用光纤）。

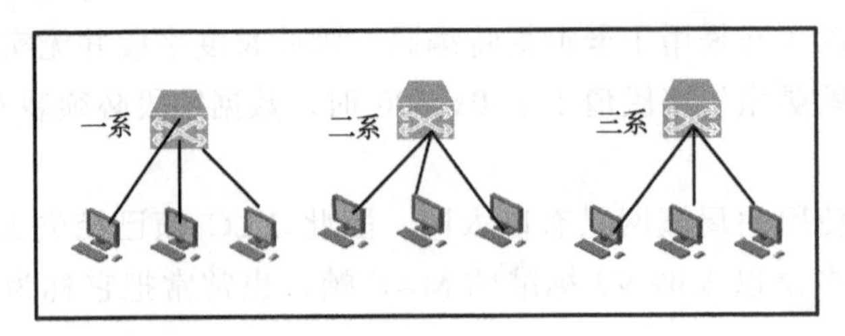

(a) 三个独立的碰撞域

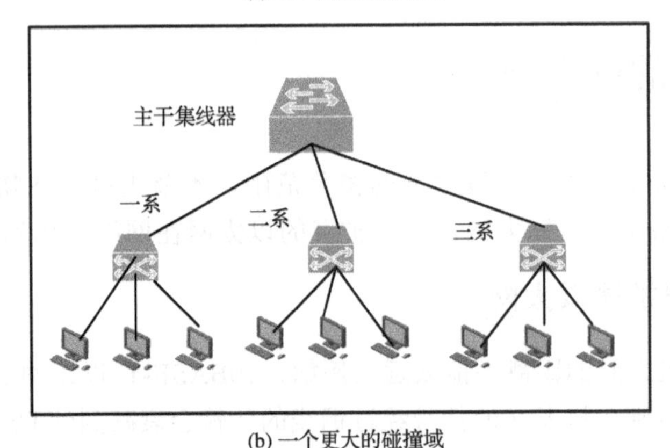

(b) 一个更大的碰撞域

图 6-17　多级星状结构的以太网

这种多级结构的集线器以太网具有以下缺点。

（1）如图 6-17(a)所示，在三个系的以太网互连之前，每个系的 10BASE-T 以太网是一个独立的碰撞域（Collision Domain，又称为冲突域），即任意时刻，在每个碰撞域中只能有一个站在发送数据。每个系的以太网的最大吞吐量是 10Mbit/s，因此三个系总的最大吞吐量为 30Mbit/s。三个系的以太网通过主干集线器互连后，三个碰撞域就变成一个碰撞域（范围扩大到三个系），如图 6-17(b)所示，而这时的最大吞吐量仍然是一个系的吞吐量，即 10Mbit/s。就是说，某个系的两个站在通信时所传输的数据会通过所有的主干集线器进行转发，使得其他系的站在这时都不能通信（一发送数据就会发生碰撞）。

（2）如果不同的系使用不同的以太网技术（如数据传输速率不同），那么就不可能用主干集线器将它们相互连接起来。如果在图 6-17 中，一个系使用 10Mbit/s 的适配器，而另外两个系使用 10Mbit/s、100Mbit/s 的适配器，那么用主干集线器连接起来后，就只能工作在 10Mbit/s 的数据传输速率上了。主干集线器一般是一个多接口（多端口）的转发器，它并不能对帧进行缓存。

6.3.2 在数据链路层扩展以太网

早期，在数据链路层扩展以太网要使用网桥（Bridge），网桥工作在 OSI 参考模型的数据链路层，它根据 MAC 帧的目的地址对收到的帧进行转发和过滤。当网桥收到一个帧时，并不是向所有接口转发此帧，而是先检查此帧的目的 MAC 地址，然后决定是将该帧转发到哪个接口，还是把它丢弃（过滤）。

交换式集线器（Switching Hub）可明显地提高以太网的性能。交换式集线器常称为以太网交换机（Switch）或第二层交换机（L2 Switch），强调这种交换机工作在数据链路层。

交换机并无准确的定义和明确的概念，而现在的很多交换机已混杂了网桥和路由器的功能。Perlman 认为：“交换机”应当是一个市场名词，而交换机的出现的确使数据的转发变得更加快速。由于交换机这一名词已经被广泛地使用了，因此本书也使用这个名词，下面简单地介绍其特点。

从技术上讲，网桥的接口很少，一般只有 2～4 个，而以太网交换机通常有十几个接口，因此，以太网交换机实质上是一个多接口的网桥，和工作在物理层的转发器、集线器有很大的差别。此外，以太网交换机的每个接口都直接与一个单台主机或另一个以太网交换机相连，并且一般工作在全双工方式。当主机需要通信时，交换机能同时连通多对接口，使每一对相互通信的主机都独占传输介质，无碰撞地传输数据。其接口中有存储器，能在输出端口繁忙时对到来的帧进行缓存。以太网交换机是一种即插即用设备，其内部的帧交换表（又称为地址表）是通过自学习算法自动地逐渐建立起来的，两个站之间的通信完成后就断开连接。以太网交换机由于使用了专用的交换结构芯片，因此其转发速率要比使用软件转发的网桥快得多。对于普通 10Mbit/s 的共享式以太网，若有 *N* 个用户，则每个用户占有的平均带宽只有总带宽（10Mbit/s）的 *N* 分之一。

在使用以太网交换机时，虽然每个接口到主机的带宽还是 10Mbit/s，但由于一个用户在通信时是独占的，不和其他网络用户共享传输介质的带宽，因此拥有 *N* 个接口的交换机的总容量为 $N\times$10Mbit/s，这正是交换机的最大优点。

从共享总线以太网或 10BASE-T 以太网转到交换式以太网时，对所有接入设备的软件和硬件、适配器等都不需要做任何改动。也就是说，所有接入的设备继续使用 CSMA/CD 协议。此外，增加集线器的容量后，整个系统是很容易扩充的。

以太网交换机一般具有多种速率的接口，例如，可以具有 10Mbit/s、100Mbit/s 和 1Gbit/s 接口的各种组合，这大大方便了各种情况的用户。

举一个简单的例子：图 6-18 中的以太网交换机有三个 10Mbit/s 接口，分别和学院三个系的 10BASE-T 以太网相连，还有三个 100Mbit/s 接口分别与电子邮件服务器、万维网服务器、一个连接 Internet 的路由器相连。

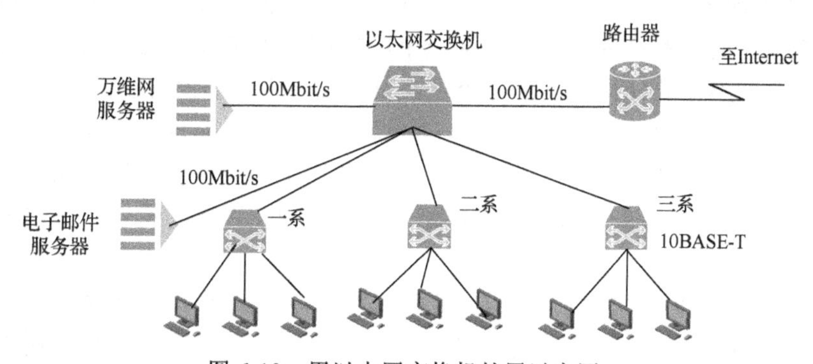

图 6-18　用以太网交换机扩展以太网

虽然许多以太网交换机对收到的帧采用存储转发方式进行转发，但也有一些交换机采用直通（Cut-through）交换方式。直通交换无须将整个数据帧缓存后再进行处理，而是在接收数据帧的同时即由数据帧的目的 MAC 地址决定该帧的转发接口，因而提高了帧的转发速度。如果在这种交换机的内部采用基于硬件的交叉矩阵，那么交换时延就非常短。直通交换机的一个缺点是：它不检查差错就直接将帧转发出去，因此有可能将一些无效帧转发给其他站。在某些情况下（例如，当需要进行线路速率匹配、协议转换或差错检测时），仍需要采用基于软件的存储转发方式进行交换。现在，有的厂商已生产出能支持两种交换方式的以太网交换机。以太网交换机的发展与建筑物中结构化布线系统的普及应用密切相关，结构化布线系统广泛地使用了以太网交换机。

6.4 虚拟局域网技术

6.4.1 VLAN

VLAN 即虚拟局域网（Virtual LAN），是指在交换机上把一个物理上相连的网络划分成数个网段，每个网段是一个独立的广播域，网段之间的计算机设备互相分离，这样的网段称为 VLAN。

在 IP 网络中，VLAN 的划分是和 IP 地址的分配相匹配的，通常为每个 VLAN 分配一个 IP 子网网段，这样一方面方便管理，另一方面使得 VLAN 之间的路由成为可能。

通过划分 VLAN 可隔离广播域，使一个 VLAN 内的计算机可以互相访问，VLAN 之间的计算机互相隔离。通过第三层交换功能（VLAN 间路由）可以使 VLAN 之间的计算机进行互访，使共享资源可以被访问。

通过 VLAN 和 VALN 间路由这种既断又通的配置，首先可避免产生广播风暴，提高了系统内部的安全性，同时又保证了网上资源得以共享。VLAN 信息可以跨越交换机进行传输，这使得全网统一的 VLAN 划分得以实现。例如，交换机 A 的 1～5 口和交换机 B 的 11～15 口同属于 VLAN10，交换机 A 的 6～9 口和交换机 B 的 16～19 口同属于 VLAN20，此时 VLAN10 上的设备可以互访，VLAN20 上的设备也可以互访，若不设置三层交换，则两个 VLAN 上的设备不能跨越 VLAN 进行互访。

在 VLAN 出现之前，由局域网中任意一个站点发出的广播报文会被整个局域网内的所有站点接收到（这时称整个局域网属于同一个广播域），但在大多数情况下，这些广播报文（如 ARP 报文）并不需要让局域网的每个站点都知道，否则既浪费了大量带宽，又不安全。对于这个问题的传统解决方案是用路由器对网络进行分段（称这种方法为用路由器分割广播域，因为路由器不会转发二层广播报文），但是几乎全部由软件实现的路由器在性能上就成了整个网络的瓶颈，高性能的路由器是存在的，然而它可能不符合一个局域网所有者的经济预算。

在 VLAN 出现之后，可以通过 VLAN 为网络分段，属于不同 VLAN 的网段属于不同的广播域（一个 VLAN 就是一个传统意义上的局域网——这正是 VLAN 之所以称为 VLAN 的原因），各个网段可以公用同一套网络设备，节省了网络硬件的开销，同时在迁移中所需的工作量也大幅减小了，从而降低了联网成本。

IEEE 802.1Q 标准是现在广泛使用的虚拟局域网标准，它统一了各个厂商的 VLAN 实现方案，使不同厂商的设备可以同时在一个网络中使用，各自的VLAN设置可以被其他设备所识别，符合IEEE 802.1Q标准的交换机可以和其他交换机互通。IEEE 802.1Q标准定义了一种新的帧格式，它在标准的以太网帧的源地址后面加入了一个Tag Header（标记头）。Tag Header中最重要的一个字段是VLAN ID，指明这一帧所属的VLAN。要注意的是，将网络分成多个VLAN不是为了隔离各个网络，而是为了提高网络的性能和安全性，最终还需要通过路由机制将各个VLAN互连起来，但是这并不意味着又回到了之前的低性能，在仔细地分析流量的基础上进行合理规划和使用三层交换机之类的新设备是可以构造一个大型高性能局域网的。VLAN示意图如图6-19所示。

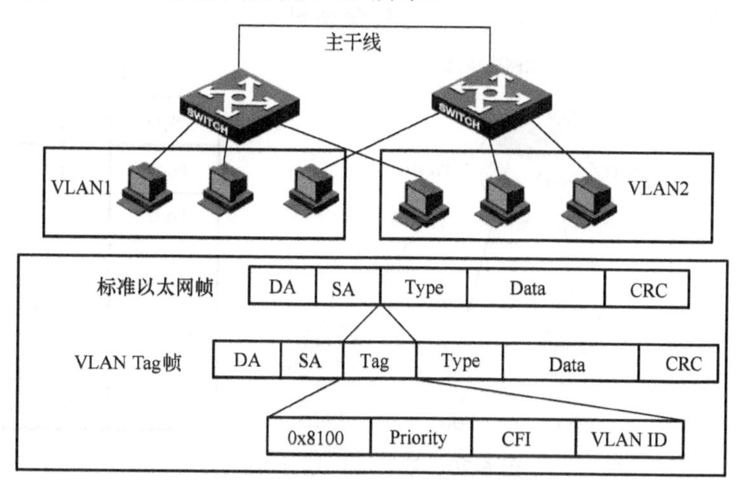

图6-19　VLAN示意图

6.4.2 广播域和广播风暴

如果MAC帧的目的MAC地址为广播地址，或者虽然MAC帧的目的MAC地址为单播地址，但在交换机站表中找不到和该目的MAC地址匹配的项，那么该MAC帧仍将广播到网络中的所有其他终端。因此，可以将广播域定义为地址为广播地址的广播帧在网络中的传播范围。虽然由网桥构建的以太网解决了碰撞域带来的问题，但整个网络仍然是广播域。在以太网中，广播操作是不可避免的：一是只有在不断的广播操作中，交换机才能建立完整的站表；二是TCP/IP协议栈中的许多协议（如ARP）是面向广播的协议。如果整个以太网是一个广播域，而又频繁地进行广播操作，那么会形成广播风暴，极大地影响网络带宽的利用率。

6.4.3 VLAN的划分方法

VLAN是建立在物理网络基础上的一种逻辑子网，因此建立VLAN需要相应的支持VLAN技术的网络设备及其软件。VLAN在交换机上的实现方法可以大致划分为以下6类。

1．基于端口划分VLAN

这是最常用的一种VLAN划分方法，应用得最广泛、最有效，目前绝大多数VLAN协议的交换机都提供这种VLAN划分方法。它是根据以太网交换机的交换端口（Port）

来进行的，将VLAN交换机上的物理端口和VLAN交换机内部的PVC（永久虚电路）端口分成若干组，每组构成一个虚拟网，相当于一个独立的VLAN交换机，如图6-20所示。基于端口的VLAN又分为在单交换机端口定义VLAN和在多交换机端口定义VLAN两种情况。

（1）在多交换机端口定义VLAN：交换机1的1、2、3端口和交换机2的4、5、6端口组成VLAN1，交换机1的4、5、6、7、8端口和交换机2的1、2、3、7、8端口组成VLAN2。

（2）在单交换机端口定义VLAN：交换机的1、2、6、7、8端口组成VLAN1，3、4、5端口组成VLAN2。这种VLAN只支持一台交换机。

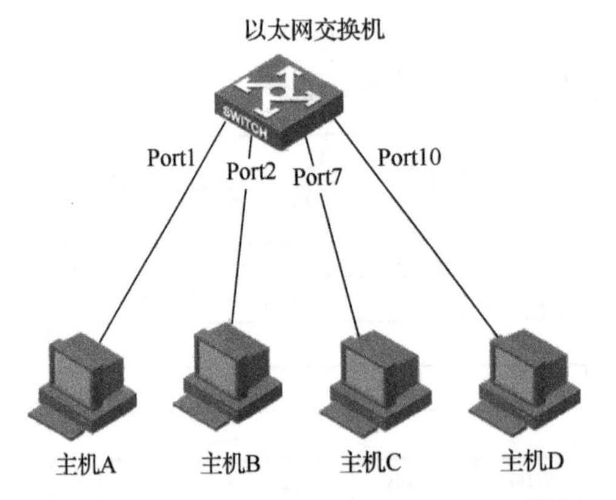

VLAN表

端口	所属VLAN
Port1	VLAN5
Port2	VLAN10
⋮	⋮
Port7	VLAN5
⋮	⋮
Port10	VLAN10

图6-20 基于端口划分VLAN

当不同部门需要互访时，可通过路由器转发，并配合基于MAC地址的端口过滤。在某站点的访问路径上最靠近该站点的交换机、路由交换机或路由器的相应端口上，设定可通过的MAC地址集。这样可以防止非法入侵者从内部盗用IP地址，然后从其他可接入点入侵。

从这种划分方法本身可以看出，这种划分方法的优点是：定义VLAN成员时非常简单，只要将所有端口都定义为相应的VLAN组即可；适用于任何大小的网络。它的缺点是：如果某用户离开了原来的端口，到了一个新的交换机的某个端口，那么必须重新定义。

2. 基于MAC地址划分VLAN

这种方法是根据每台主机的MAC地址来进行划分的，即对每个MAC地址的主机都进行配置，它的机制是每块网卡都对应唯一的MAC地址，VLAN交换机跟踪属于VLAN MAC的地址。采用这种方法的VLAN允许网络用户在从一个物理位置移动到另一个物理位置时，自动保留其所属VLAN的成员身份，如图6-21所示。

由这种划分机制可以看出，这种划分方法的最大优点是：当用户物理位置移动，即从一台交换机换到其他交换机时，不用重新配置VLAN，因为它基于用户而不基于交换机的端口。这种方法的缺点是：初始化时，必须对所有用户都进行配置，如果有几百个甚至上千个用户，那么工作量是非常大的，所以这种划分方法通常适用于小型局域网。而且，这种划分方法会导致交换机执行效率的降低，因为每台交换机的端口都可能存在很多VLAN组的成员，保存了许多用户的MAC地址，查询起来相当不容易。另外，对于使用笔记本电脑的用户来说，他们的网卡可能会经常更换，因此必须经常配置VLAN。

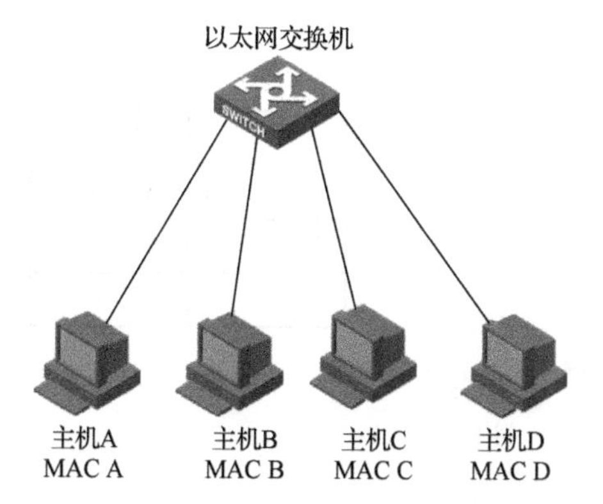

VLAN表

MAC地址	所属VLAN
MAC A	VLAN5
MAC B	VLAN10
MAC C	VLAN5
MAC D	VLAN10

图 6-21 基于 MAC 地址划分 VLAN

3. 基于网络层协议划分 VLAN

按网络层协议来划分，VLAN 可分为 IP、IPX、DECnet、AppleTalk、Banyan 等，如图 6-22 所示。这种由网络层协议组成的 VLAN，可使广播域跨越多个 VLAN 交换机。这对于希望针对具体应用和服务来组织用户的网络管理员来说是非常具有吸引力的。而且，用户可以在网络内部自由移动，但其 VLAN 成员身份保持不变。

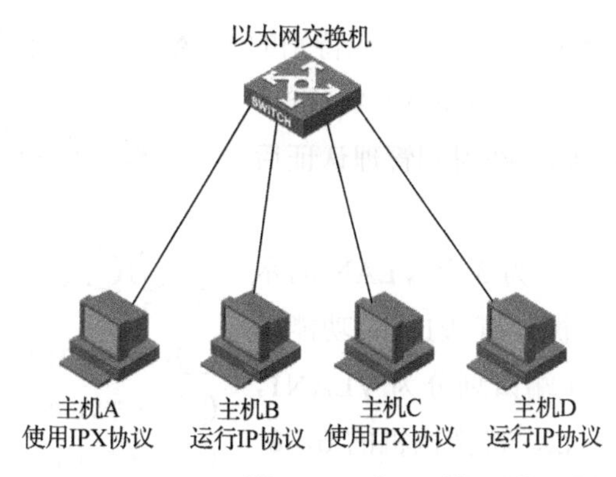

VLAN表

协议类型	所属VLAN
IPX协议	VLAN5
IP协议	VLAN10
…	…

图 6-22 基于网络层协议划分 VLAN

这种方法的优点是：当用户的物理位置改变时，不需要重新配置所属的 VLAN，而且可以根据协议类型来划分 VLAN，这对网络管理员很重要；这种方法不需要附加的帧标签来识别 VLAN，这样可以减小网络的通信量。这种方法的缺点是：效率低，因为检查每个数据包的网络层地址是需要花费时间的（相对于前面两种方法），一般的交换机芯片都可以自动检查网络上数据包的以太网帧头，但要想让芯片能检查 IP 帧头，需要更高的技术，同时也更费时，当然，这与各厂商的实现方法有关。

4. 基于 IP 组播划分 VLAN

IP 组播实际上也是一种 VLAN 的定义，即认为一个 IP 组播就是一个 VLAN，如图 6-23 所示。这种划分方法将 VLAN 扩展到了广域网，因此这种方法具有更好的灵活性，而且也更容易通过路由器进行扩展，主要适合将不在同一地理范围的局域网用户组成一个 VLAN，但其不适合局域网，原因是其效率不高。

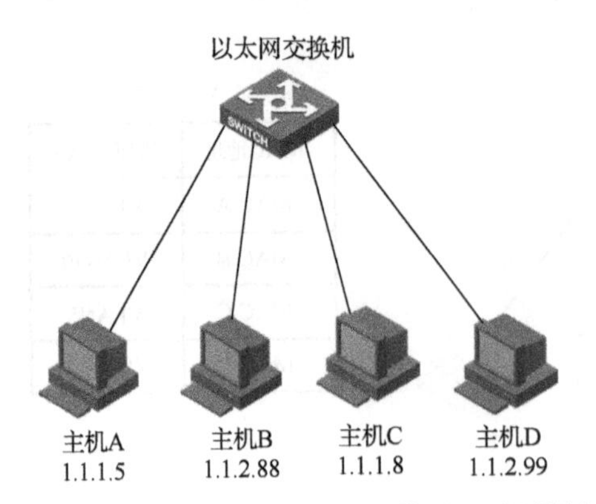

VLAN表

IP网络	所属VLAN
IP 1.1.1.1/24	VLAN5
IP 1.1.2.1/24	VLAN10
…	…

图 6-23 基于 IP 组播划分 VLAN

5. 基于策略划分 VLAN

基于策略划分 VLAN 能实现多种分配方法，包括 VLAN 交换机端口、MAC 地址、IP 地址、网络层协议等。网络管理员可根据自己的管理模式和本单位的需求来决定选择哪种类型的 VLAN。

6. 基于用户定义、非用户授权划分 VLAN

按用户定义、非用户授权划分 VLAN 是指为了适应特别的 VLAN 网络，根据具体的网络用户的特别要求定义和设计 VLAN，而且可以让非 VLAN 群体用户访问 VLAN，但是需要提供用户密码，在得到管理认证后才可以加入一个 VLAN。

将一台交换机（拥有 9 个端口）划分为 3 个 VLAN 的示例如图 6-24 所示。图中的以太网交换机具有 VLAN 功能，通过网络管理软件，将交换机的 1、3、5 端口划分为 VLAN1，将交换机的 2、4、7 端口划分为 VLAN2，将交换机的 6、8、9 端口划分为 VLAN3。经过划分后，每个 VLAN 都是一个广播域，一个 VLAN 中的节点的广播帧只能发送给该 VLAN 中的节点。

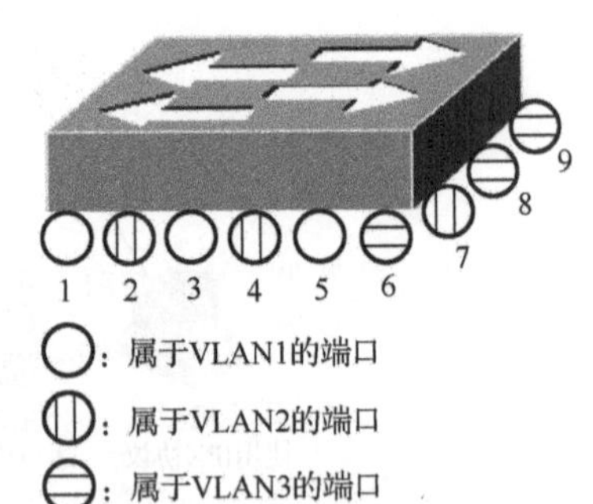

图 6-24 将一台交换机划分为 3 个 VLAN 的示例

6.5 以太网宽带接入技术

现在，人们使用以太网技术实现宽带接入 Internet。为此，IEEE 在 2001 年年初成立了 802.3EFM 工作组，专门研究高速以太网的宽带接入技术问题。

以太网接入的一个重要特点是：可以提供双向的宽带通信，并且可以根据用户对宽带的需求灵活地进行宽带升级（例如，把 10 兆以太网交换机更新为 100 兆甚至 10 吉比特以太网交换机）。当城域网和广域网都采用吉比特以太网或 10 吉比特以太网时，采用以太网接入可以实现端到端的以太网传输，中间不需要进行帧格式的转换，提高了数据传输速率且降低了传输成本。

然而，在以太网的帧格式标准中，地址字段中并没有用户名字段，也没有让用户输入密码来鉴别用户身份的过程。若网络运营商要利用以太网接入 Internet，则必须解决这个问题。

于是，有人就把数据链路层的两个协议结合起来，即把 PPP（Point to Point Protocol，点对点协议）中的 PPP 帧再封装到以太网中来传输。这就是 1999 年公布的 PPPoE（PPP over Ethernet，在以太网上运行 PPP）。现在的光纤宽带接入 FTTx 采用的都是 PPPoE 方式。

例如，如果使用光纤到楼（FTTB）的方案，就在每栋楼的楼口安装一个光网络单元 ONU（实际上就是一个以太网交换机），然后根据用户所申请的宽带，用五类双绞线接到用户家中。如果楼里上网的用户很多，那么可以在每个楼层再安装一个 100Mbit/s 以太网交换机，各楼层的以太网交换机通过光缆汇接点（一般通过城域网）连接到 Internet 的主干网上。

使用这种方式接入 Internet 时，在用户家中不再需要使用任何调制解调器。用户家中只有一个 RJ-45 插口，用户把自己的 PC 通过五类双绞线连接到墙上的 RJ-45 插口中，然后在 PPPoE 弹出的窗口中输入从网络运营商购买的用户名（一串数字）和密码，就可以进行宽带上网了。请注意，使用这种以太网宽带接入技术时，从用户家中的 PC 到户外的第一个以太网交换机的宽带是能够得到保证的，因为这个宽带是用户独占的，没有和其他用户共享。但是，这个以太网交换机到上一级的以太网的宽带是许多用户共享的，因此，若同时上网的用户过多，则有可能使每位用户实际上享受到的带宽减小。这时，网络运营商应当及时进行扩容，以保证用户的利益不受损害。

当用户利用 ADSL 进行宽带上网时，用户 PC 与家中的 ADSL（非对称数字用户线）调制解调器也是使用 RJ-45 插口和五类双绞线进行连接的，并且也是使用 PPPoE 弹出的窗口进行拨号连接的。但是，用户 PC 发送的以太网帧到了家里的 ADSL 调制解调器后，就转换为 ADSL 使用的 PPP 帧。需要注意的是，在用户家中的墙上是通过电话使用的 RJ-11 插口用普通的电话线传输 PPP 帧的，这已经和以太网没有关系了。所以，这种上网方式不能称为以太网上网，而是利用电话线宽带接入 Internet。

6.6 LAN 接入组网案例分析

6.6.1 IP 网络结构

IP 网络可以分为骨干网和本地网，骨干网根据网络规模和覆盖面可分为全国性骨干网、省级骨干网、城域网。其中，城域网分为核心层、汇聚层和接入层。

如图 6-25 所示，IP 城域网一般分为骨干网核心层、区域汇聚层和用户接入层。骨干网核心层主要由一些核心路由器组成，路由器之间通过高速传输链路相连，通过骨干网核心层连接到不同的全国性骨干网。区域汇聚层介于用户接入层和骨干网核心层之间，主要由三层交换机、BAS（宽带接入服务器）和接入路由器等组成，用于汇聚用户接入层的不同业务流。用户接入层是最靠近用户端的网络，通过不同的接入手段（铜线、光纤、无线等）接入不同类型的用户端，提供宽带、语音、视频、专线等业务。

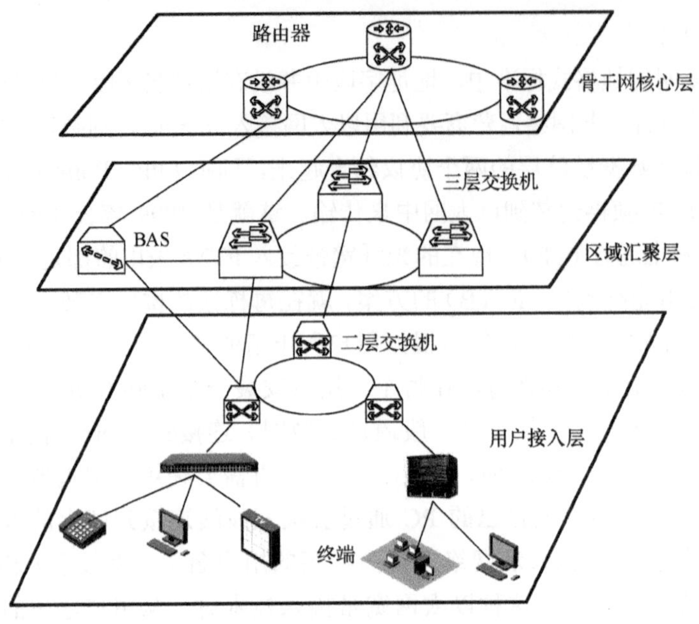

图 6-25 IP 城域网的分层结构

6.6.2 宽带接入组网结构

一个典型的宽带接入组网结构如图 6-26 所示。整个城域网可以分为核心层、汇聚层、接入层和用户端。核心层采用 IP 组网方式，由一些核心路由器组成网状的网络。汇聚层由接入路由器、以太网交换机等组成。根据接入方式的不同，接入层可采用有线或无线的方式接入用户驻地网（CPN）。

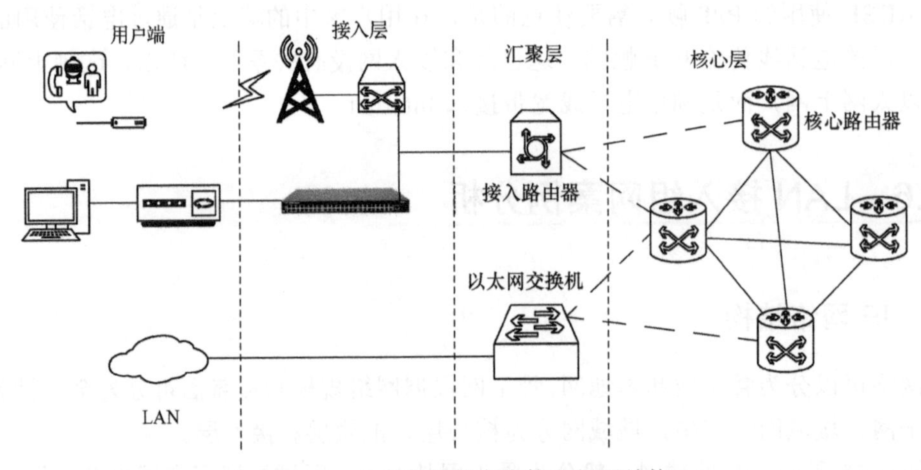

图 6-26 一个典型的宽带接入组网结构

6.6.3 LAN 典型组网应用

一个典型的 LAN 接入网络如图 6-27 所示。核心层由核心路由器组成；汇聚层主要的设备有接入服务器（BAS）和认证服务器（RADIUS）等；接入层通过交换机（Switch）逐级连接，通过五类双绞线连接到用户端的 PC，可以实现各种类型的业务，如宽带上网、企业专线、视频点播和 VPN 等。

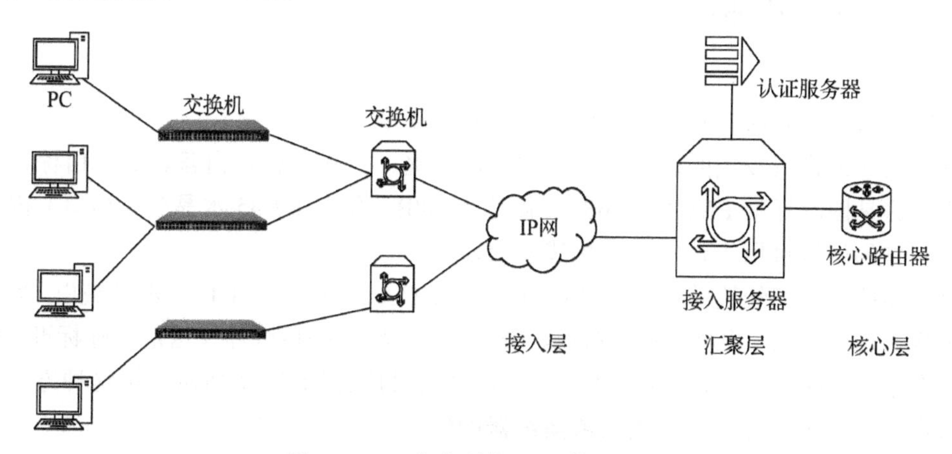

图 6-27 一个典型的 LAN 接入网络

6.6.4 FTTx+LAN 接入

FTTx+LAN 是一种利用光纤加五类双绞线实现宽带接入的方式，FTTx 一般指 FTTC（光纤到路边）、FTTB（光纤到楼）。FTTx+LAN 方式能实现吉比特光纤到小区（大楼）的中心交换机，中心交换机和楼道交换机以百兆光纤或五类双绞线相连，楼道内采用综合布线，用户上网速率可达 10Mbit/s，网络可扩展性良好，投资少。另外，光纤到办公室、光纤到户、光纤到桌面等多种补充接入方式可满足不同用户的需求。FTTx+LAN 方式采用星状拓扑，用户共享接入交换机的带宽。

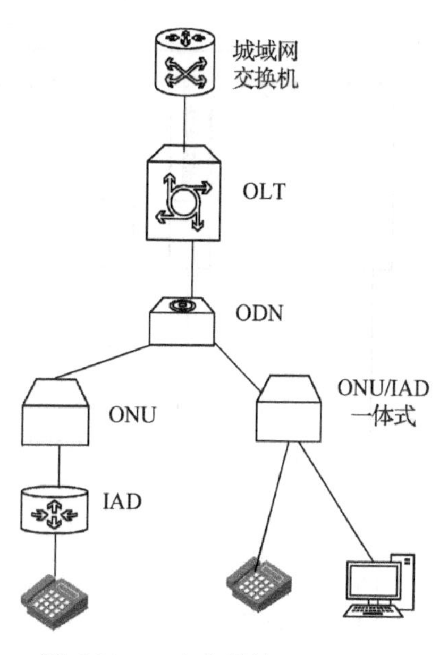

图 6-28 一个典型的 FTTx+LAN 接入案例

如图 6-28 所示为一个典型的 FTTx+LAN 接入案例，采用 LAN 接入方式，对原有 LAN 小区进行改造，在 L2 交换机上直接下挂 IAD（Integrated Access Device，综合接入设备），原则上使用交换机的最后一个端口，也可以在 ONU 下挂 IAD 或通过五类双绞线直接连接到用户端，提供语音、宽带等业务。该接入方式应用于住宅小区，原来的 ADSL 用户的接入方式可以全部改装成 LAN 接入方式。具体来说有以下两种应用方式。

（1）OLT→ODN→ONU→*N* 个 IAD：在 OLT 上制作 ONU 的数据；IAD 需要配置，本方式可应用于商业楼宇或纯语音需求的场所。

（2）OLT→ODN→ONU（OUN+IAD 一体式）：在 OLT 上制作数据，应用于住宅小区或有数据和语音双重需求的场所。

6.7 网线的制作

双绞线的连接方法有两种：直接互连和交叉连接。

直接互连是将双绞线的两端都分别按白橙、橙、白绿、蓝、白蓝、绿、白棕、棕的颜色顺序（这是国际标准 EIA/TIA 568B，简称 T568B）压入 RJ-45 水晶头（插口）内。用这种方法制作的网线可用于计算机与集线器的连接。

交叉连接是将双绞线的一端按国际标准 EIA/TIA 568B 压入 RJ-45 水晶头内，另一端将线芯依次按白绿、绿、白橙、蓝、白蓝、橙、白棕、棕的颜色顺序（这是国际标准 EIA/TIA 568A，简称 T568A）压入 RJ-45 水晶头内，芯线排序如图 6-29 所示。用这种方法制作的网线可用于计算机与计算机的连接或集线器的级联。

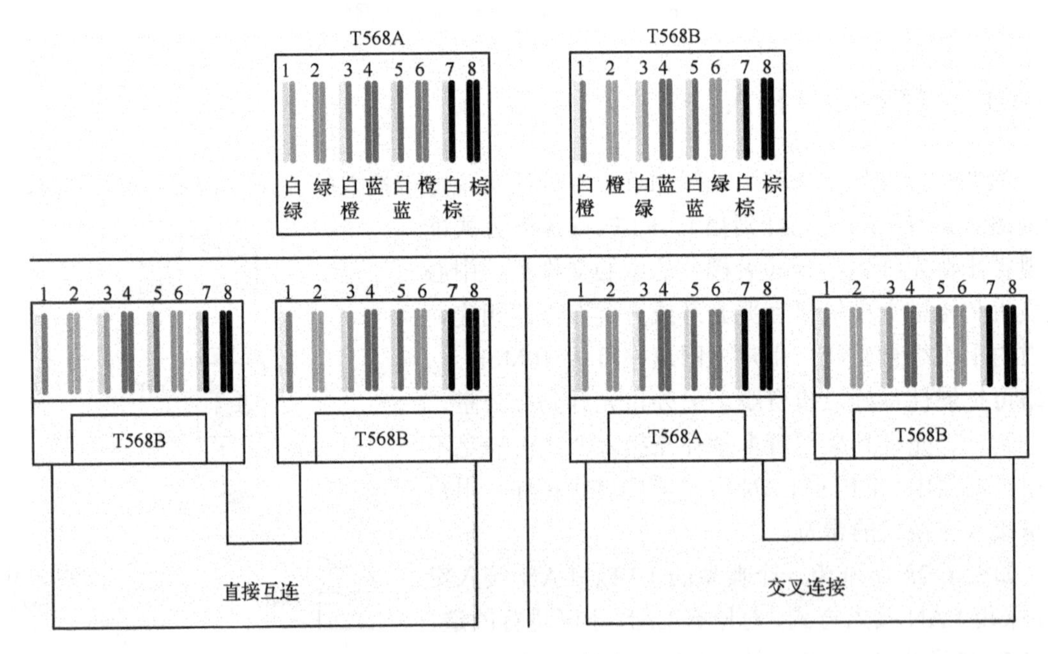

图 6-29 线芯排序

网线制作步骤如下。

（1）先准备需要的材料：一条适当长度的双绞线；若干 RJ-45 水晶头；一把压线钳；双绞线测试仪。

（2）用压线钳将双绞线一端的皮剥去 3cm，然后按国际标准 EIA/TIA 568B 将线芯撸直并拢，如图 6-30 所示。

（3）将线芯放到压线钳的切刀处，8 根线芯要在同一平面上并拢，而且尽量直，在一定的线芯长度（约为 1.5cm）处剪齐，如图 6-31 所示。

（4）将双绞线插入 RJ-45 水晶头中，在插入过程中力度要均衡，直至插到尽头。检查 8 根线芯是否已经全部充分、整齐地排列在水晶头中，如图 6-32 所示。

图 6-30　按国际标准 EIA/TIA 568B 将线芯撸直并拢

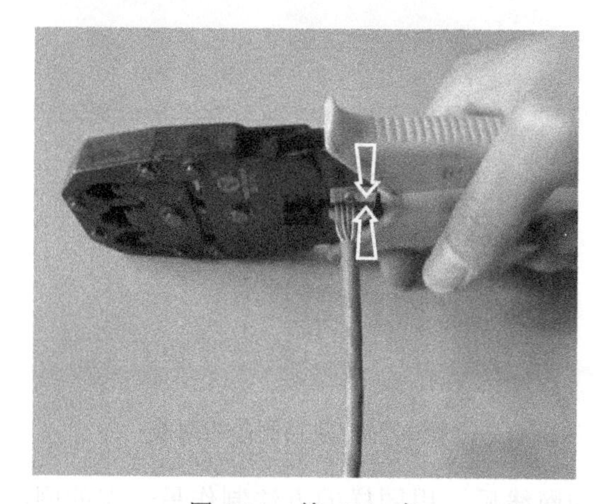

图 6-31　第（3）步

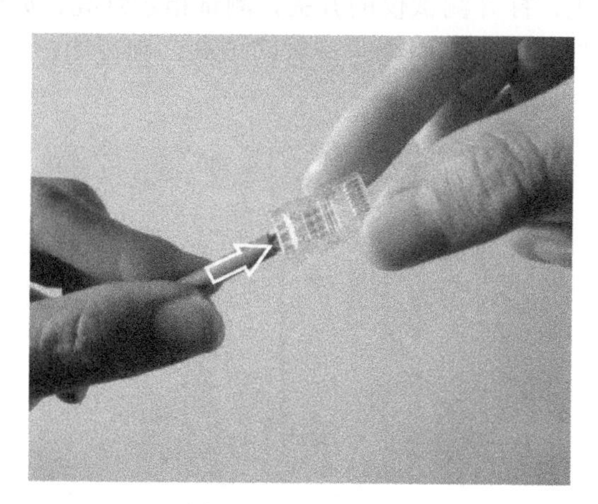

图 6-32　第（4）步

（5）用压线钳用力压紧水晶头，抽出即可，如图 6-33 所示。

（6）另一端网线按照 EIA/TIA 568A 标准的线芯排列顺序，重复上述步骤。如图 6-34 所示，一条网线制作完成。

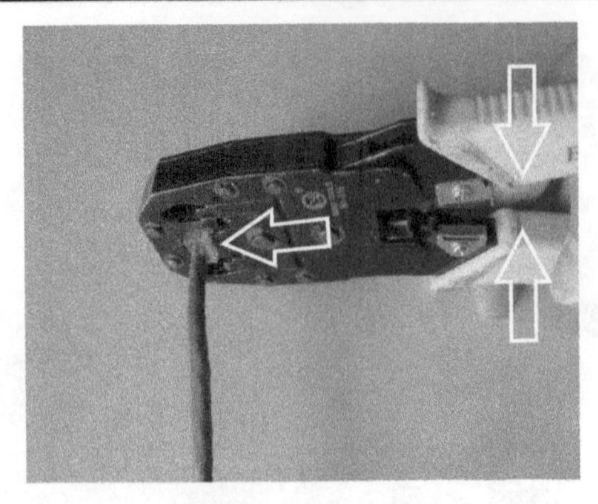

图 6-33　第（5）步

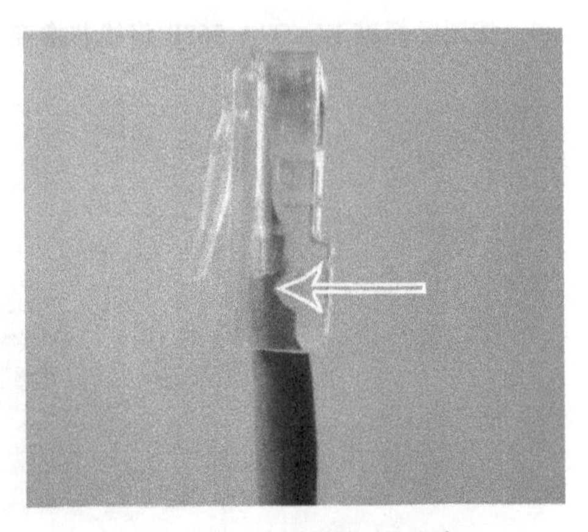

图 6-34　成功制作的网线

（7）在制作好一端的网线后，用同样的方法制作另一端的网线。最后，把网线的两端分别插到双绞线测试仪上，打开测试仪的开关，测试指示灯亮，如图 6-35 所示。若是正常网线，则两排测试指示灯是同步亮的；若没有同步亮，则说明该线芯连接有问题，应重新制作。

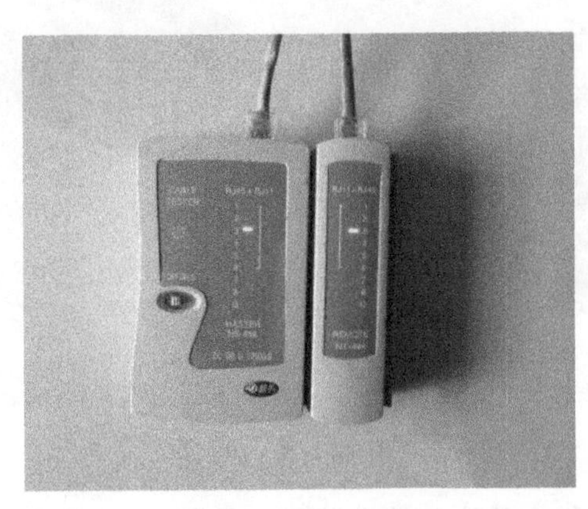

图 6-35　第（7）步

注意事项：双绞线线芯的金属部分要完全与水晶头接触；水晶头的尾部应卡住双绞线的外皮，以保证不会脱落。

小结

1．计算机网络是为了实现信息交换和资源共享，利用通信线路与通信设备，将分布在不同地理位置上的具有独立工作能力的计算机互相连接起来，按照网络协议进行数据交换的计算机系统。数据众多的计算机通过通信线路串联起来，就像网络一样错综复杂。

2．计算机网络的基本功能：资源共享、数据通信、分布式处理、网络综合服务。

3．局域网主要的特点是：网络被一个单位所拥有，且地理范围和站点数目均有限。在局域网刚出现时，局域网比广域网具有更高的数据传输速率、更小的时延和更低的误码率。但是，随着光纤技术在广域网中的普遍使用，现在的广域网也具有很高的数据传输速率和很低的误码率了。

4．以太网（Ethernet）是当今局域网采用的最普及的通信协议标准，它基于 CSMA/CD（Carrier Sense Multiple Access/Collision Detect，载波监听多点访问/碰撞检测）协议，采用共享介质的方式实现计算机之间的通信。

5．硬件地址又称为物理地址或 MAC 地址。

6．以太网 MAC 帧格式有两种标准：一种是 DIX Ethernet V2 标准（以太网 V2 标准）；另一种是 IEEE 802.3 标准。

7．VLAN 即虚拟局域网（Virtual LAN），是指在交换机上把一个物理上相连的网络划分成多个网段，每个网段是一个独立的广播域，网段之间的计算机设备互相分离，这样的网段称为 VLAN。

习题

1．计算机网络的功能包括哪些？

2．局域网主要的特点是什么？

3．简述以太网的概念。

4．VLAN 的作用是什么？

5．为什么会出现广播风暴？

第7章　无线局域网

在发明无线局域网（Wireless Local Area Network，WLAN）之前，人们要想通过网络进行联络和通信，必须先用物理线缆（铜绞线）组建一条电子运行的通路，为了提高效率和速度，后来又发明了光纤。当网络发展到一定规模后，人们发现，这种有线网络无论是组建、拆装，还是在原来的基础上进行重新布局和改建，都非常困难，而且成本也非常高，于是 WLAN 的组网方式应运而生。

随着各种无线技术的不断成熟和应用普及，为了实现人们移动办公的梦想，传统的布线网络正在向无线网络方向发展。无线网络也凭借其灵活性、便利性等特点而越来越受欢迎。

7.1　WLAN 接入技术概述

7.1.1　WLAN 的基本概念

无线局域网是指利用无线通信技术在一定的局域范围内建立的网络，是计算机网络技术与无线通信技术相结合的产物，它以无线多址信道为传输介质，提供传统有线局域网（Local Area Network，LAN）的功能，能够使用户真正实现随时、随地、随意的宽带网络接入。无线局域网示意图如图 7-1 所示。WLAN 开始是作为有线局域网的延伸而存在的，它是介于有线传输和移动数据通信网之间的一种技术。

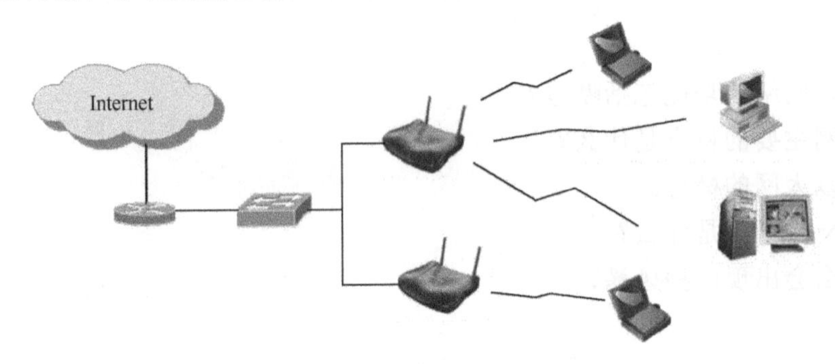

图 7-1　无线局域网示意图

各团体、企事业单位广泛采用 WLAN 技术来构建其办公网络。但随着应用的进一步拓展，WLAN 正逐渐从传统意义上的局域网技术发展成为“公共无线局域网”，成为国际互联网宽带接入的基本方式。WLAN 可给用户提供低速或移动式的无线数据通信，随着 WLAN 技术的发展，它可支持的数据传输速率也在不断提高，IEEE 802.11n 标准可支持 600Mbit/s 的最高数据传输速率。WLAN 具有易安装、易扩展、易管理、易维护、高移动性、保密性强、抗干扰等特点。

7.1.2　WLAN 的特点

1．优点

（1）灵活性和移动性。在有线网络中，网络设备的安放位置受网络位置的限制，而无线局域网在无线信号覆盖区域内的任何一个位置都可以接入网络。无线局域网的另一个最大的优点是其具有移动性，连接到无线局域网的用户可以移动且能与网络保持连接状态。

（2）安装便捷。无线局域网可以最大限度地减小网络布线的工作量，一般只要安装一个或多个接入点设备，就可建立覆盖整个区域的局域网络。

（3）易于进行网络规划和调整。对于有线网络来说，办公地点或网络拓扑的改变通常意味着重新建网。重新布线是一个成本高、费时、琐碎的过程，无线局域网可以避免或减少以上情况的发生。

（4）故障定位容易。有线网络一旦出现物理故障，尤其是由于线路连接不良而造成的网络中断，就很难查明，而且检修线路需要付出很大的代价。无线网络则很容易定位故障，只需更换故障设备即可恢复网络连接。

（5）易于扩展。无线局域网有多种配置方式，可以很快地从只有几个用户的小型局域网络扩展成具有上千个用户的大型网络，并且能够提供节点间“漫游”等有线网络无法实现的功能。由于无线局域网有以上诸多优点，因此其发展十分迅速。近几年，无线局域网已经在企业、医院、商店、工厂和学校等场合得到了广泛的应用。

2．缺点

无线局域网在给网络用户带来便捷的同时，也存在一些缺点，主要体现在以下几个方面。

（1）性能易受影响。无线局域网是依靠无线电波进行传输的，这些电波通过无线发射装置进行发射，而建筑物、车辆、树木和其他障碍物都可能会阻碍电波的传输，从而影响网络的性能。

（2）速率低。无线信道的数据传输速率与有线信道相比要低得多，无线局域网的最高数据传输速率为 1Gbit/s，只适合个人终端和小规模网络应用。

（3）干扰问题。WLAN 面临两个方面的干扰：一是其工作在开放频段，易受到其他系统的干扰；二是本系统的同频干扰问题无法规避。

（4）可靠性差。无线环境中存在各种各样的干扰和噪声，它们会引起信号的衰落和误码，进而导致网络吞吐性能的下降。此外，无线传输的特殊性还可能导致产生“隐藏终端”等现象，影响系统可靠性。

（5）安全性差。WLAN 空中接口的开放性使用户安全问题突出，存在被偷听和被恶意干扰的可能。

（6）覆盖范围小。无线局域网的低功率和高频率限制了其覆盖范围。

7.1.3　WLAN 的应用领域

WLAN 的实现协议有很多，其中最著名、应用最广泛的是无线保真技术 Wi-Fi，它实际上提供了一种能够将各种终端都通过无线方式进行互连的技术，为用户屏蔽了各种终端之间的差异性。

在实际应用中，WLAN 的接入方式很简单，以家庭 WLAN 为例，只需一个无线接入设备（如路由器）、一个具备无线功能的计算机或终端（手机或 Pad），没有无线功能的计算机只需外插一个无线网卡即可。有了以上设备后，具体操作如下：使用路由器将热点（其他已组建好且在接收范围内的无线网络）或有线网络接入家庭，按照网络服务商提供的说明书进行路由配置，配置好后在家中的覆盖范围内（WLAN 稳定的覆盖范围为 20～50m）放置接收终端，打开接收终端的无线功能，输入服务商给定的用户名和密码即可接入 WLAN。

作为有线网络的无线延伸，WLAN 可以广泛应用在生活社区、游乐园、旅馆、机场、车站等区域实现休闲上网；可以应用在政府办公大楼、校园、企事业等单位实现移动办公，方便开会及上课等；可以应用在医疗、金融证券等领域，可使医生在路途中对病人实现网上诊断，实现金融证券室外网上交易。对于难以布线的环境（如老式建筑、沙漠区域等）、频繁变化的环境（如各种展览大楼）、临时需要的宽带接入（如流动工作站等），建立 WLAN 是理想的选择。

（1）销售行业应用

对于大型超市，商品的流通量非常大，接货的日常工作包括订单处理、送货、入库等，需要在不同地点将数据录入数据库中。对于仓库的入库和出库管理，物品的搬动较多，数据在变化，目前，很多做法是先手工做好记录，再将数据录入数据库，这样既费时又易出错，采用 WLAN 即可轻松解决这两个问题。在超市的各个角落，在接货区、发货区、货架区、仓库中利用 WLAN 可以现场处理各种单据。

（2）物流行业应用

随着我国网购和快递行业的蓬勃发展，各个港口、存储区对物流业务的数字化提出了较高的要求。一个物流公司一般都有一个网络处理中心，有些办公地点分布在比较偏僻的地方，需要及时将相关数据录入并传输到中心机房。WLAN 是物流行业的一项必不可少的现代化基础设施。

（3）电力行业应用

对变电站进行遥测、遥控、遥调是电力系统的一个问题。WLAN 能监测并记录变电站的运行情况，给中心监控机房提供实时的监测数据，也能够将中心机房的调控命令传给各个变电站。这是 WLAN 在电力系统遍布到千家万户但又无法完全用有线网络进行检测与控制的情况下的一种潜在应用。

（4）服务行业应用

随着PC的移动终端化、小型化，一位旅客在进入一个酒店大厅时需要及时处理邮件，酒店大厅的 WLAN 接入是必不可少的；客房无线上网服务也是需要的，尤其是星级比较高的酒店，客人希望能随时随地进行无线上网。由于 WLAN 具有移动性、便捷性等特点，因此受到了一些大中型酒店的青睐。

（5）教育行业应用

WLAN 可以实现教与学的实时互动。学生可以在教室、宿舍、图书馆利用移动终端机向老师提问、提交作业，老师可以实时给学生上辅导课，学生可以利用 WLAN 在校园的任何一个角落访问校园网。WLAN 可以成为一种多媒体教学的辅助手段。

（6）证券行业应用

WLAN 使股市有了菜市场般的普及和活跃。原来，很多股民利用股票机看行情，现在，WLAN 能够让股民实时看行情、实时进行交易。

（7）展厅应用

一些大型展览的展厅一般都布有 WLAN，服务商、参展商、客户在展厅内可以随时接入 Internet。WLAN 的可移动性、可重组性、灵活性为会议厅和展会中心等具有临时租用性质的服务行业提供了盈利的无线空间。

（8）中小型办公室/家庭办公应用

WLAN 可以让人们在中小型办公室或在家里的任意地方上网办公、收发邮件，随时随地连接 Internet，上网资费与有线网络一样。

（9）企业办公楼之间的办公应用

中大型企业都有一个主办公楼，还有其他附属的办公楼，楼与楼之间、部门与部门之间需要通信。若搭建有线网络，则需要支付昂贵的月租费和维护费，而 WLAN 不需要支付这些费用，也不需要综合布线，一样能够实现有线网络的功能。

7.2　WLAN 的基本原理

7.2.1　WLAN 的技术标准

为了满足高速增长的市场需求，WLAN 技术与标准不断发展完善，深度与广度不断拓展。目前，IEEE 已发布的 IEEE 802.11 标准达到几十项，涉及物理层增强、服务质量（QoS）、业务支撑、安全机制、组网方式、网管、频谱使用和网络融合等多方面技术内容，初步构建了一套 WLAN 技术标准体系。随着新的市场需求和创新技术的不断涌现，WLAN 技术与标准呈现如下发展趋势。

1．核心物理层标准

1990 年，IEEE 802 标准化委员会成立 IEEE 802.11 WLAN 标准工作组。IEEE 802.11 是在 1997 年 6 月通过的标准，该标准定义物理层和媒体访问控制（MAC）规范。随着 IEEE 802.11b、IEEE 802.11a、IEEE 802.11g 和 IEEE 802.11n 物理层标准的陆续发布和实施，WLAN 数据传输能力快速提升。IEEE 802.11 物理层标准演进路线如图 7-2 所示。

（1）IEEE 802.11b 和 IEEE 802.11a

1999 年，IEEE 同时发布了 IEEE 802.11b 和 IEEE 802.11a 两项物理层标准，其中 IEEE 802.11b 工作在 2.4GHz 的工业、科学和医疗频段，采用直接序列扩频技术作为主要传输技术，数据传输速率可达 11Mbit/s。IEEE 802.11a 采用 OFDM 作为主要传输技术，最高数据传输速率可达 54Mbit/s。IEEE 802.11a 工作在 5GHz 频段，虽然可以在一定程度上缓解频率资源紧张的问题，但由于 5GHz 频段无线信号的传播特性较差，因此其覆盖范围明显小于 IEEE 802.11b。

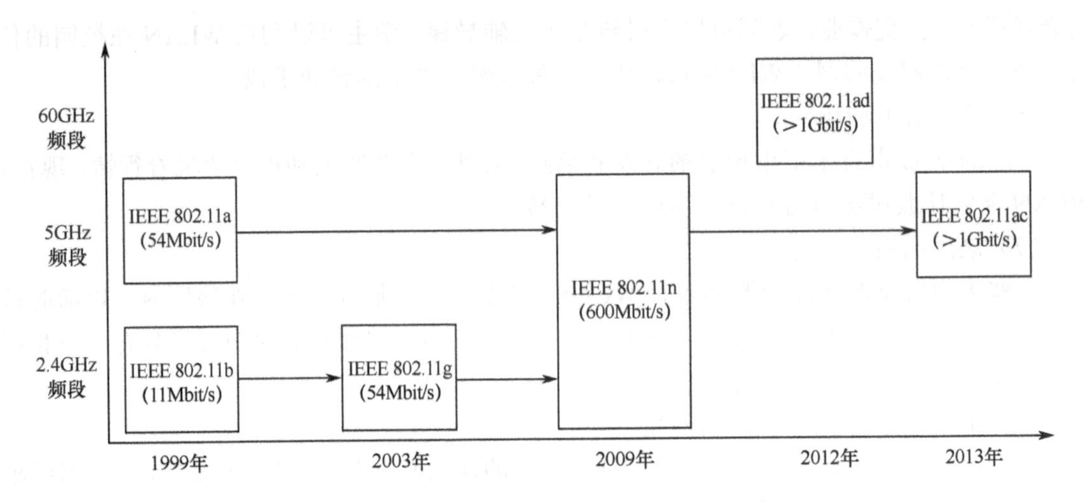

图 7-2　IEEE 802.11 物理层标准演进路线

（2）IEEE 802.11g

2003 年，IEEE 发布了 2.4GHz 频段物理层增强标准 IEEE 802.11g，为了提高 2.4GHz 频段的频谱使用效率，IEEE 802.11g 标准采用 OFDM 和 DSSS 两种传输技术，能够支持 54Mbit/s 数据传输速率，并能够与 IEEE 802.11b 标准后向兼容。IEEE 802.11g 既解决了 IEEE 802.11b 的数据传输速率问题，又保证了较广的覆盖范围，因此迅速取代了 IEEE 802.11b。

（3）IEEE 802.11n

20 世纪末至 21 世纪初，多入多出（MIMO）技术的研究取得重大突破，逐步从理论走向实际。2002 年，IEEE 启动了基于 MIMO 技术的物理层增强技术标准 IEEE 802.11n 的研制工作。经过长达 7 年的反复讨论，IEEE 于 2009 年正式发布了 IEEE 802.11n 标准。该标准以 MIMO-OFDM 作为主要传输技术，最大支持 4 发 4 收的天线配置，支持 20MHz 和 40MHz 信道带宽，支持低密度奇偶校验（LDPC）码，数据传输速率提高到 108Mbit/s 以上，最高数据传输速率可达 320～600Mbit/s，并且 IEEE 802.11n 支持 2.4GHz 和 5GHz 双频段，频谱适应性更强。IEEE 802.11n 在推出后迅速得到了消费者的青睐。

IEEE 802.11n 标准能够提供高带宽的无线传输性能，为基于无线局域网的影音应用提供了更加宽广的平台，使高性能的 VoIP、视频聊天、文件服务器、机顶盒、高清传输等得以在无线局域网中轻松实现。为此，IEEE 制定了具有更大吞吐量的新一代 WLAN 物理层标准 IEEE 802.11ac 和 IEEE 802.11ad，数据传输速率将超过 1Gbit/s。

（4）IEEE 802.11ac

IEEE 802.11ac 标准俗称 5G Wi-Fi，项目于 2008 年 11 月启动，2013 年标准发布。IEEE 802.11ac 在立项时的基本要求是工作频段为 5GHz 频段，与工作在相同频段的 IEEE 802.11a、IEEE 802.11n 后向兼容，MAC 层吞吐量可达到 1Gbit/s 以上。

在技术上，IEEE 802.11ac 以 MIMO-OFDM 为主要传输技术，支持最大 8 发 8 收的 MIMO 天线配置，支持空间复用、空时分组码、下行 MU-MIMO 和发射波束赋形；采用增强调制编码方案，最高支持 256QAM；在原有 20MHz 和 40MHz 信道带宽的基础上，支持80MHz和160MHz信道带宽；采用兼容IEEE 802.11a、IEEE 802.11n、IEEE 802.11ac的混合格式前导码，与工作在5GHz频段的IEEE 802.11a、IEEE 802.11n后向兼容。IEEE 802.11ac的理论数据传输速率可达6.93Gbit/s。

（5）IEEE 802.11ad

IEEE于2009年初启动IEEE 802.11ad标准化工作，开始制定60GHz频段的新一代WLAN标准，于2012年年底完成标准制定工作，主要面向极高速、短距离应用。许多国家或地区在60GHz附近均有数GHz免许可频段，中国为59～64GHz，欧洲为57～66GHz，北美和韩国为57～64GHz，日本为59～66GHz。

在技术上，IEEE 802.11ad以单载波、OFDM和波束赋形作为主要传输技术，支持高达2.16GHz的信道带宽，采用旋转调制、差分调制、扩展QPSK等增强调制技术和高性能LDPC码，引入新的组网方式——个人基本服务集（PBSS），采用增强的安全协议和功率管理技术，支持在2.4GHz、5GHz和60GHz频带之间的快速会话转移，以及与其他60GHz系统的共存。IEEE 802.11ad的理论数据传输速率可达6.76Gbit/s，可靠通信距离可达10m以上。

（6）IEEE 802.11ax

IEEE 802.11ax又称为Wi-Fi 6、高效率无线标准（High Efficiency Wireless，HEW），是一项无线局域网标准，目标是支持室内/室外场景、提高频谱效率和提高密集用户环境下的实际吞吐量。IEEE 802.11ax支持2.4GHz和5GHz频段，向下兼容，最大带宽为2.4Gbit/s。其标准草案由IEEE标准协会的TGax工作组制定，2014年5月立项，2019年已发布正式标准。

2．服务质量改善

为了改善无线局域网的服务质量，IEEE制定了IEEE 802.11e、IEEE 802.11r、IEEE 802.11ae、IEEE 802.11ai，用以改进QoS保证机制、支持语音等实时业务切换、实现管理帧优先级控制、提高WLAN初始链路建立的速度。

（1）IEEE 802.11e

2005年，IEEE发布了QoS增强标准IEEE 802.11e。该标准定义了IEEE 802.11的服务质量增强特性，并且定义了新的混合协调功能（HCF）接入机制，HCF提供了增强分布式协调接入（EDCA）和混合控制信道接入（HCCA），分别扩展了DCF和PCF的功能，使得IEEE 802.11系统能够更好地进行QoS保证和优先级控制。

（2）IEEE 802.11r

传统的WLAN终端从一个AP迁移到另一个AP通常需要100ms左右的时间来重新建立关联，而且还需要花几秒的时间重新建立身份验证，无法支持语音等实时要求高的业务切换。2008年，IEEE发布快速基本服务集切换标准IEEE 802.11r，该标准能够保证WLAN终端在两个接入点之间的切换时间小于50ms，同时提高了无线局域网对语音等实时业务切换的支持能力。

（3）IEEE 802.11ae

2012年4月，IEEE正式发布了WLAN管理帧优先级控制IEEE 802.11ae。IEEE

802.11ae 通过对 IEEE 802.11 管理帧进行分类和优先级控制，进一步完善了 WLAN 的 QoS 保证机制，改善了无线局域网的整体性能。

（4）IEEE 802.11ai

IEEE 802.11ai 标准的目的是在不降低安全性的前提下缩短 IEEE 802.11 系统的初始链路建立时间，并支持大量用户同时接入扩展服务集（ESS）。IEEE 802.11ai 在 2016 年正式发布，增强技术主要集中在 AP 或网络发现、安全认证、高层配置等方面。

3．安全机制

IEEE 802.11 最早采用的 WEP 加密协议存在较大的安全隐患。为此，IEEE 制定了安全增强标准 IEEE 802.11i，Wi-Fi 联盟基于 IEEE 802.11i 先后定义了 WPA 和 WPA2 两个版本的安全协议，WLAN 的安全性逐步提高。此后，IEEE 又制定了 IEEE 802.11w，加强对管理帧的安全保护。

（1）WEP

WEP 是有线等效保密（Wired Equivalent Privacy）协议的简称，是 IEEE 802.11 标准的一部分，用于防止非法窃听或侵入无线网络，实现与有线局域网类似的安全保障。WEP 只能进行 AP 对 STA 的单向共享密钥鉴别，而且使用简单的 64 位 RC4 静态加密算法，很容易被黑客攻破，不能保证使用者的信息安全。目前，WEP 已被基于 IEEE 802.11i 标准的 WPA 和 WPA2 所取代，但由于大多数 WLAN 设备仍支持 WEP，因此仍有许多用户还在使用 WEP。

（2）IEEE 802.11i

IEEE 802.11i 主要定义了 TKIP 和 CCMP 增强加密机制，并采用了 IEEE 802.1x 和扩展认证协议（EAP）的认证机制。TKIP 是 WEP 的直接升级，将固定密钥改为动态密钥，并采用了 128 位 RC4 加密算法。CCMP 采用了更先进的 AES 加密算法和 CCM 操作模式，大大提高了安全性。在 IEEE 802.11i 发布之前，Wi-Fi 联盟基于 IEEE 802.1x 和 TKIP 提出了一套过渡性的安全协议 WPA，该协议只需对原有的 WEP 设备进行软件升级，但其安全性提升得有限。后来，Wi-Fi 联盟又基于完整的 IEEE 802.11i 标准推出了安全协议 WPA2，使安全性得到了较大提升，但 WPA2 对硬件有较高的要求。

（3）IEEE 802.11w

早期的 IEEE 802.11 系统未对管理帧进行有效保护，存在一定的安全隐患。2009 年，IEEE 发布了 IEEE 802.11w，该标准提供了有效的 MAC 层机制，加强了对 IEEE 802.11 管理帧的保护，从而进一步提高了 IEEE 802.11 系统的安全性。

4．新业务拓展

随着物联网、移动互联网业务的快速发展，IEEE 也在不断提升业务支撑能力，制定相关标准，更好地支持智能电网、智能交通、无线音频/视频传输等新业务。

（1）IEEE 802.11p

针对智能交通系统中的无线通信需求，IEEE 于 2010 年发布了车联网标准 IEEE 802.11p。该标准主要针对 MAC 层协议进行修改，定义了车辆之间和车辆与基础设施之间的两种通信方式，在时延和移动性等方面进行了性能改善，以满足 ITS 的特殊需求。

（2）IEEE 802.11aa

针对日益增长的无线音频/视频业务需求，IEEE 于 2008 年启动 IEEE 802.11aa 标准项目。IEEE 802.11aa 在现有 IEEE 802.11 标准的基础上对 MAC 层协议进行改进，使 WLAN 系统能够支持更稳定的无线音频/视频传输，并能够支持相应的 IEEE 802.1AVB 标准。

（3）IEEE 802.11ah

许多国家在 1GHz 以下都有一定数量的免许可频段，这些频段有良好的传播特性，特别适合开展物联网、蜂窝网分流等业务。2010 年，IEEE 启动 IEEE 802.11ah 标准项目，旨在利用 1GHz 以下免许可频段支持物联网、蜂窝网分流等应用。IEEE 802.11ah 的基本应用场景包括传感器与智能抄表、数据回传、Wi-Fi 覆盖扩展（含蜂窝网分流）等，以 MIMO-OFDM 作为主要传输技术，在不低于 100kbit/s 数据传输速率时，覆盖范围可达 1km，最高数据传输速率可达 20Mbit/s，最多可支持 6000 个用户，支持终端长时间电池供电工作，保持 IEEE 802.11 用户体验，并能够与 IEEE 802.15.4 和 IEEE 802.15.4g 共存。

5．新频段支持

除 2.4GHz 和 5GHz 等已有频段外，IEEE 还积极探索了其他新频段，并制定了相应的技术标准。2003 年，IEEE 针对欧洲 5GHz 频谱管理要求制定了 IEEE 802.11h 标准，解决 IEEE 802.11 与卫星和雷达系统的干扰共存问题。2008 年，IEEE 针对美国 3.65～3.7GHz 频段需求制定了相应的技术标准 IEEE 802.11y，支持 Wi-Fi 设备采用高功率发射，覆盖范围可达 5km。针对 60GHz 免许可频段，IEEE 制定了 IEEE 802.1lad，针对的是极高速短距离应用。针对 1GHz 以下免许可频段，IEEE 制定了 IEEE 802.11ah，以支持物联网、蜂窝网分流等相关应用。

IEEE 还积极探索了认知无线电等新型频谱使用方式。2010 年年初，IEEE 启动了 IEEE 802.11af 标准项目，制定了工作于电视白空间（TVWS）频段的 WLAN 技术标准。由于 TVWS 频段具有良好的传播特性，因此 IEEE 802.11af 可以有更广的覆盖范围和更低的发射功率，但也需要采取有效措施，避免对广播电视业务产生干扰。目前，IEEE 802.11af 采用了数据库管理方式，以避免对广电业务产生干扰。

7.2.2　WLAN 的频段分配

无线局域网以无线电波和红外线为传输介质，它们都属于电磁波的范畴，如图 7-3 所示为电磁波频段。

由图 7-3 可见，红外线的频谱位于可见光和无线电波之间，频率极高，波长范围为 0.75～1000μm，在空间传播时，传输质量受距离的影响非常大。作为无线局域网的一种传输介质，其主要优点是不受微波电磁干扰的影响，但由于它对非透明物体的穿透性极差，因此导致其应用受到限制。

由图 7-3 可知，无线电波的频段范围很宽，这一波段还可以划分为若干频段用以对应不同的应用，有的用于广播，有的用于电视或移动电话，无线局域网选用的是其中的 ISM（工业、科学、医学）频段。其中，对广播、电视或移动电话等频段的使用需要经过各个国家的无线管理委员会批准，而美国联邦通信委员会规定ISM频段不需要许可证即可使用，但功率不能超过1W。

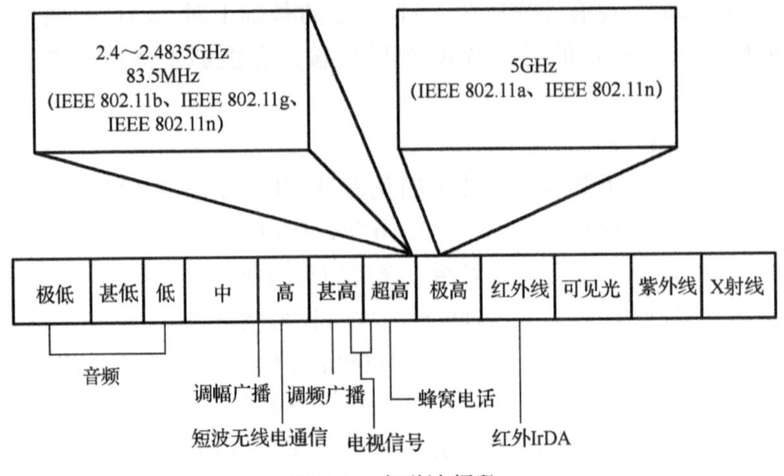

图7-3 电磁波频段

ISM频段包括工业用频段（900MHz）、科学研究用频段（2.4GHz）和医疗用频段（5GHz）。900MHz的工业用频段主要用于工业，其频率范围为902～928MHz，带宽为26MHz。当前，家用无绳电话和无线监控系统都使用此频段，无线局域网曾使用过此频段，但由于该频段过于狭窄，因此其应用量也大为减小。2.4GHz的科学研究用频段主要用于科学研究，其频率范围为2.4～2.5GHz，带宽为100MHz。由于美国联邦通信委员会限定了2.4GHz的科学研究用频段的输出功率，因此实际上无线局域网使用的带宽只有83.5MHz，频率范围为2.4～2.483 5GHz，这一频段最常用，目前流行的IEEE 802.11b、IEEE 802.11g等标准都在此频段内。5GHz的医疗用频段主要用于医疗，其频率范围为5.15～5.825GHz，带宽为675MHz。

除ISM频段外，美国联邦通信委员会还在5GHz频段处划定了UNII（Unlicensed National Information Infrastructure，免许可的国家信息基础设施）频段，主要用于IEEE 802.11a标准的相关产品中。UNII频段由3个带宽均为100MHz的频段组成，分别称为低、中、高频段。低频段的频率范围为5.15～5.25GHz，主要应用于室内无线设备；中频段的频率范围为5.25～5.35GHz，既可用于室内无线设备，又可用于室外无线设备；高频段的频率范围为5.725～5.825GHz，只适用于室外无线设备。

尽管在组建无线局域网时，其ISM频段无须批准即可使用，但其中的无线网络设备的发射功率需要遵循一定的规范，以便针对无线射频功率对人体辐射的影响及对其他电子设备的电磁干扰加以限制。2012年，无线电管理局颁布了相关文件，明确规定2.4GHz频段的室外无线设备的等效射频功率不得高于27dBm（500mW），该频段的室内无线设备的等效射频功率不得高于20dBm（100mW）。

需要注意的是，免许可的ISM频段在提供组网方便的同时也带来了一定的不利影响，例如，若两个邻近区域的系统同时安装了无线局域网，则两个系统之间会存在相互干扰。

7.2.3　WLAN的关键技术

1. WLAN物理层关键技术

物理层是OSI参考模型的第一层，它为设备之间的数据通信提供了传输介质及各种物理设备，为数据传输提供了可靠的环境。它的主要功能包括：为数据端设备提供传输数据的通路；传输数据；完成物理层的一些管理工作。

WLAN物理层可分为PLCP（物理层汇聚协议）子层、PMD（物理介质相关协议）子层、PHY（物理层）管理子层，如图7-4所示。

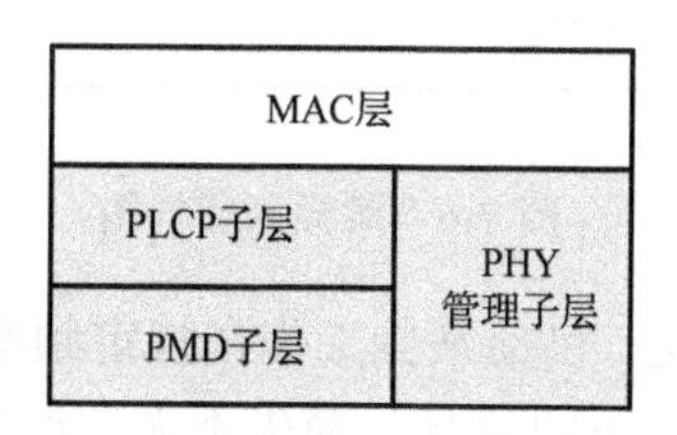

图7-4　WLAN物理层的分层结构

PLCP子层是MAC层与PMD子层或物理介质的中间桥梁，主要进行载波监听的分析和针对不同的物理层形成相应格式的分组。PMD子层用于识别通过相关介质传输的信号所使用的调制和编码技术。PHY管理子层进行信道选择和协调。

2. 直接序列扩频技术

直接序列扩频技术（Direct Sequence Spread Spectrum，DSSS）是使用11位的chipping-Barker序列将数据编码后进行发送的技术。如图7-5所示，发送端把chips（一串二进制码）添入要传输的比特流中，称为编码；在接收端用同样的chips进行解码，就可以得到原始数据了。IEEE 802.11协议使用chipping-Barker序列作为chips，规定值为10110111000。在编码过程中，若要传输的数据是0，则序列不变；若要传输的数据是1，则序列相反。

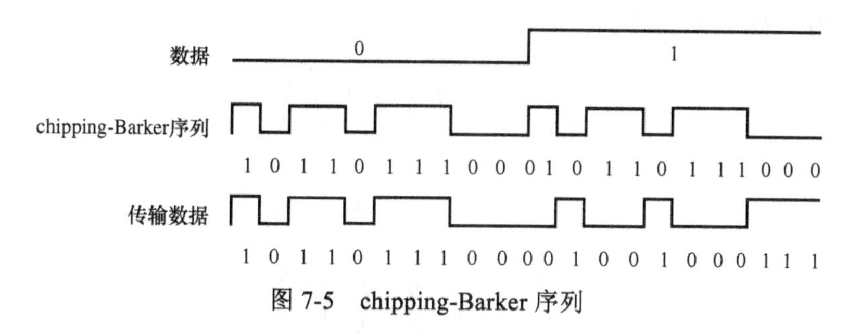

图7-5　chipping-Barker序列

在相同的吞吐量下，直接序列扩频技术需要比跳频技术拥有更多的能量；以消耗能量为代价，它能达到比跳频技术更大的吞吐量，IEEE 802.11b的吞吐量之所以能达到5.5Mbit/s和11Mbit/s，就是因为采用了高速直接序列扩频（High Rate Direct Sequence Spread Spectrum，HR/DSSS）技术。

3．跳频技术

跳频技术（Frequency-Hopping Spread Spectrum，FHSS）快速地转换传输的频率，每个时间段内使用的频率和前后时间段的都不一样，所以发送端和接收端必须保持跳变频率一致，这样才能保证正确地接收信号。跳频原理框图如图 7-6 所示。

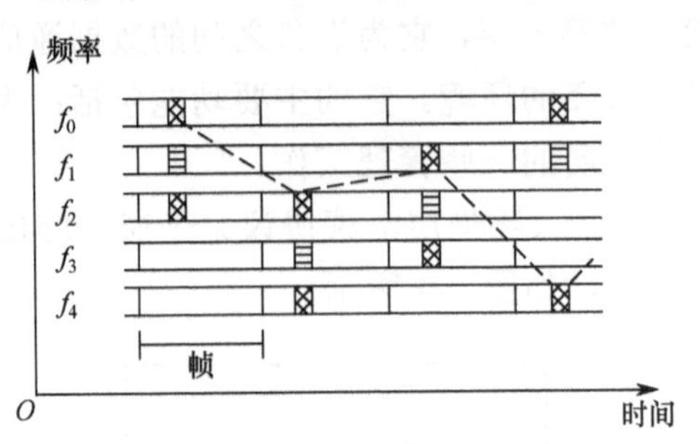

图 7-6 跳频原理框图

跳频技术可以规避许多干扰，包括某些工作在特定频率下的信号，所以跳频后的 IEEE 802.11 无线信号会丢失这个频率下的信息，损失不大；如果要共享带宽，那么可以采用不同的调频次序来实现。跳频技术的缺点是数据传输速率低，只能达到 1Mbit/s。

4．正交频分复用技术

正交频分复用（Orthogonal Frequency Division Multiplexing，OFDM）技术是一种基于正交多载波的频分复用技术。OFDM 传输的基本思路是将高速串行数据流经串并转换后，分割成大量的低速数据流，每路数据再采用独立载波调制并叠加发送，接收端依据正交载波特性分离出多路信号。

OFDM 与传统频分复用（FDM）的区别是：FDM（如图 7-7 所示）需要在载波间保留一定的保护间隔来减少不同载波间频谱的重叠，从而避免各载波间的相互干扰；而 OFDM（如图 7-8 所示）的不同载波间的频谱是重叠在一起的，各载波间通过正交特性来避免干扰，有效地减少了载波间的保护间隔，提高了频谱利用率。IEEE 802.11a、IEEE 802.11g、IEEE 802.11n 都采用了 OFMA 技术。

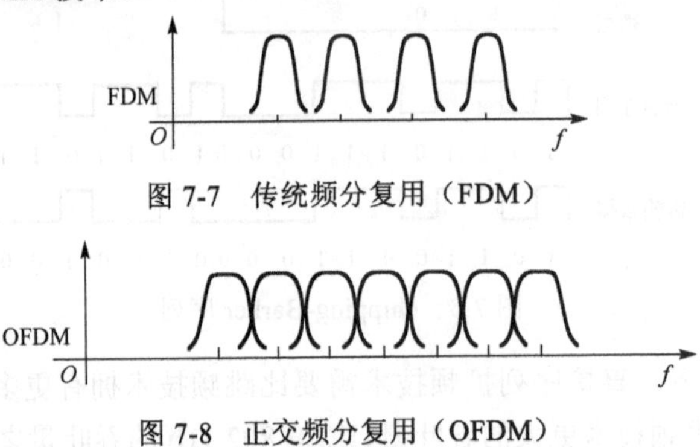

图 7-7 传统频分复用（FDM）

图 7-8 正交频分复用（OFDM）

5．多输入多输出技术

采用传统单输入输出无线传输技术时，接收的无线信号中携带的信息量取决于接收信号的强度与噪声强度的差值，即信噪比（Signal to Noise Ratio，SNR）。信噪比越大，信号能承载的信息量就越大，在接收端复原的信息量也就越大。

多输入多输出（Multiple-Input Multiple-Output）技术结合复数的 RF 链路和复数的天线，同时在多个天线上发送不同的信号，接收端通过不同的天线将在不同 RF 链路上的信号独立地解码出来。MIMO 原理框图如图 7-9 所示。MIMO 是 IEEE 802.11n 采用的关键技术，多天线 MIMO 的参数在 IEEE 802.11n 中通常定义为 $N \times M$，其中 N 为发射天线数，M 为接收天线数。

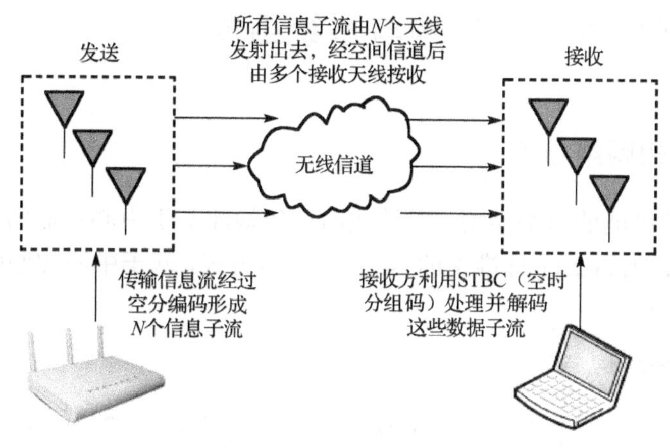

图 7-9 MIMO 原理框图

此外，空间流数是决定最高物理传输速率的参数，在 IEEE 802.11n 中定义了最高的流数为 4。流数越多，速率就越高。在 IEEE 802.11n 中，在其他参数确定后，最高物理传输速率按空间流数的倍数变化，如 1 个独立空间流的最高物理传输速率可达 150Mbit/s，2 个独立空间流则为 300Mbit/s，3 个独立空间流则为 450Mbit/s，4 个独立空间流则为 600Mbit/s。空间流数与天线数一般是一致的，但也可采用不对称的天线数和空间流数，天线数必须不小于空间流数，如 2 个空间流至少需要 2 根天线来支持。

6. IEEE 802.11 的 MAC 层关键技术

IEEE 802.11 的 MAC 层和 IEEE 802.3 的 MAC 层非常相似，都是在一个共享媒体上支持多个用户共享资源，发送者在发送数据前先进行网络的可用性检测。IEEE 802.3 的冲突的检测采用 CSMA/CD（载波监听多点接入/冲突检测）方式，而在 IEEE 802.11 无线局域网协议中采用了新的协议 CSMA/CA（载波监听多点接入/冲突避免）。用户采用抢占方式占用资源，当同一冲突域内存在多个用户时，某一时刻只有一个终端或 AP 在发送数据，此时其他终端和 AP 均处于空闲监听状态。

另一个无线 MAC 层问题是 hidden node（隐藏节点）。为了解决这个问题，IEEE 802.11 在 MAC 层引入了一个新的 Request To Send/Clear To Send（RTS/CTS）选项，间接解决了 hidden node 问题。由于 RTS/CTS 需要占用网络资源而增大了网络负担，因此一般只在那些大数据报上采用（重传大数据报会耗费较多的网络资源）。

IEEE 802.11 的 MAC 层提供了另外两种强大的功能：CRC 校验和包分片。CRC 校验是指在 IEEE 802.11 中，每个在无线网络中传输的数据包都被附加了校验位，这和以太网中通过上层 TCP/IP 来对数据进行校验有所不同；包分片的功能允许大数据报在传输时被分成较小的部分并分批传输，这种功能大大减小了许多情况下大数据报被重传的概率，从而提高了无线网络的整体性能。

此外，IEEE 802.11e 具有管理网络 QoS 的能力；IEEE 802.11f 采用 IAPP 协议，可以在不同厂商的无线局域网内实现访问互操作，保证网络内访问点之间的信息可互换；IEEE 802.11i 具有 WLAN 安全和鉴别机制。

7.3 WLAN 的网络结构与系统组成

7.3.1 WLAN 的网络结构

WLAN 有两种可能的网络结构：对等式网络结构和基于中心控制的网络结构。对等式网络结构对应于 IEEE 802.11 标准中的 Ad Hoc 组网方式，基于中心控制的网络结构对应于基于 AP 的组网方式。

1．对等式网络结构

如图 7-10 所示，对等式网络由一组有无线接口卡的计算机组成。这些计算机通过相同的工作组名、服务区别号和密码对等的方式相互连接，在 WLAN 的覆盖范围内，进行点对点、点对多点的通信。

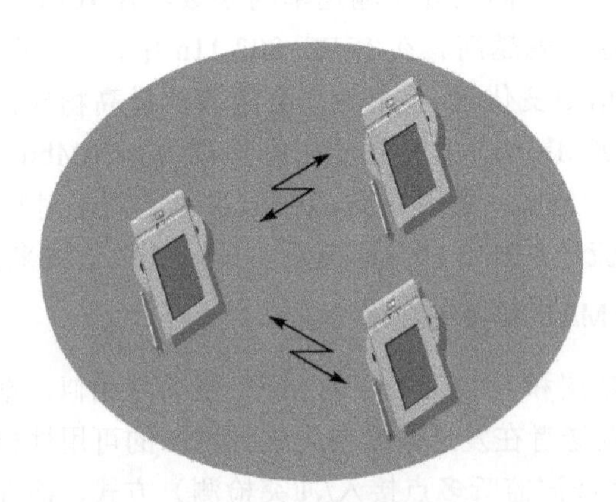

图 7-10 对等式网络

在对等式网络中，每个节点都具有报文转发功能，节点间的通信可能要经过多个中间节点的转发，即经过多跳，这是对等式网络与其他移动网络的根本区别。节点通过分层的网络协议和分布式算法相互协调，实现了网络的自动组织与运行。

2．基于中心控制的网络结构

如图 7-11 所示，基于中心控制的网络以无线接入点（Access Point，AP）为中心，具有无线接口卡的无线终端均与 AP 无线连接，然后通过无线网桥 AB、无线接入网关 AG、无线接入控制器 AC、无线接入服务器 AS 等将无线局域网与有线网络连接起来，可以组建多种复杂的无线局域接入网，实现无线移动办公的接入。

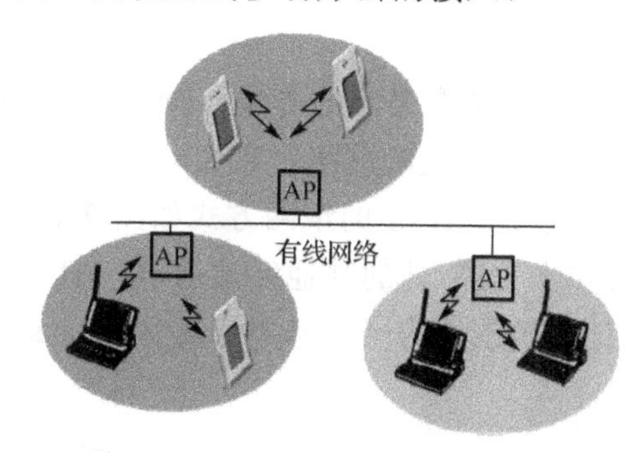

图 7-11　基于中心控制的网络

其中，AP 有两种架构类型：胖 AP 与瘦 AP。

（1）胖 AP 架构

在自治架构中，AP 完全部署和端接 802.11 功能。它可以作为网络中的一个单独节点，起交换机或路由器的作用。

（2）瘦 AP 架构

通常又将该架构称为“智能天线”，其主要功能是接收和发送无线流量。它将无线数据帧送回控制器，然后对这些数据帧进行处理，再接入有线网络。

胖 AP 架构和瘦 AP 架构的特性比较如表 7-1 所示。

表 7-1　胖 AP 架构和瘦 AP 架构的特性比较

特　性	胖 AP	瘦 AP
安全性	单点安全，无整网统一安全能力	统一的安全防护体系，AP 与无线控制器间通过数字证书进行认证，支持 2、3 层完全机制，具有 IPSec VPN 终结能力
配置管理	每个 AP 需要单独配置，管理复杂	AP 零配置管理，统一由无线控制器集中配置
自动 RF 调节	自动 RF 调节能力较弱，不是由集中控制单元统一管理的	具有自动的 RRM（无线资源管理）能力，自动调整信道、功率等无线参数，实现自动优化无线网络配置
网络自恢复	自恢复能力较弱，信息收集处理较慢	无须人工干预，网络具有自恢复能力，自动弥补无线漏洞，自动进行无线控制器切换
容量	不支持堆叠，单块最多支持 600 个 AP	可支持最多 24 个无线控制器堆叠，最多可支持 3600 个 AP 间的无缝漫游
漫游能力	支持 2、3 层无缝漫游，3 层无缝漫游必须通过 WLSM 或 Mobile IP 技术实现	支持 2、3 层快速安全漫游，3 层快速安全漫游通过基于瘦 AP 架构的 LWAPP 隧道技术实现
可扩展性	扩展能力一般，新增 AP 需要额外配置	方便扩展，对于新增 AP 无须任何配置管理
一体化网络	室内、室外 AP 产品需要分别部署，无统一化配置管理能力	统一无线控制器，无线网管支持基于集中式无线网络架构的室内、室外 AP 和 Mesh 产品
有线、无线集成	仅支持基于核心交换机的无线管理模块	支持基于路由器、楼层交换机和核心交换机的无线管理模块
高级功能	不能支持基于 Wi-Fi 的定位业务	支持基于 Wi-Fi 的定位业务
网络管理功能	网络管理能力较弱，需要固定硬件支持	无须固定硬件支持，支持无线网络设计工具，可实时显示热感图，可以集成定位服务

WLAN 网络的基本元素包括以下几个。

（1）BSS

基于中心控制的网络的基本元素是基本服务集（Basic Service Set，BSS）。BSS 是由一个无线接入点所覆盖的微蜂窝区域构成的网络，它由一个 AP 和若干无线终端（STA）组成，是构建无线局域网的基本单位，BSS 的组网方式如图 7-12 所示。所有终端在 BSS 内部都可以直接通信，但若要和本 BSS 外的其他终端通信，则必须经过本 BSS 的基站（接入点）。一个 BSS 所覆盖的地理范围称为一个基本服务区（Basic Service Area，BSA），BSA 通常在 100m 以内。

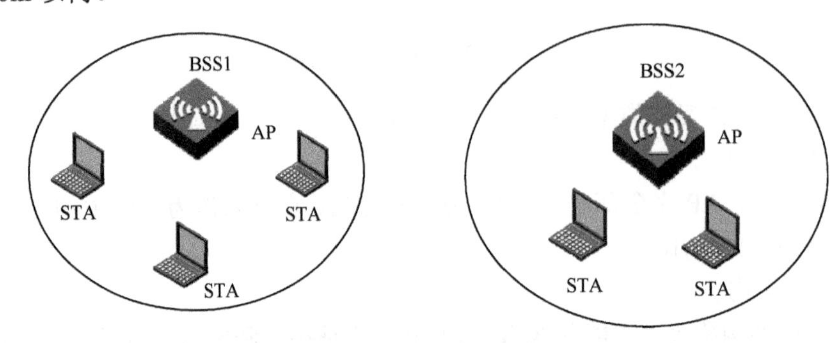

图 7-12　BSS 的组网方式

在 BSS 的基础上，WLAN 标准进一步定义了独立基本服务集（Independent BSS，IBSS）和扩展服务集（Extended Service Set，ESS）。

（2）IBSS

IBSS 既不与其他系统相连，又不与其他 BSS 相连，它是一个独立的服务集。IBSS 一般采用 Ad Hoc 组网方式，它至少拥有两个站，任意站之间可直接通信而无须进行 AP 转接，但要求每个节点必须处于一个或多个其他节点的通信范围内。IBSS 的组网方式如图 7-13 所示。

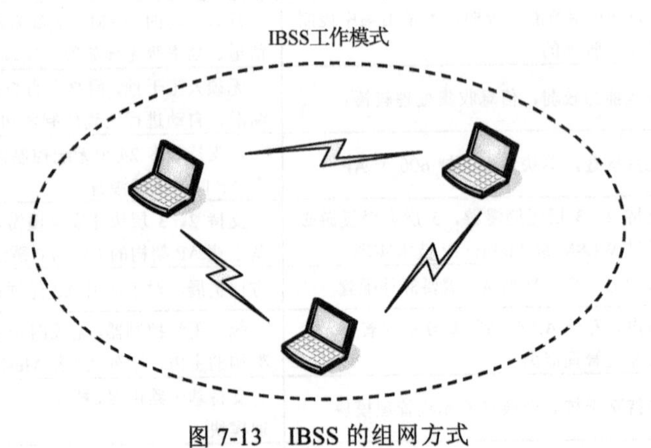

图 7-13　IBSS 的组网方式

（3）ESS

一个基本服务区 BSA 覆盖的范围有限，为了覆盖更广的区域，需要把多个 BSA 通过分布式系统连接起来，形成一个跨站服务区，而通过分布式系统（Distribution System，DS）

互连起来的属于同一个跨站服务区的所有主机组成了ESS。一个ESS中的每个BSS都分配了一个标识号BSSID。若一个网络由多个ESS组成，则每个ESS分配一个标识号ESSID，ESS的组网方式如图7-14所示。

当一个站从一个基本服务区移动到另一个基本服务区时，称为散步；当一个站从一个跨站服务区移动到另一个跨站服务区时，称为漫步。只拥有一个BSS的WLAN称为单区网，由多个通过分布式系统相连的BSS所构成的ESS称为多区网。

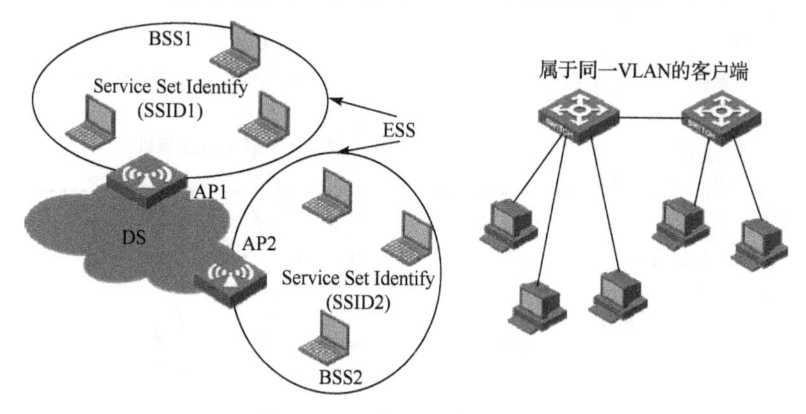

图7-14　ESS的组网方式

（4）分布式系统DS

分布式系统DS可以是以太网、点对点链路或其他无线网，用于连接不同的基本服务集，DS的组网方式如图7-15所示。分布式系统使用的介质在逻辑上和基本服务集使用的介质是分开的，尽管它们在物理上可能是同一种介质，如同一个无线频段。

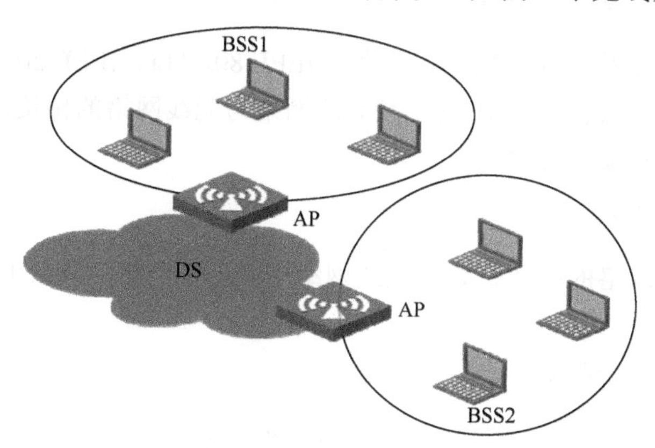

图7-15　DS的组网方式

7.3.2　中国移动WLAN的网络结构与系统组成

中国移动WLAN的网络结构如图7-16所示，包括接入层、汇聚层、核心层这三层结构。WLAN网络主要由WLAN终端设备（笔记本电脑、手机）、WLAN接入点设备（AP）、接入控制器（Access Controller，AC）、接入控制点（BRAS）、Portal服务器、RADIUS认证服务器、用户认证信息数据库、BOSS系统等组成。

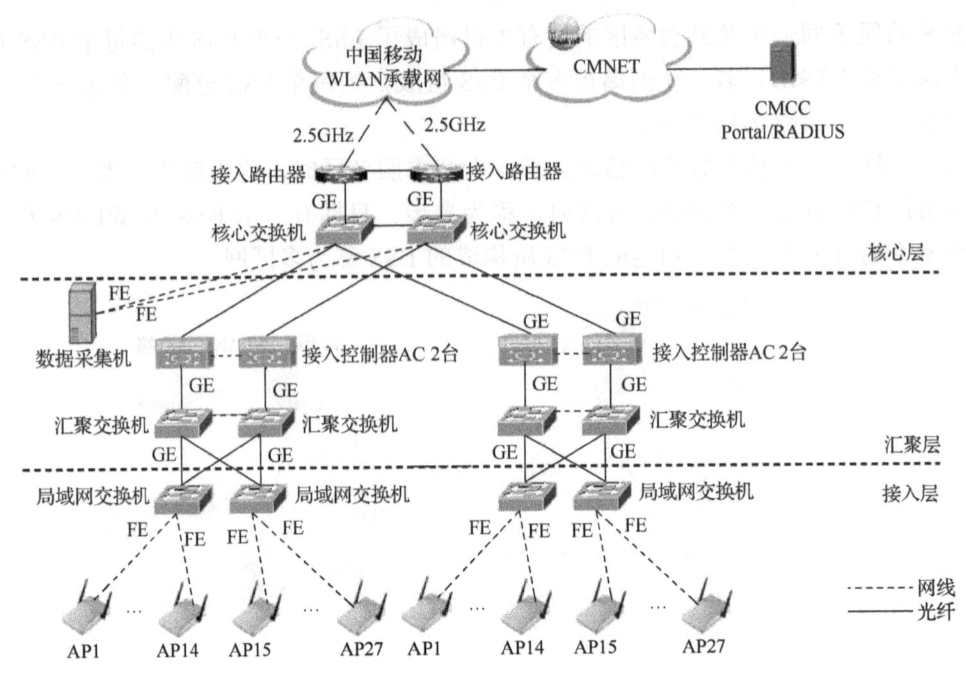

图 7-16 中国移动 WLAN 的网络结构

1. WLAN 终端设备

WLAN 终端设备需要安装 WLAN 网卡，WLAN 网卡可以是任何支持 IEEE 802.11 系列标准的设备，如笔记本电脑、手机等。

2. WLAN 接入点设备（AP）

AP 是 WLAN 的小型无线基站设备，完成 IEEE 802.11a、IEEE 802.11b、IEEE 802.11g、IEEE 802.11n 标准的无线接入。AP 是连接有线网络与无线网络的桥梁，任何 WLAN 终端设备均可通过相应的 AP 接入网络。

3. 接入控制器（AC）

AC 是一个无线网络的核心，负责无线网络中 AP 的管理，包括下发 AP 配置、修改相关配置参数、射频智能管理等。

4. 接入控制点（BRAS）

当采用基于 Web 方式的用户认证时，BRAS 作为安全控制点和后台的 RADIUS 用户认证服务器相连，完成对 WLAN 用户的认证。

在计费中，BRAS 作为集中式的计费数据采集前端，采集用户数据通信的时长、流量等计费数据信息，并将其发送到相应的认证服务器产生话单。

在业务控制中，BRAS 提供强制 Portal 功能，向 WLAN 用户终端推送 Web 用户认证请求页面和中国移动官方网站。当用户认证通过后，用户业务数据通过 BRAS 接入 CMNET。

5. Portal 服务器

Portal 服务器主要提供如下功能。

（1）强制 Portal

用户通过 Web 浏览器发起 Internet 访问请求后，AC/BRAS 可以将该请求强制到 Portal 服务器，Portal 服务器接收强制 Portal 请求，并向用户发送指定的 Web 页面。

（2）认证页面推送

Portal 服务器接收到用户页面请求时，向用户推送统一定制的认证页面。

（3）用户认证

Portal 服务器接收用户认证请求信息后，向 AC/BRAS 发起用户认证过程；用户认证结束后，Portal 服务器将认证结果通知用户。

（4）下线通知

用户上网结束后，可使用 Portal 功能通知 AC/BRAS 用户下线；当 AC/BRAS 侦测到用户下线或主动切断用户连接时，会告知 Portal 服务器。

6. RADIUS 认证服务器

在用户名/口令认证中，RADIUS 认证服务器接收来自 AP/AC 的用户认证请求信息，对 WLAN 用户进行认证，并将认证结果通知 AC。

对于 RADIUS 用户，RADIUS 认证服务器还接收计费信息采集点发送来的计费数据信息，经过预处理后产生话单（计费数据记录，即 CDR），并将话单通过计费数据接口发送给 BOSS 计费子系统。

7. 用户认证信息数据库

在使用 Web 认证机制时，该认证信息数据库存储 WLAN 用户信息，包括认证信息、业务属性信息、计费信息等。RADIUS 认证服务器在对 WLAN 用户进行认证时，通过数据库存取协议存取数据库中的用户授权信息，检查该用户是否合法。

8. BOSS 系统

在 WLAN 数据业务中，BOSS 系统主要完成以下功能。

（1）业务注册服务

根据用户申请，为用户开户。

（2）用户信息的更新

当 BOSS 系统中的用户信息更新时，BOSS 系统需要通知 RADIUS 认证服务器同步更新相应的 WLAN 用户信息。

（3）计费和结算

BOSS 系统接收从 RADIUS 认证服务器和 BRAS 发送来的 WLAN 数据业务话单，实现该用户的统一计费和结算。

7.4 WLAN 的应用

7.4.1 Wi-Fi 与 WLAN 的区别及 Wi-Fi 的应用

Wi-Fi 是一个基于 IEEE 802.11 系列标准的无线网络通信技术品牌，其目的是改善基于

IEEE 802.11 标准的无线网络产品之间的互通性，由 Wi-Fi 联盟（Wi-Fi Alliance）所持有。简单来说，Wi-Fi 就是一种无线联网技术，以前通过网络连接计算机，而现在则通过无线电波来联网。它是一种可以将个人计算机、手持设备（如平板电脑 Pad、手机）等终端以无线方式互相连接的技术。通过无线网络上网可以简单地理解为无线上网，几乎所有的智能手机、平板电脑和笔记本电脑都支持 Wi-Fi，Wi-Fi 技术是当今使用最广泛的一种无线网络传输技术之一。

Wi-Fi 联盟成立于 1999 年，当时的名称是无线局域网标准化组织，2002 年 10 月正式改名为 Wi-Fi 联盟。与蓝牙技术一样，Wi-Fi 技术同属于在办公室和家庭中使用的短距离无线技术，该技术使用 2.4GHz 附近的频段。Wi-Fi 目前可使用的标准有两个：IEEE 802.11a 和 IEEE 802.11b。在信号较弱或有干扰的情况下，带宽可调整为 5.5Mbit/s、2Mbit/s 和 1Mbit/s。带宽的自动调整有效地保障了网络的稳定性和可靠性。由于其有自身的优点，因此受到厂商的青睐。

Wi-Fi 信号也是由有线网提供的，比如家里的ADSL、小区宽带等，只要接一个无线路由器，就可以把有线信号转换成 Wi-Fi 信号。国外很多发达国家的城市里到处覆盖着由政府或大公司提供的 Wi-Fi 信号供居民使用。《2013—2017 年中国无线城市商业模式与投资战略规划分析报告》显示，2004 年 7 月，美国费城首次提出建设基于 WLAN 标准的无线宽带城域网络，称为“无线费城计划”。“无线城市”，即使用高速宽带无线技术覆盖城市的行政区域，向公众提供利用无线终端随时随地的上网服务。“无线城市”是城市信息化和现代化的一项基础设施，也是衡量城市运行效率、信息化程度及竞争水平的重要标志。

1. Wi-Fi 与 WLAN 的区别

Wi-Fi 与 WLAN 的区别如下。

（1）Wi-Fi 包含于 WLAN 中，发射信号的功率不同，覆盖范围不同

事实上，Wi-Fi 就是 WLANA（无线局域网联盟）的一个商标，该商标仅保障使用该商标的商品互相之间可以合作，实际上与标准本身没有关系，但因为 Wi-Fi 主要采用 IEEE 802.11b 协议，因此人们逐渐习惯用 Wi-Fi 来称呼 IEEE 802.11b 协议。从包含关系上来说，Wi-Fi 是 WLAN 的一个标准，Wi-Fi 包含于 WLAN 中，属于采用 WLAN 协议的一项新技术。Wi-Fi 的覆盖范围可达 90m，WLAN 的覆盖范围最大可达 5km（加天线）。

（2）覆盖的无线信号范围不同

Wi-Fi 的最大优点是数据传输速率较高，可以达到 11Mbit/s，另外它的有效距离也很长，同时与已有的各种 IEEE 802.11 DSSS 设备兼容。与早期应用于手机上的蓝牙技术不同，Wi-Fi 具有更低的功耗、更广的覆盖范围和更高的数据传输速率，因此 Wi-Fi 功能是手机必不可少且使用频繁的功能。

2. Wi-Fi 技术优势

（1）Wi-Fi 是由 AP 和无线网卡组成的无线局域网络。其组网简单，可以不受布线条件的限制，因此非常适合移动办公用户。

（2）应用灵活，从只有几个用户的小型网络到具有上千个用户的大型网络，Wi-Fi 都适用。

（3）具有丰富的终端支持，厂商进入该领域的门槛较低，Wi-Fi 组网的成本低廉。

（4）提供漫游服务，能提供有线网络无法提供的漫游功能，方便用户使用。

3．Wi-Fi应用领域

（1）网络媒体

由于无线网络的频段在世界范围内是不需要任何电信运营执照的，因此WLAN无线设备提供了一个在世界范围内可以使用的、费用极其低廉且数据带宽极高的无线空中接口。用户可以在Wi-Fi覆盖区域内快速浏览网页，随时随地接听、拨打电话。Wi-Fi使用户可拨打长途电话、浏览网页、收发电子邮件、下载音乐、传递数码照片等，无须担心速度慢和费用高的问题。

（2）掌上设备

无线网络在掌上设备中的应用越来越广泛，特别是在智能手机中的应用。与早前应用于手机上的蓝牙技术不同，Wi-Fi具有更广的覆盖范围和更高的数据传输速率，因此Wi-Fi功能成为各种智能终端必不可少的功能之一。

（3）日常休闲

从2010年开始，无线网络的覆盖范围在国内越来越广，高级宾馆、豪华住宅区、飞机场、咖啡厅等区域都有Wi-Fi覆盖。旅游、办公时，可以在这些场所使用掌上设备尽情地网上冲浪，也可以通过无线路由器设置局域网，从而在家中无线上网。Wi-Fi网络的覆盖解决了互联互通、高收费、漫游等问题。

（4）客运列车

2014年11月28日，我国首列开通Wi-Fi服务的客运列车——广州至香港九龙T809次直通车从广州东站出发，标志中国铁路开始进入Wi-Fi（无线网络）时代。

列车开通Wi-Fi后，不仅可通过车厢内部的局域网观看高清电影、玩社区游戏，还能直达外网，刷微博、发邮件，以10～50Mbit/s的速度与世界联通。

（5）公厕免费Wi-Fi

目前，部分公厕配备了免费Wi-Fi。

7.4.2 WLAN的典型应用

1．数字家庭

如图7-17所示，数字家庭WLAN一般将设备隐蔽安装在客厅吊顶的某个位置，向下覆盖客厅、书房、卧室、阳台等。主人可随意在家庭的任何位置移动上网，享受“无限自由”。

2．无线社区

如图7-18所示，采用室外型大功率设备从居民楼的外部进行无线覆盖。对于多层居住楼，一般在楼顶或侧高面架设一台室外型AP即可完全覆盖，也可把设备架设在对面的楼，将天线方向对准本楼，效果可能会更好。对于高楼层，根据具体高度决定安装设备的数量。所有的室外型AP通过小区交换机汇聚后，通过小区出口的宽带设备接入运营商或ISP的宽带网。也可以在以太网汇聚以后，采用室外远距离无线网桥将数据传输到有宽带网络的接入点或汇聚点。

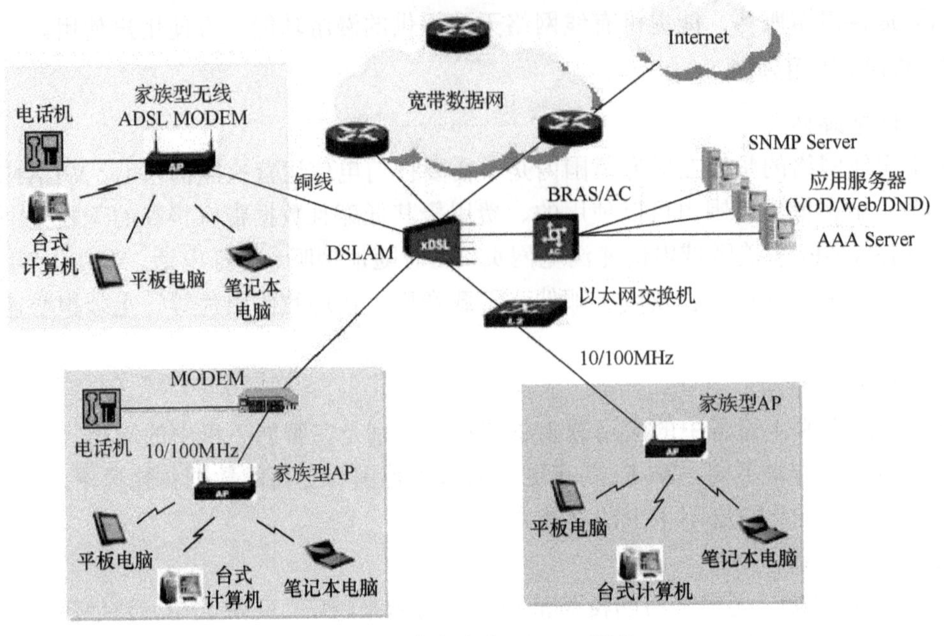

图 7-17 数字家庭 WLAN 覆盖

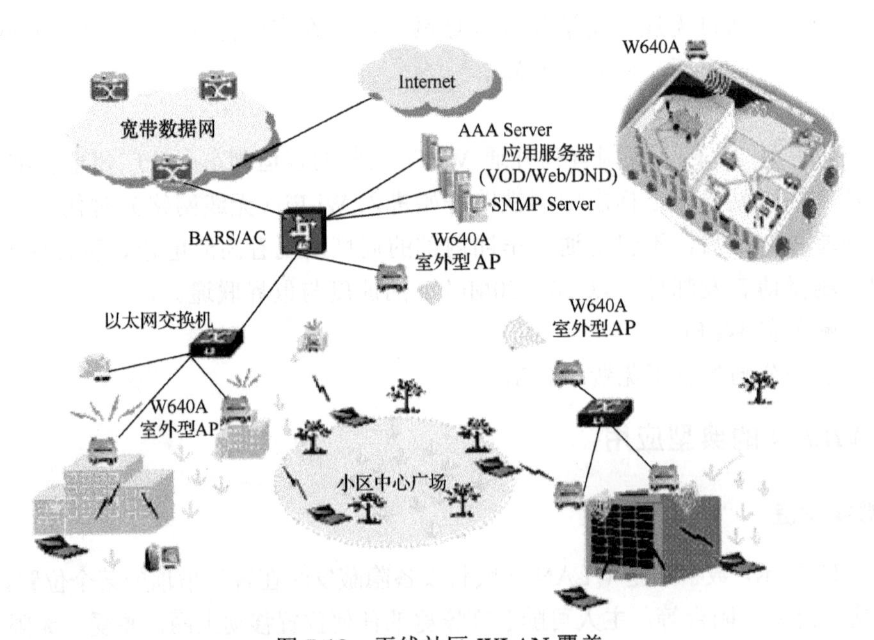

图 7-18 无线社区 WLAN 覆盖

3. 移动办公

如图 7-19 所示，移动办公可以采用 WLAN 室外型大功率设备，从商业楼宇的外部进行覆盖，设备一般设置在楼宇的顶部。对于高层建筑，可以采用支架在楼的侧面和顶部架设 2 台以上设备以实现对整栋楼的覆盖。

如图 7-20 所示，移动办公也可以采用 WLAN 室内商用型设备，从商业楼宇的内部根据各企业的不同需求进行针对性的覆盖，一般多个会议室或办公室可公用一台商用型 AP。

图 7-19　移动办公外部 WLAN 覆盖

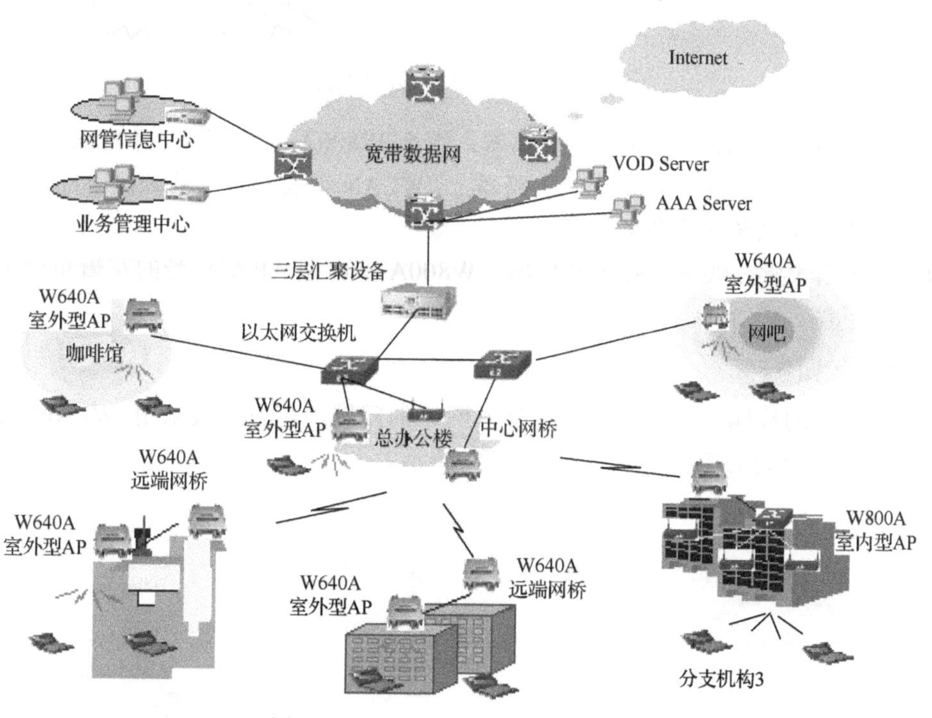

图 7-20　移动办公内部 WLAN 覆盖

4. 无线商旅

采用 WLAN 室内型商用 AP（W800A）有如下几种方式，可根据现场的实际情况采用，如图 7-21 所示。

（1）AP 部署在酒店房间的天花板内，天花板下吊装圆形吸顶天线，天花板内 AP 与吸顶天线以短距离馈线相连，在吸顶天线上收发 WLAN 无线信号。1 间房间配置 1 套 AP 和吸顶天线。

（2）AP 部署在房间走廊的天花板内，无线信号穿透走廊天花板、房间门或墙壁，到达房间，用户感觉不到AP的存在，走廊上每隔2～4间房间布置1个AP，每层的AP数据都汇聚到楼层交换机。

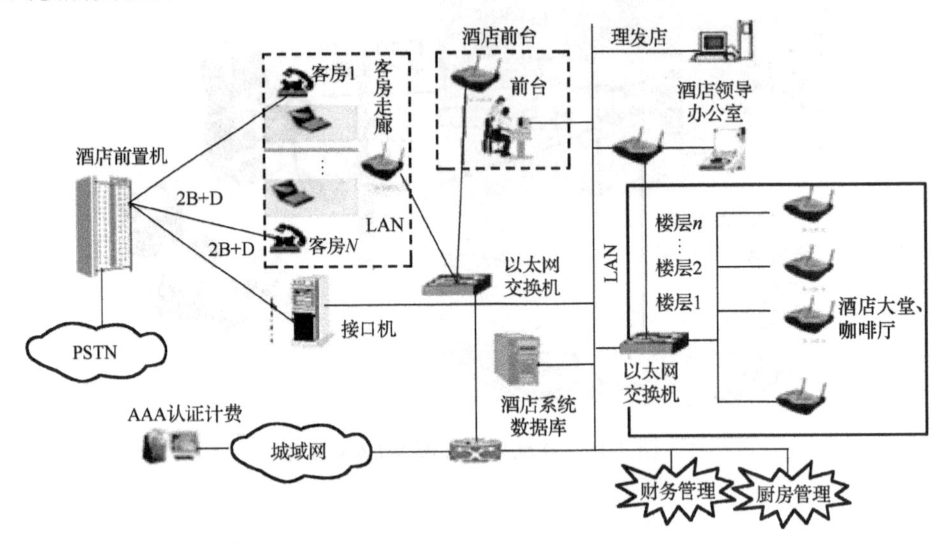

图7-21 酒店、宾馆等热点覆盖

（3）如果酒店有4G室内天线分布系统，那么W800A室内型AP不配天线，AP射频口通过馈线接到室内天线分布系统的合路器上，WLAN无线信号因其频段不同，可以与4G公用室内天线分布系统进行覆盖。

（4）在酒店大堂、咖啡厅等公共场所，W800A室内型AP配自带的花瓣角稍大的定向天线，进行覆盖。

5．无线校园

对于新建立的校园，为了解决快速接入网络的问题，可以直接采用WLAN的大功率W640A室外型AP进行室外覆盖，如图7-22所示。

图7-22 新建校园WLAN覆盖

对于已布线的校园，为了进一步扩大网络覆盖范围、实现校园的无缝覆盖、提供更大的带宽等，可以在现有的基础上采用室内型 AP 设备，做现有有线网络的补充覆盖。对于需要快速互连的建筑物，如图书馆与教学楼、实验室与教学楼、学生宿舍与教学楼等，可以采用室外型无线网桥进行互连，方便师生之间及时交流沟通，如图 7-23 所示。

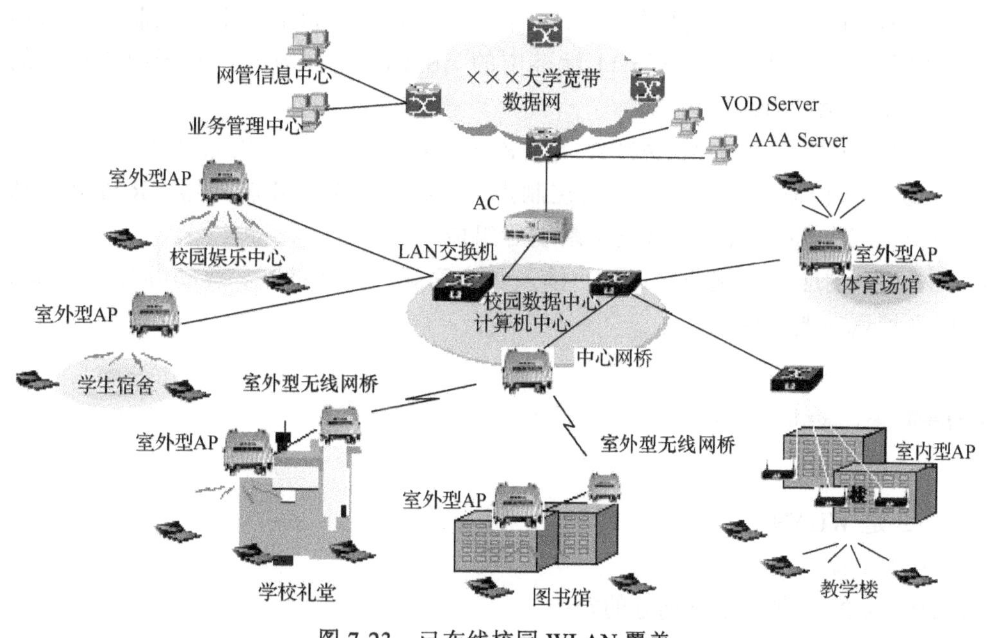

图 7-23　已布线校园 WLAN 覆盖

小结

1．无线局域网（Wireless Local Area Network，WLAN）是指利用无线通信技术在一定的局域范围内建立的网络，是计算机网络技术与无线通信技术相结合的产物，它以无线多址信道作为传输介质，提供传统有线局域网（Local Area Network，LAN）的功能，能够使用户真正实现随时、随地、随意的宽带网络接入。

2．在 IEEE 802.11X 系列标准中，目前比较成熟的商业化产品基本都支持 IEEE 802.11a、IEEE 802.11b、IEEE 802.11g 标准，基于该标准的 WLAN 产品有很多。由于 IEEE 802.11a 标准的工作频段为 5.15～5.825GHz，而 IEEE 802.11b、IEEE 802.11g 标准的工作频段为 2.4～2.483 5GHz，因此带来双频的问题。由于 IEEE 802.11g 拥有 IEEE 802.11a 的速率，安全性较 IEEE 802.11b 高，并且可以兼容 IEEE 802.11b，因此对已经部署 WLAN 的电信运营商而言，为了保护投资，更加青睐 IEEE 802.11g。但是，现在大多数产品都能够兼容 IEEE 802.11a、IEEE 802.11b、IEEE 802.11g 标准了。

3．无线电波频段范围很宽，这一频段还可以划分为若干频段用以对应不同的应用，有的用于广播，有的用于电视，有的用于移动电话。无线局域网选用的是其中的 ISM（工业、科学研究、医疗）频段。900MHz 的工业用频段主要用于工业，其频率范围为 902～928MHz，带宽为 26MHz。2.4GHz 的科学研究用频段主要用于科学研究，其频率范围为 2.4～2.5GHz，带宽为100MHz。由于美国联邦通信委员会限定了2.4GHz的科学研究用频段的输出功率，因此实际上无线局域网使用的带宽只有83.5MHz，频率范围为2.4～2.483 5GHz，这一频段最常用，目前流行的IEEE 802.11b、IEEE 802.11g等标准都在此频段内。5GHz的医疗用频段主要用于医疗，其频率范围为5.15～5.825GHz，带宽为675MHz。

4．WLAN有两种可能的网络结构：对等式网络结构和基于中心控制的网络结构。对等式网络结构对应于IEEE 802.11标准中的Ad Hoc组网方式，基于中心控制的网络结构对应于基于AP的组网方式。

5．WLAN网络主要由WLAN终端设备（笔记本电脑、手机）、WLAN接入点设备（AP）、无线接入控制器（AC）、接入控制点（BRAS）、Portal服务器、RADIUS认证服务器、用户认证信息数据库、BOSS系统等组成。

6．WLAN的应用领域非常广泛，涉及数字家庭、无线社区、移动办公、无线商旅、无线校园等领域的典型应用。

习题

1．什么是WLAN？

2．WLAN有哪些特点？

3．WLAN的标准是如何划分的？

4．简述WLAN的频段分配。

5．简述WLAN的关键技术。

6．简述WLAN的网络结构及组成元素。

7．什么是Wi-Fi？Wi-Fi与WLAN的主要区别是什么？

8．简述Wi-Fi的技术优势。

9．简述WLAN的典型应用。

第 8 章　城域网接入技术

城域网（Metropolitan Area Network）是在一个城市范围内所建立的计算机通信网，简称 MAN，属于宽带局域网。由于采用了具有有源交换元件的局域网技术，因此网中传输时延较小，它的传输介质主要是光缆，数据传输速率在 100Mbit/s 以上。

MAN 的一个重要用途是作为骨干网，通过它将位于同一城市内不同地点的主机、数据库、LAN 等互相连接起来，这与 WAN 的作用有相似之处，但两者在实现方法与性能上有很大差别。

城域网的典型应用是宽带城域网，即在城市范围内，以全 IP 技术为基础，以光纤作为传输介质，集数据、语音、视频服务于一体的高带宽、多功能、多业务接入的多媒体通信网络。宽带城域网能满足政府机构、学校、企业等对高速率、高质量数据通信业务日益旺盛的需求，特别是快速发展起来的互联网用户群对宽带高速上网的需求。宽带城域网的发展经历了一个漫长的时期，从传统的语音业务到图像和视频业务，从基础的视听服务到各种各样的增值业务，从 64kbit/s 的基础服务业务到 2.5Gbit/s、10Gbit/s 等租线业务。随着技术的发展和需求的不断增加，业务的种类也在不断发展和变化。

目前，我国逐步完善的城市宽带城域网已经给我们的生活带来了许多便利。高速上网、视频点播、视频通话、网络电视、远程教育、远程会议等这些互联网应用的背后正是宽带城域网在发挥着巨大的作用。

局域网或广域网通常是为了一个单位或系统服务的，而城域网则是为整个城市而不是某个特定的部门服务的。

8.1　IEEE 802.16 标准总体概述

IEEE 802.16 是 IEEE 802 LAN/MAN 的一个工作组，成立于 1999 年。工作组的名称是 Broadband Wireless Access Standard（宽带无线接入标准），其工作内容主要是开发宽带无线接入系统标准，包括空中接口及其相关功能标准。该标准涵盖 2～66GHz 的许可带宽和免许可带宽。

IEEE 802.16 无线 MAN 技术也称为 WiMAX。这种无线宽带访问标准解决了城域网中的“最后一公里”问题，因为 DSL、电缆及其他带宽访问方法的解决方案要么行不通，要么成本太高。IEEE 802.16 是当前无线通信领域的前沿技术，它提供了用户站与核心网络之间的接入方式，例如，商务大楼、机场、停车场、展览中心、家庭等地方的用户都可以通过 IEEE 802.16 网络接入 Internet。

IEEE 802.16 标准主要规范了 10～66GHz 和 2～11GHz 频段的物理层与 MAC 层。两个

频段的MAC层几乎相同，而物理层有较大差别。使用10～66GHz频段，旨在为固定集团用户提供城域网内的宽带、高质量的无线接入服务。使用2～11GHz频段，一方面可以为固定集团用户提供接入服务；另一方面，可以支持个人或便携用户的接入，覆盖半径为几千米到几十千米。结合IEEE 802.16e标准，还可以支持移动用户的越区切换和漫游。

8.1.1 标准及其演进

IEEE 802.16工作组的第一个标准IEEE 802.16于2001年12月被批准通过，随后又发布了两个修订稿——IEEE 802.16c和IEEE 802.16a，分别于2002年12月和2003年4月被批准通过。2004年，IEEE 802.16工作组将上述两个修订稿与2001版进行合并，发布了IEEE 802.16—2004。目前的版本是IEEE 802.16j，2009年修订IEEE 802.16—2009。除此之外，与IEEE 802.16标准相关的标准还包括支持移动特性的IEEE 802.16e，以及与管理接口相关的IEEE 802.16g和IEEE 802.16f。IEEE 802.16的相关标准及状况如表8-1所示。

表8-1 IEEE 802.16的相关标准及状况

标　准	描　述	状　况
IEEE 802.16—2001	固定宽带无线接入系统的空中接口	过期
IEEE 802.16.2—2001	固定宽带无线接入系统共存标准	过期
IEEE 802.16c—2002	系统概况（10～66GHz）	过期
IEEE 802.16a—2003	物理层和MAC层定义（2～11GHz）	过期
IEEE P802.16b	免许可频率（项目已退出）	撤销
IEEE P802.16d	2～11GHz频段的维护和系统配置文件（项目合并到IEEE 802.16—2004）	已被合并
IEEE 802.16—2004	空中接口固定宽带无线接入系统（汇总IEEE 802.16—2001、IEEE 802.16a、IEEE 802.16c和IEEE P802.16d）	过期
IEEE P802.16.2a	2～11GHz和23.5～43.5GHz共存（项目合并到IEEE 802.16.2—2004）	过期
IEEE 802.16.2—2004	固定宽带无线接入系统共存标准（合并IEEE 802.16.2—2001和IEEE P802.16.2a）	当前在用
IEEE 802.16f—2005	IEEE 802.16—2004的管理信息库（MIB）	过期
IEEE 802.16—2004/Cor 1—2005	更正固定业务（与IEEE 802.16e—2005共同发布）	过期
IEEE 802.16e—2005	综合固定与移动业务在许可频段的物理层与MAC层	过期
IEEE 802.16k—2007	MAC桥接，用来补充IEEE 802.16（IEEE 802.1D项目的修订）	当前在用
IEEE 802.16g—2007	管理平面的程序和服务	已被合并
IEEE P802.16i	移动管理信息库（项目合并到IEEE 802.16—2009）	已被合并
IEEE 802.16—2009	固定和移动宽带无线接入系统的空中接口（合并IEEE 802.16—2004、IEEE 802.16—2004/Cor 1、IEEE 802.16e、IEEE 802.16f、IEEE 802.16g和IEEE P802.16i）	当前在用
IEEE 802.16j—2009	多跳中继	当前在用
IEEE 802.16h—2010	在免许可频段上运作的无线网络系统	当前在用
IEEE P802.16m—2011	数据传输速率为100Mbit/s（移动）及1Gbit/s（固定）的先进空中接口，也被称为移动WiMAX版本2或高级无线城域网（Wireless MAN-Advanced），针对4G系统实现ITU-R IMT-Advanced的要求	当前在用
IEEE P802.16n—2010	更高的可用性网络	当前在用
IEEE P802.16p—2010	进一步支持机对机应用	当前在用
IEEE P802.16Rev3—2011	修改IEEE 802.16标准，包括IEEE P802.16h、IEEE P802.16j和IEEE P802.16m	当前在用

8.1.2 协议结构

IEEE 802.16 协议标准是按照两层结构体系组织的，它定义了一个物理层和一个 MAC 层。如图 8-1 所示为 IEEE 802.16 的协议堆栈结构。

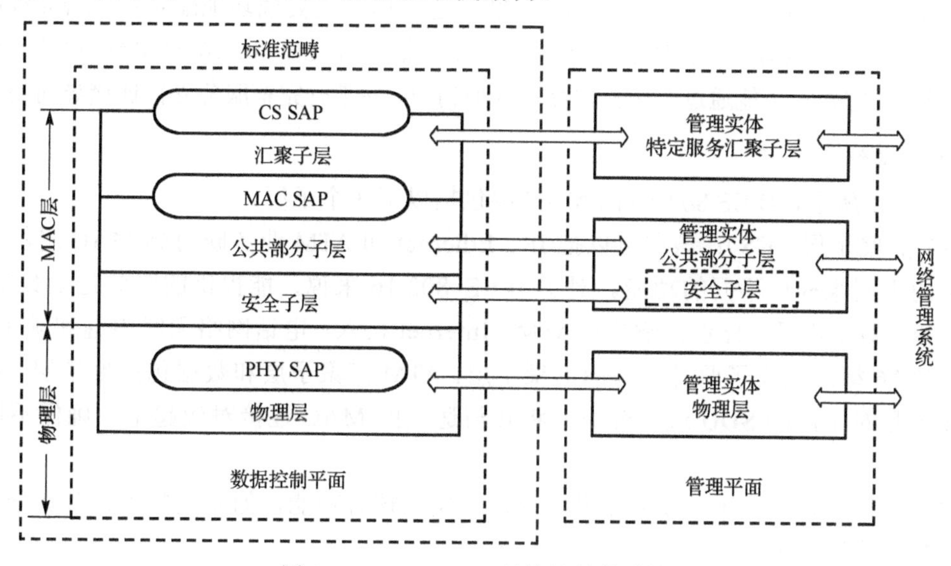

图 8-1　IEEE 802.16 的协议堆栈结构

底层是物理层，该标准定义的物理层采用 10～66GHz 这一被默认为本地多点分布服务（LMDS）的频谱。该层的协议主要是关于频率带宽、调制模式、纠错技术，以及发射机与接收机之间的同步、数据传输速率和时分复用结构等方面的。同时，工作组已修订了基本 IEEE 802.16 标准来适应低频段。修订的 IEEE 802.16a 用于 2～11GHz 的公开频段，目前已经正式公布；修订的 IEEE 802.16b 则满足 5～6GHz 频段（有时称之为 U-NII 频段）免授权应用的需要。

在物理层之上的是介质访问控制MAC 层，IEEE 802.1 在该层规定了为用户提供服务所需的各种功能。它主要负责将数据按帧格式进行传输，以及对用户如何接入共享无线介质进行控制。

1．物理层

物理层定义了两种双工方式：TDD 和 FDD。这两种方式都使用突发数据传输格式，这种传输机制支持自适应的突发业务数据，传输参数（调制方式、编码方式、发射功率等）可以动态调整，但是需要MAC层协助完成。FDD 既支持全双工的 SS（Subscriber Station，用户站），又支持半双工的 SS，但是支持半双工的 FDD SS 会增大系统调度的复杂度。

物理层的上行信道采用 TDMA 和 DAMA 混合接入方式。上行信道分为许多微时隙（Mini-Slot），由 MAC 层控制这些微时隙的分配，根据用户的不同需求分配时隙，能更好地利用上行信道资源。

下行信道一般采用 TDM 方式，发送给各个 SS 的数据采用时分复用的方式进行传输，数据按照稳健性进行降序排列，各个 SS 根据 MAC 报头中的目的地址接收发送给自己的数据。而对于半双工 FDD 方式，下行信道的数据传输采用 TDMA 方式，每个 TDMA 数据部分前面都有前缀，主要是为了防止 SS 失去同步。

物理层的数据按帧进行传输，IEEE 802.16 标准规定帧长可以为 0.5ms、1ms 或 2ms。

2. MAC 层

IEEE 802.16 MAC 吸收了 DOCSIS 标准，这一标准已被成功地配置在混合光纤同轴电缆系统中，这一系统有一个相似的点对多点结构。然而，IEEE 802.16 的 MAC 协议工程是一个新的设计，它是一个能通过空中接口穿透任何协议，并带有完整服务支持连接导向的 MAC。

1）分层结构

如图 8-1 所示，IEEE 802.16 的 MAC 层包括以下 3 个子层。

（1）汇聚子层（CS）：该层可以把 IP、Ethernet 和 ATM 业务映射到 MAC 层，根据提供服务的不同来提供不同的功能。对于 IEEE 802.16 来说，能提供的服务包括数字音频/视频广播、数字电话、异步传输模式ATM、Internet 接入、电话网络无线中继和帧中继等。IEEE 802.16 标准定义了两种类型的汇聚子层：ATM 汇聚子层和数据包汇聚子层，它们的主要作用是对上层的 SDU 进行分类，将其与适当的 MAC 连接对应起来，确保不同业务的 QoS。

（2）公共部分子层（CPS）：提供了 MAC 层的核心功能，如系统接入、带宽分配、连接建立和连接维护等。

（3）安全子层（PS）：提供 BS（Base Station，基站）和 SS 之间的保密性。安全子层包括两部分：一是加密封装协议，负责对空中传输的分组数据进行加密；二是密钥管理协议（PKM），负责 BS 与 SS 之间密钥的安全发放。

媒体接入控制是 MAC 层的主要功能，MAC 层的主要问题是相互竞争的用户之间如何分配信道资源，IEEE 802.16 标准使用的是按需分配多路寻址–时分多址（DAMA-TDMA）。DAMA 是一种根据多个站点之间的不同容量需要而动态地分配信道资源的技术；TDMA 是一种时分多址技术，它将一个信道分成一系列帧，每个帧都包含很多小时间单位，称之为时隙。时分多址技术可以根据每个站点的需要为其在每个帧中分配一定数量的时隙来组成每个站点的逻辑信道。通过 DAMA-TDMA 技术，每个信道的时隙分配可以动态地改变。BS 控制每个时隙的使用情况，一些时隙分配给特定的 SS 传输数据，还有一些竞争时隙用于所有的 SS 申请带宽，其他时隙用于新的 SS 接入网络。

MAC 层除要实现媒体接入控制这一主要功能外，还具有加密功能。MAC 层要进行数据加密，SS 进入系统时要进行 SS 的鉴权及密钥的交换。另外，还可以在初始化时建立安全连接，这些措施都是为了确保数据传输的保密性。

2）管理连接

IEEE 802.16 具有一个灵活的 MAC 层，而且它是连接导向（Connection-oriented）的，所有业务（包括一些无连接业务）都要映射到一个连接上进行传输。每个连接具有一个 16 位的连接标识符（CID），SS 在进入网络以后，每个方向上都会分配以下 3 个管理连接。

（1）基本连接：用来传输较短、对时间要求严格的 MAC 控制消息和 RLC 消息等。

（2）主要管理连接：用来传输鉴权和连接建立等消息。

（3）辅助管理连接：用来传输DHCP或SNMP管理消息等。

除这些管理连接外，BS 还会为 SS 分配传输连接，用于进行数据的传输，传输连接通常是成对分配的。此外，MAC 层还要保留一些连接用于其他目的，如系统的初始接入、下行信道广播消息的发送、下行信道多播消息的发送等。

3）管理消息

IEEE 802.16 标准定义了一系列管理消息，这些管理消息是携带在 MAC PDU 的有效载荷部分中的。BS 对 SS 的一些控制功能就是通过发送这些管理消息来实现的，目前 IEEE 802.16 标准已经定义了 33 个管理消息，主要的管理消息如下。

（1）UL-MAP 消息：它是一个长度可变的管理消息，定义了上行信道的发送机会，它包括一个固定长度的消息头和一些信息实体（IE），其中，IE 定义了一定时间范围内的微时隙的使用情况。UL-MAP 消息大小的选择对系统的性能有很大影响，过大会带来较大的接入时延，但最小应该大于 BS 和 SS 之间的往返时延，往返时延是以下所有时延之和：下行编码时延、下行交织时延、下行传输时延、SS 解码时延、SS 处理 UL-MAP 消息时延、上行编码时延、上行传输时延、BS 解码时延。因此，可以根据系统的上述参数确定 UL-MAP 消息的大小，IEEE 802.16 标准并没有明确规定 UL-MAP 消息的大小。

（2）UCD 消息：是 BS 周期性发送的一个消息，其定义了上行物理信道的特性。主要包括下列参数：配置改变计数器、微时隙大小、上行信道 ID、请求退避开始、请求退避结束、上行突发序列属性等。

（3）DL-MAP 消息：定义了下行信道的信息，包含一些消息实体。

（4）DCD 消息：是 BS 周期性发送的一个消息，定义了下行物理信道的特性。

（5）DSC-REQ 消息：当 BS 或 SS 需要改变现有业务流的物理参数时应发送消息，接收方收到此消息后，会发送 DSC-RSP 消息进行应答。

（6）DSA-REQ 消息：BS 或 SS 可以发送此消息来建立一个新的业务流。

（7）DSD-REQ 消息：BS 或 SS 可以发送此消息来删除一个现有的业务流。

4）数据传输速率

IEEE 802.16 标准并未规定具体的载波带宽，系统可以采用 1.25～20MHz 范围内的带宽。考虑各国家已有固定宽带无线接入系统的载波带宽划分，IEEE 802.16 标准规定了几个系列：1.25MHz 系列、1.75MHz 系列等。1.25MHz 系列包括 1.25MHz、2.5MHz、5MHz、10MHz、20MHz 等。1.75MHz 系列包括 1.75MHz、3.5MHz、7MHz、14MHz 等。对于 10～66GHz 的固定宽带无线接入系统，还可以采用 28MHz 载波带宽，可提供更高的接入速率。

5）带宽请求

带宽请求和分配是 MAC 层的重要功能，在固定宽带无线接入系统中，各 SS 采用 TDMA 方式共享上行信道，SS 首先提出带宽请求，向 BS 上报业务量信息，BS 根据整个系统的业务量来分配空中带宽资源。IEEE 802.16 标准并没有明确地规定带宽的分配算法，各设备供应商可以自行开发。

SS 向 BS 提出带宽请求有两种方式：一种是单独请求（Stand-alone Request）；另一种

是捎带请求（Piggyback Request），当 BS 为 SS 分配了业务信道时，SS 可在此业务信道中捎带其带宽请求消息。

为了支持不同类型的业务，IEEE 802.16 标准结合使用单播、多播、广播这 3 种查询方式来支持不同的 QoS，在这个标准中定义了以下 4 种类型的业务，并对每种业务的带宽请求方式做了相关的规定。

（1）主动授权业务（UGS）：用于支持固定速率的实时业务，不能使用任何类型的竞争请求机会，并禁止捎带请求。

（2）实时查询业务（rtPS）：用于支持可变速率的实时业务，BS 为其提供周期性的单播查询机会，并禁止使用其他竞争请求机会，但是可以捎带请求。

（3）非实时查询业务（nrtPS）：BS 为其提供经常性的单播查询机会（可以是周期性或非周期性的），并允许使用竞争请求机会和捎带请求。

（4）尽力而为业务（BE）：允许使用任何类型的请求机会和捎带请求。当 SS 提出带宽请求时，BS 有两种分配带宽的方式：一种称为 GPC，即 BS 单独为某个连接分配带宽，适用于每个 SS 具有较少用户的情况，但是这样做会有较大的额外比特开销；另一种称为 GPSS，即 BS 为整个 SS 分配带宽，SS 再进行带宽的具体分配，这就允许一个智能用户站在用户中再分配带宽，这有利于在商业和居民建筑物中更有效地分配带宽资源，适用于每个 SS 具有较多连接的情况。IEEE 802.16 标准要求采用 10～66GHz物理层规范的系统必须使用 GPSS 方式。

8.2 IEEE 802.16 物理层关键技术

1. 双工复用方式

WiMAX 系统物理层支持时分双工（Time Division Duplex，TDD）方式、频分双工（Frequency Division Duplex，FDD）方式。

TDD 上行和下行的传输使用同一频带的双工方式，需要根据时间进行切换，物理层的时隙被分为发送和接收两部分。其技术特点为：不需要成对的频率，能使用各种频率资源；上行、下行信道业务可以不平均分配；上行、下行信道业务工作于同一频率，电波传播的对称特性使之便于使用智能天线等新技术，达到提高性能、降低成本的目的。由于传输不连续，因此切换传输方向需要时间并进行控制，为避免传输发生冲突，上行、下行信道需要一个协商传输与时序的过程，可设置一个保护时间，来保护传输信号符合传输时延的要求。

FDD 上行和下行的传输使用分离的两个对称频带的双工方式，系统需根据对称频带进行划分。其技术特点为：使用成对的频率在分离的两个对称频带上进行发送和接收，上行、下行频带之间需要有 190MHz 的频率间隔。在支持对称业务时，能充分利用上行、下行频谱，但在支持非对称的分组交换工作时，频谱利用率则大大降低（低上行负载使得频谱利用率减小约 40%）。

2. 载波带宽

IEEE 802.16 标准未规定具体的载波带宽，系统可以采用 1.25～20MHz 的带宽。

3. OFDM 和 OFDMA

正交频分复用 OFDM 是一种多载波数字调制技术。IEEE 802.16—2004 标准针对 2～11GHz 频段定义了 OFDM 物理层。正交频分复用多址 OFDMA 和 OFDM 的本质原理是一致的，不同的是，OFDMA 可以指定每个用户使用 OFDM 所有子载波中的一个（或一组）。OFDMA 将整个频带划分成更小的单位，多个用户可以同时使用整个频带，并且它的分配机制非常灵活，可以根据用户业务量的大小动态分配子载波的数量，不同的子载波使用的调制方式和发射功率也可以不同。

在 OFDMA 系统中，用户仅使用所有子载波中的一部分，若同一个帧内的用户的定时偏差和频率偏差足够小，则系统内不会存在小区内的干扰，比码分系统更有优势。

4. 自适应调制

由于各子载波的信道衰落情况不同，因此误码率也不同，因此 IEEE 802.16 标准可以根据不同的调制方式和纠错编码方法组合成多种传输方案，系统可以根据信道状况及传输的需求，选择一个合适的传输方案。IEEE 802.16 标准包括 25 种编码调制组合方案。例如，对于衰落较严重的子载波，可以采用低阶的调制方式和较低速率的编码方案，以保证信号的可靠传输，虽然这样频谱效率低一些，但能有效提高抗干扰能力。对于衰落不严重的子载波，可以采用高阶的调制方式和高速的编码方案。因此，信道条件较好的子载波能承载更多的比特，信道条件较差的子载波则承载相对较少的比特，而对于信道条件特别差的子载波，则放弃使用。

5. 多天线技术

MIMO 技术在基站和移动台两端都使用多元天线阵列，充分利用空间资源，抑制信道衰落，大幅度提高信道容量、扩大覆盖范围。IEEE 802.16 标准采用空时编码技术，利用空间和时间编码实现一定的空间分集与时间分集，从而降低误码率。

综上，IEEE 802.16 物理层采用了多种关键技术。在具体系统中，如何选择这些技术的组合，将直接影响传输效率，从而影响系统容量。这需要在频谱效率、误码率和技术复杂度之间寻求合理的平衡。

8.3　IEEE 802.16 系统结构

IEEE 802.16 网络体系结构如图 8-2 所示，由核心网（CN）、基站（BS）、用户基站（SS）、中继站（RS）、用户终端设备（TE）、网管这几部分组成。各部分的功能如下。

（1）核心网：WiMAX 连接的核心网通常为传统交换网或 Internet。WiMAX 提供核心网与基站间的连接接口，但 WiMAX 系统并不包括核心网。

（2）基站：基站提供用户基站与核心网间的连接，通常采用扇形/定向天线或全向天线，可提供灵活的子信道部署与配置功能，并根据用户群体状况不断升级扩展网络。

（3）用户基站：用户基站属于基站的一种，提供基站与用户终端设备间的中继连接，通常采用固定天线，并被安装在屋顶上。基站与用户基站间采用动态自适应信号调制模式。

（4）中继站（Repeat Station，RS）：在点对点体系结构中，接力站通常用于提高基站的覆盖能力，即充当一个基站和若干用户基站（或用户终端设备）间信息的中继站。中继站面向用户侧的下行频率可以与面向基站的上行频率相同，当然也可以采用不同的频率。

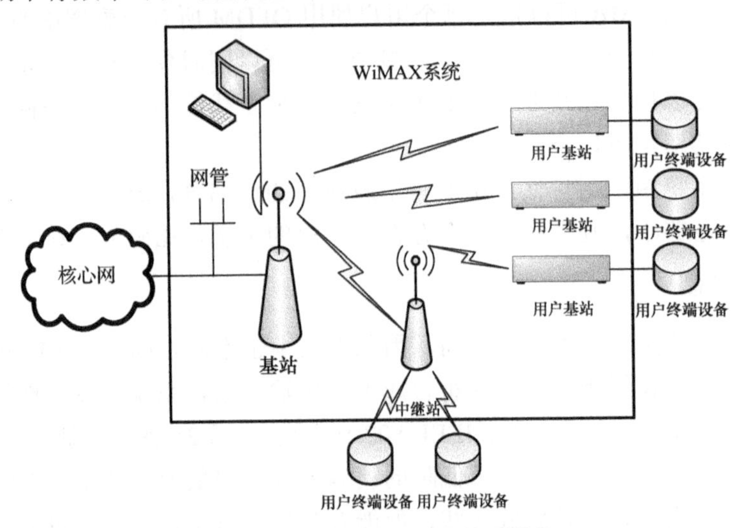

图 8-2　IEEE 802.16 网络体系结构

（5）用户终端设备：WiMAX 系统定义用户终端设备与基站间的连接接口，提供用户终端设备的接入。但用户终端设备本身并不属于 WiMAX 系统。

（6）网管：用于监视和控制网络内的所有基站和用户基站，提供查询、状态监控、软件下载、系统参数配置等功能。

8.4　IEEE 802.16 组网应用模式

8.4.1　PMP 应用模式

PMP 应用模式是一种集中式网络结构，一个 BS（基站）对应多个 SS（用户基站）。BS 负责上行和下行带宽资源分配，每帧的分配结果体现在下行映射（DL-MAP）和上行映射（UL-MAP）结构中。SS 根据 DL-MAP 和 UL-MAP 的规定接收与发送数据/管理信令。

PMP 应用模式以 BS 为核心，采用点到多点的连接方式，构建星状结构的 WiMAX 接入网络，PMP 模式下的调度示意图如图 8-3 所示。基站扮演业务接入点（Service Access Point，SAP）的角色，利用动态带宽分配技术，基站可以根据覆盖区用户的情况灵活选用定向天线、全向天线等，来满足大量 SS 设备接入核心网的需求。在必要时，可以通过中继站扩大无线覆盖范围，还可以根据用户群数量的变化，灵活划分信道带宽、对网络扩容、实现效益与成本的协调。

PMP 有两种模式的帧结构：TDD 模式下的 OFDM 帧结构（如图 8-4 所示）、FDD 模式下的 OFDM 帧结构（如图 8-5 所示）。

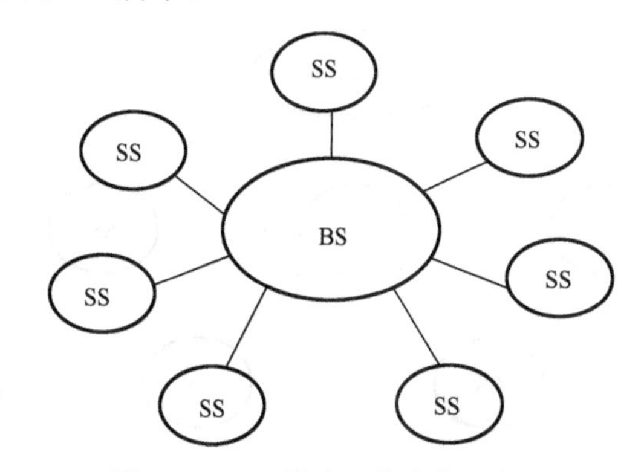

图 8-3　PMP 模式下的调度示意图

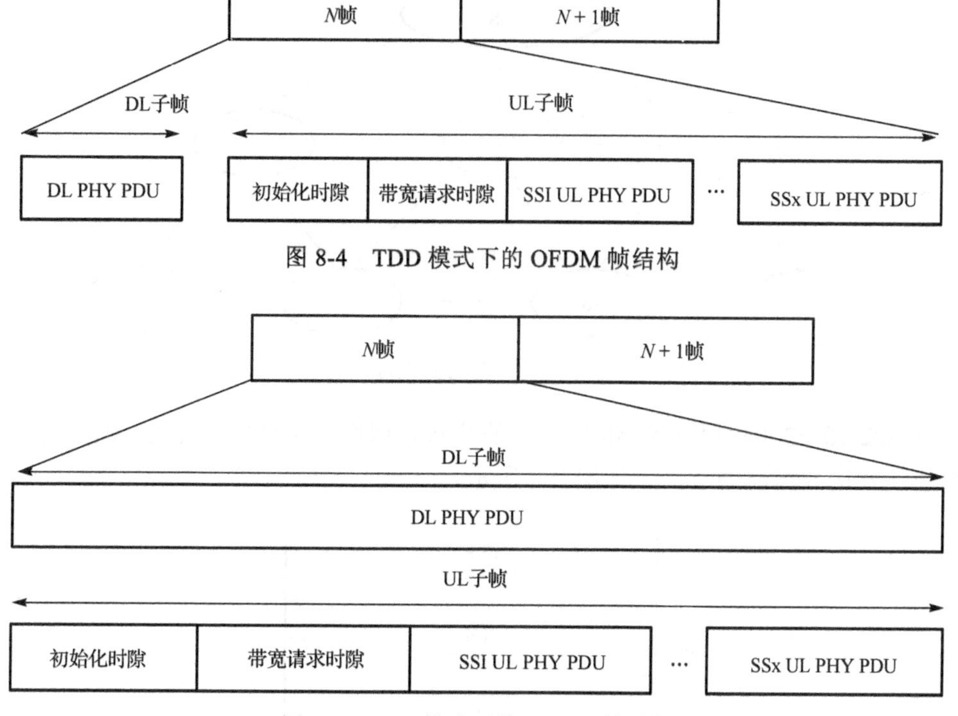

图 8-4　TDD 模式下的 OFDM 帧结构

图 8-5　FDD 模式下的 OFDM 帧结构

PMP 应用模式是一种常用的接入网应用形式，其特点在于网络结构简洁、应用模式与 xDSL 等线缆的接入形式相似，因此是一种替代线缆的理想方案。

8.4.2　Mesh 模式

PMP 是一种单跳无线网结构，而 Mesh 模式与 PMP 应用模式的最大不同在于除 BS 与 SS 之间能够直接通信外，SS 之间也可以通过多跳的方式实现多点到多点之间的无线连接。在 IEEE 802.16 标准中，通过扩展 SS 的功能可实现 Mesh 模式。

IEEE 802.16—2004 定义了 Mesh 模式下的两种调度方式：集中式调度和分布式调度，分别如图 8-6、图 8-7 所示。

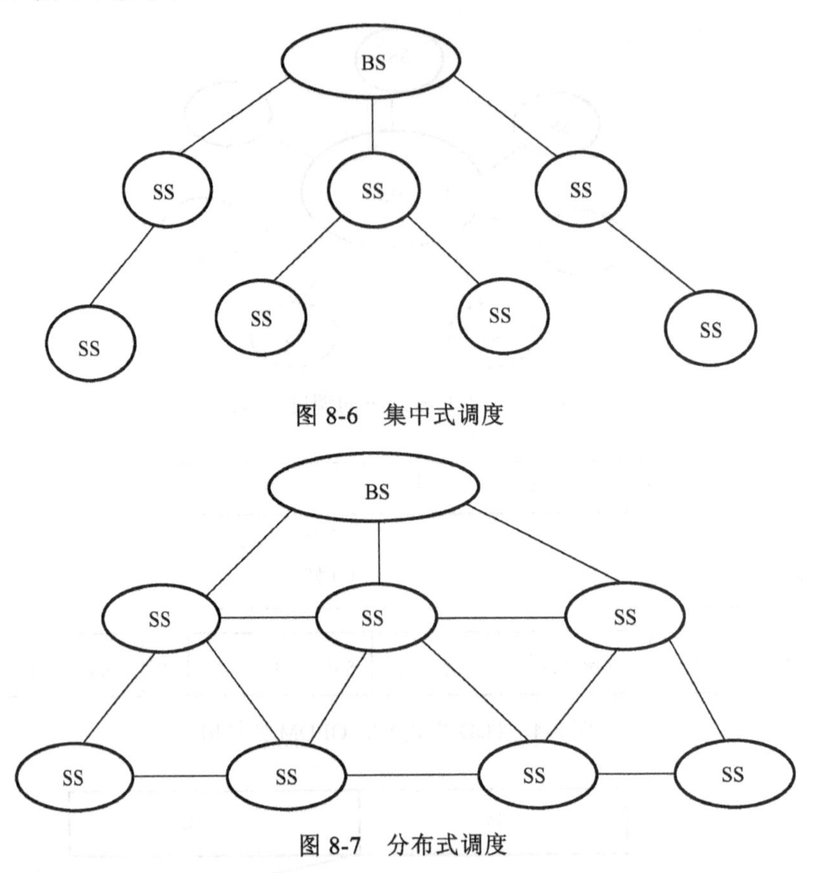

图 8-6　集中式调度

图 8-7　分布式调度

IEEE 802.16—2004 规定 Mesh 模式中的分布式调度采用请求、答复、确认的三次握手方式来建立发送数据前的连接，如图 8-8 所示。

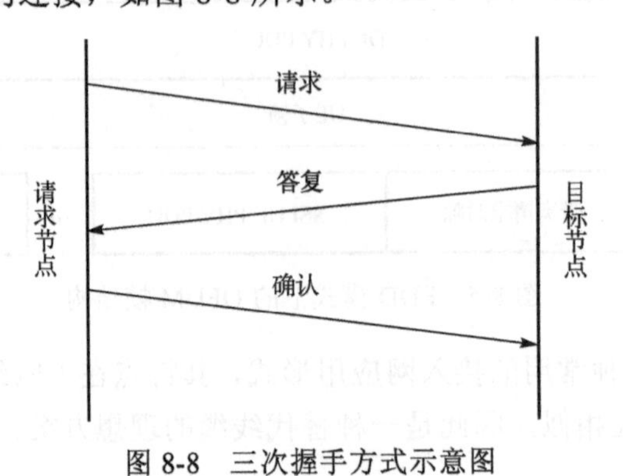

图 8-8　三次握手方式示意图

Mesh 模式下的帧包括控制子帧和数据子帧两部分，其帧结构如图 8-9 所示。

需要指出的是，IEEE 802.16 只留有 Mesh 的接口，Mesh 结构目前也只是 IEEE 802.16 的一个可选配置。IEEE 802.16—2004 并没有定义具体实现 Mesh 的细节，对 Mesh 中节点的个数、转发的跳数、路由等相关细节都没有规定。然而，Mesh 网络技术是目前无线网络中研究的又一热点技术。IEEE 802.16 留有 Mesh 的接口，这为 IEEE 802.16 的进一步研究和发展提供了潜在的空间。

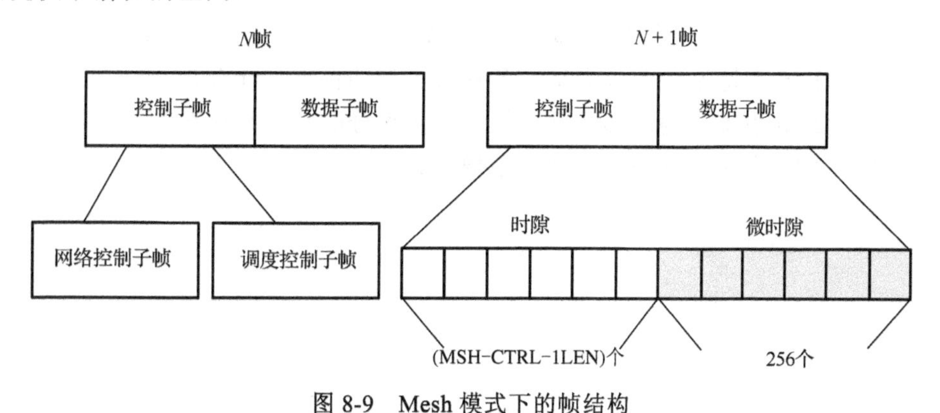

图 8-9　Mesh 模式下的帧结构

小结

1．城域网（Metropolitan Area Network）是在一个城市范围内所建立的计算机通信网，简称 MAN，属于宽带局域网。由于采用具有有源交换元件的局域网技术，因此网络传输时延较小，其传输介质主要是光缆，数据传输速率在 100Mbit/s 以上。

2．IEEE 802.16 是 IEEE 802 LAN/MAN 的一个工作组，成立于 1999 年。工作组的名称是 Broadband Wireless Access Standard（宽带无线接入标准），其工作内容主要是开发宽带无线接入系统标准，包括空中接口及其相关功能标准。该标准涵盖 2～66GHz 的许可带宽和免许可带宽。

IEEE 802.16 无线 MAN 技术也称为 WiMAX，这种无线宽带访问标准解决了城域网中的“最后一公里”问题，因为 DSL、电缆及其他带宽访问方法的解决方案要么行不通，要么成本太高。IEEE 802.16 是当前无线通信领域的前沿技术，它提供了用户站与核心网络之间的接入方式，例如，商务大楼、机场、停车场、展览中心、家庭等地方的用户可以通过 IEEE 802.16 网络接入 Internet。

3．IEEE 802.16 协议标准是按照两层结构体系组织的，它定义了一个物理层和一个 MAC 层。

4．IEEE 802.16 网络体系结构由核心网（CN）、基站（BS）、用户基站（SS）、中继站（RS）、用户终端设备（TE）、网管这几部分组成。

5．IEEE 802.16 有两种组网应用模式：PMP 应用模式和 Mesh 模式。

习题

1．城域网有哪些典型应用？

2．IEEE 802.16 是什么标准？它有什么作用？

3．画图说明 IEEE 802.16 的协议结构。

4．IEEE 802.16 物理层的关键技术有哪些？

5．IEEE 802.16 的 MAC 层分为哪几个子层？各子层的功能是什么？

6．IEEE 802.16 支持哪些业务类型？各业务类型的特点是什么？

7．IEEE 802.16 系统结构由哪几部分组成？各部分的功能是什么？

8．IEEE 802.16 定义了哪两种组网应用模式？

第9章　广域网接入技术

9.1　概述

宽带无线接入是信息和通信技术（Information and Communication Technology，ICT）领域的一个非常重要的分支，它能够有效地利用无线频率资源为用户提供方便、快捷的高速无线数据服务。宽带无线接入技术是推动移动互联网及智能终端爆发式增长的关键驱动力，而移动互联网及智能终端的快速发展也会推动宽带无线接入技术的快速发展。在技术与业务需求的相互作用下，宽带无线接入技术在当前已非常普及，几乎每个智能手机、平板电脑和笔记本电脑都具备宽带无线接入能力，几乎所有有人聚集的地方都有宽带无线接入网络的覆盖。宽带无线接入能够有效地提高社会信息化水平，具有良好的社会效益。与此同时，宽带无线接入技术还创造了万亿美元的巨大产业，已成为推动全球经济发展的重要引擎。

从产业规模和应用普及程度来看，移动通信显然是最具影响力的宽带无线接入技术。在全球产业界和学术界的高度关注下，移动通信技术不断快速发展。

在移动通信领域，移动蜂窝 Internet 接入主要包括基于第 2 代数字蜂窝系统的 GSM 和 CDMA，以及第 3 代蜂窝移动通信系统的 WCDMA、CDMA2000 和 TD-SCDMA，目前第 4 代蜂窝移动通信系统 LTE 在全世界铺设开了，5G 也在陆续商用。

无线接入与有线接入一样，人们更看好的是应用于计算机网络通信的各种宽带无线接入方式。目前，我国的宽带用户迅速增多，电信运营商普遍存在着有线网络资源缺乏的问题，无法充分满足快速发展的市场需求。面对林林总总的接入网解决方案，什么样的技术具有竞争力呢？什么样的技术能适应宽带接入的需求呢？就目前来说，在宽带接入领域，基于 3.5GHz、5.8GHz，甚至 26GHz 频段的无线宽带接入系统为解决这一问题提供了方案。但在 26GHz 频段时，无线信号是以直接方式传输的，非常适合人口密集的大都市，但在郊区，其使用效果欠佳。另外，高 GHz 频段产品工作在 20GHz 以上频段，受雨衰和多径效应的影响严重，覆盖范围也受到限制。因此，有关专家认为低 GHz 频段产品更具优势，原因在于这个频段的无线电传输特性好，受雨衰和多径效应的影响极小，覆盖范围广。其中，GHz 频段的 5.8GHz 接入技术以频段开放、费用低廉受到了广泛推崇。

9.1.1　国际移动通信发展历程

移动通信领域一直保持着每 10 年出现新一代技术的规律。从 1979 年第一台模拟蜂窝移动电话系统试验成功至今，移动通信已经经历了 5 个时代，每一代移动通信系统的诞生都有其特定应用需求，并且不断采用创新技术推动整体性能的快速提升。

第 1 代移动通信（1G）出现在 20 世纪 80 年代，首次采用蜂窝组网方式，能够为用户提供模拟语音业务，但其业务能力和系统容量都十分有限，而且价格昂贵。大约 10 年之后，第 2 代移动通信（2G）诞生，2G 首次采用了数字移动通信技术，不仅能够提供高质量的移动通话，而且能够同时支持短信息和低速数据业务，并使得移动通信成本大幅下降，成为普通老百姓用得起的技术。2000 年左右，在互联网浪潮的推动下，第 3 代移动通信（3G）应运而生，3G 的数据传输速率可达 2Mbit/s 至数十 Mbit/s，能够支持视频电话等移动多媒体业务。此后，随着移动互联网和智能终端的爆发式增长，3G 的传输能力越来越不能满足需求。2010 年左右，第 4 代移动通信（4G/LTE）技术出现，其峰值数据传输速率可达 100Mbit/s，能够支持各种移动宽带数据业务，可以较好地满足移动互联网发展的需求。2015 年 6 月，ITU 正式确定了 5G 名称、场景和时间表；WRC15 会议则讨论并归纳了可能的频谱资源；3GPP 也于 2015 年年底启动了 5G 的标准化工作，并在 2018 年完成了第一个正式版本的独立组网 5G 标准（3GPP R15）。5G 是面向新的移动通信需求而发展的新一代移动通信系统，5G 系统的最大改变就是可实现人与物、物与物之间的通信。

总而言之，经过几十年的飞速发展，移动通信已发展成应用最普及的信息通信技术，全球渗透率接近 100%。目前，移动通信已经融入社会生活的每个角落，深刻地改变了人们的沟通、交流乃至生活方式。与此同时，全球移动通信产业也突飞猛进，不仅创造出数万亿元规模的市场规模，还推动了移动互联网和智能终端的飞速发展，成为推动国民经济发展和提高社会信息化水平的重要引擎。

9.1.2 我国移动通信发展情况

从我国移动通信产业的发展历程来看，在 20 世纪 80 年代的 1G 阶段，我国移动通信产业水平远远落后于国际水平，基本没有自主产业能力。在 20 世纪 90 年代的 2G 阶段，我国采用 GSM 和 IS-95 等国外技术标准，逐步进行自主设备与产品的研发，追赶世界发达国家。21 世纪初进入 3G 阶段，我国把握标准化机遇，较早参与 3G 国际标准的制定和研发，提出了我国拥有自主知识产权的 TD-SCDMA 国际标准，建立了自主的移动通信产业链，产业化能力不断提升，并实现了 TD-SCDMA 的成功商用。当前，4G/LTE 已成为全球移动通信产业发展的主流，我国主导了 TD-LTE 的国际标准和产业化，并基本实现了与 FDD LTE 的全球同步发展。2019 年 6 月 6 日，工业和信息化部正式发放 5G 商用牌照，标志着我国正式进入 5G 时代。我国要力争在 5G 的国际标准化领域发挥主导作用，从 5G 设备、芯片、解决方案、终端等 5G 基础技术开发，到汽车及铁路等移动领域的应用，展示了综合性的愿景。

经过 3G 和 4G 阶段的磨炼，我国移动通信产业已取得长足进步，具备了较强的技术创新、标准化和产业化实力。在技术创新方面，华为（华为技术有限公司）、中兴通讯（中兴通讯股份有限公司）、大唐（中国大唐集团有限公司）等国内企业大力开展创新技术研发，不仅掌握了大量的 3G 和 4G 自主知识产权，而且在大规模天线、新型多址等第 5 代移动通信（5G）核心技术上取得了较多的技术积累。在标准化方面，国内企业在国际移动通信标准化组织 3GPP（3rd Generation Partnership Project，第三代合作伙伴计划）中已具备较高的话语权，主导了 TD-SCDMA 和 TD-LTE 的标准化。在 2017 年 12 月初，由我国通信企业牵头设计的面向 5G 独立组网标准（SA）的 5G 系统架构和流程标准制定完成，这标志着全面实现 5G 目标的新架构确定。2017 年 12 月底，3GPP 的非独立组网标准被冻结。在 5G 标准制定过程中，中国人在标准化组织中担任的关键职位有 30 余个，投票权超过 23%，文稿数量占 30%，牵头项目占 40%，我国 5G 标准话语权得到提升。在产业化方面，我国已建立具有国际竞争力的完整移动通信产业链。在系统设备方面，华为和中兴通讯已排名全球第一和第四，大唐和烽火公司（烽火通信科技股份有限公司）重新组建后成为全球排名第五的系统设备商；华为、小米（小米科技有限责任公司）、OPPO（OPPO 广东移动通信有限公司）、vivo（vivo 隶属于广东步步高电子工业有限公司）等 7 家国内终端企业已进入全球前十；海思（海思半导体有限公司）、展讯（展讯通信有限公司）等在移动芯片方面也已进入世界前列。

9.1.3　NB-IoT 出现

随着智能城市、大数据时代的来临，无线通信将实现万物连接。很多企业预计未来全球物联网连接数将是千亿级的时代。目前，已经出现了大量物与物的互联，然而这些互联大多通过蓝牙、Wi-Fi 等短距离通信技术实现，并非通过运营商移动通信网络。为了满足不同的物联网业务需求，根据物联网的业务特征和移动通信网络的特点，3GPP 根据窄带业务应用场景开展了增强移动通信网络功能的技术研究，以适应蓬勃发展的物联网业务需求。

我们正进入万物互联的时代，这对于整个移动通信产业来说是一个巨大的机会，这一点在 2016 年的世界移动大会上展露无遗。无论是运营商，还是设备商巨头，都纷纷展示了完整的物联网解决方案和在不同垂直行业的应用。

当然，实现这一切的基础是要有无处不在的网络互联。运营商的网络是全球覆盖最广泛的网络，因此在接入能力上有独特的优势。然而，一个不容忽视的现实情况是：真正承载到移动通信网络上的物与物互联只占互联总数的 10%，大部分的物与物互联是通过蓝牙、Wi-Fi 等技术来承载的。

为此，产业链从几年前就开始研究利用窄带 LTE 技术来承载物联网（Internet of Things，IoT）互联。历经几次更名和技术演进，2015 年 9 月，3GPP 正式将这一技术命名为基于蜂窝的窄带物联网（Narrow Band Internet of Things，NB-IoT）。在 2016 年的世界移动大会上，NB-IoT 首次亮相，受到运营商和设备商的青睐。

对于 LPWA 网络所用到的窄带物联网，运营商已达成共识，应使用授权频谱，采用带内、防护频带独立部署。这一新兴技术可以提供广域网络覆盖，旨在为吞吐量、成本、能耗都很小的海量物联网设备提供支撑。

2015 年 11 月，数家全球主流运营商联合设备商、芯片厂商和相关国际组织，在中国香港举办 NB-IoT 论坛筹备会议，旨在加速窄带物联网生态系统的发展。其中的 6 家运营商成员宣布：在全球成立 6 个窄带物联网开放实验室，聚焦窄带物联网业务创新、行业发展、互操作性测试和产品兼容验证等热点问题。

2016 年 6 月 16 日，在韩国釜山召开的 3GPP RAN 全会第 72 次会议上，NB-IoT 作为大会的一项重要议题，其对应的 3GPP 协议的相关内容获得了 RAN 全会批准，标志着受无线产业广泛支持的 NB-IoT 标准核心协议的相关研究全部完成。标准化工作的成功完成也标志着 NB-IoT 逐渐进入规模化商用阶段。越来越多的产业链企业加入 NB-IoT 阵营，这也促使 NB-IoT 迅速规模化商用。NB-IoT 的商用将构建全球最大的蜂窝物联网生态系统，2016 年的下半年开始涌现出大量的商业应用。窄带物联网巨大的“蓝海”市场已经开启，并将在未来出现爆炸式增长。

2017 年 6 月 20 日，中国电信（中国电信集团有限公司）率先推出 NB-IoT 资费套餐，随后，中国移动（中国移动通信集团有限公司）也推出物联网套餐。截至 2017 年年底，中国移动、中国电信和中国联通（中国联合网络通信集团有限公司）物联网连接数（指基础平台、承载企业客户、项目）分别突破 2 亿个、3000 万个和 7000 万个。中国电信已建成全球最大规模的 NB-IoT 网络，中国联通在全国 300 余座城市中提供了快速接入 NB-IoT 网络的能力。2017 年，三大运营商的 NB-IoT 商用迈出实质步伐。

2017 年 7 月 13 日，ofo 小黄车与中国电信、华为共同宣布，三家联合研发的 NB-IoT“物联网智能锁”全面启动商用。在此次的三方合作中，ofo 小黄车负责智能锁设备开发，中国电信负责提供 NB-IoT 物联网的商用网络，华为负责芯片方面的服务。三家联手打造的支持 NB-IoT 技术的智能锁系统具备三大特点：一是覆盖范围更广，NB-IoT 信号的穿墙性远远超过现有的网络，即使用户处于地下停车场，也能利用 NB-IoT 技术顺利开/关锁，同时可通过数据传输实现“随机密码”；二是可以连接更多的设备，NB-IoT 网络的连接能力是传统移动通信网络的 100 倍以上，也就是说，同一基站可以连接更多的 ofo 物联网智能锁设备，避免掉线情况；三是功耗更低，NB-IoT 设备的待机时间在现有电池不充电的情况下可使用 2～3 年，并改变了此前用户边骑车边发电的情况。

9.2 5G 接入技术

9.2.1 5G 时代

4G 接入技术的速率虽然比 3G 更快，但现阶段的速率提升不过 10 倍左右，应用模式也没有根本性的变化，其实并没有给用户带来太深刻的感受。但是，5G 的综合性能将会比 4G 提升千倍，在这种超高速移动通信网络的支撑下，将会诞生许多全新的应用，会彻底改变移动互联网的生态，将是移动通信的一场革命。

5G 的数据传输速率将高达 10Gbit/s，由于数据传输速率极高，因此高清视频即点即播，“缓冲等待”将成为历史。远程互动的 3D 虚拟现实游戏将兴起，画质精美、操控顺畅，会给用户带来身临其境的全新感受。人均月流量大约为 36TB，用户不必担心资费问题，虽然流量增大为原来的上千倍，但总体资费并不会提高。

5G 的入网设备将会大幅度增多，“万物互联”会成为 5G 的时代特征，镜框、花盆、腰带、冰箱、鱼缸、饭碗、茶杯、沙发等，所有能提供服务的设备都会入网，并可按需求进行智能控制。智能楼宇、智能家居、智能汽车、智能交通等，智能移动互联网将彻底改变我们的生活方式。

健康领域也会发生革命性的变化，手环将不再只用来测心律、血压和进行跑步计数，而会成为身体健康指标的全面监控仪，实时、动态的数据将会自动上传并汇集，不仅可用于病情诊断，还可利用大数据技术对身体状态进行分析和预测，提供精准的医学建议。除能进行信息采集和处理外，手环还可以进行介入式治疗，甚至包括癌症治疗。

5G 的最大特点并不是网速的进步，而是移动互联网、智能传感器、大数据技术三者结合产生的爆炸效应，这将是对传统工业和互联网的一次颠覆性革命。

9.2.2 5G 的技术路线

5G 的核心技术并没有被国际电信机构所确定，尚处在研究和探索阶段，但移动通信的发展有其内在的规律，其核心是以信息论为基础的无线通信理论。从理论出发并结合需求进行分析，不难探寻 5G 的发展方向。

高速是 5G 的首要特征，根据香农理论，提速最根本的方法就是增大带宽，特别是成百上千倍地进行提速必须依赖更大的带宽。虽然提高频率利用率也是一种办法，但其潜力是很有限的，而增大带宽带来的等比例提速则是立竿见影的。若要大幅度地增大带宽，则必须使用更高的频段，4G 的频率在 2GHz 左右，5G 的频率会更高。例如，韩国积极推动 6GHz 以上频段为未来 IMT 频段，开发高频段系统；俄罗斯专家甚至提出了利用 80GHz 频段的设想。

5G 的频谱范围是世界无线电通信大会的议题，虽然还没有确定具体的数据，但频谱更高、带宽更大的趋势是明确了的。若频率变大，则波长变短，这是毫米波技术的根本原理。

9.2.3 5G 的关键技术

1. 毫米波技术

毫米波常用在雷达和卫星领域中，一般不用于移动通信领域，其主要原因是随着波长的变短，无线电波传播的直线性会增强。例如，军队使用的无线电接力通信使用的就是毫米波，它并不支持“动中通”，只能驻车后工作，而且必须仔细地调整天线的角度，使其电波的辐射方向正对着对方，否则就无法通信，因此直线传播是毫米波通信必须解决的问题。

手机是移动使用的，不可能在打电话时一直举着手机对准基站的方向，虽然非正对的方向也有信号，但是强度会明显减小，若不进行处理，则用户体验会变差。

毫米波的绕射和穿透也是一个问题，在基站信号不能直达的楼房阴影处和大楼内部，信号会非常微弱，这些问题都必须得到解决。

2. 微基站技术

5G 时代的入网设备数量会呈现爆炸性的增长，单位面积内的入网设备数量可能会增至原来的千倍。如果仍使用以往的宏基站覆盖模式，那么即使基站的带宽再大也无力支撑，再加上绕射和穿透能力下降的问题，导致了基站微型化的趋势成为必然。

基站微型化会使设备密度增大，为避免产生基站之间的频谱互扰现象，基站的辐射功率应降低。这会使得手机的远近效应不再明显，手机开机时的功率控制步骤会简化，而且手机的辐射功率也会减小，在相同能量的情况下，待机时间会延长。

微基站大幅度增多后，传统的铁塔和楼顶架设方式将会扩展，路灯杆、广告灯箱、楼宇内部的天花板都将是微基站架设的理想地点。

3. 大规模 MIMO

根据天线理论，天线长度应与波长成正比，系数在 1/10～1/4 范围内，当前手机天线的长度为几厘米。而 5G 的频率在提升为原来的几十倍后，手机天线的长度会减小为原来的几十分之一，变成毫米级的微型天线。

多天线阵列要求天线之间的距离保持在半个波长以上，手机的面积很小，如果是传统的几厘米长的天线，那么多天线阵列是难以设置的。随着天线长度的缩短（特别是 5G 时代的毫米尺寸天线），大规模 MIMO 的实现具有可能性。

以往的多天线技术更多地应用在抗干扰通信方面，使用多部天线接收同一信号，利用不同路径干扰的非相关性在接收端进行合并处理，通过提高信噪比来实现抗干扰通信。而手机多天线所接收信号的路径差异不大，干扰的非相关性也不强，因此不太会用于抗干扰通信方面，而是会用在提高数据传输速率方面。

大规模 MIMO 其实就是基站与手机之间有多路信道并行通信，每对天线都独立传送一路信息，经汇集后可成倍地提高速率。5G 的高频率使得天线尺寸缩短，大带宽使得频率可复用，这两点是大规模 MIMO 技术实现的前提。

4. 波束赋形技术

我国主导的 3G 国际标准 TD-SCDMA 有 6 大技术特点，其中一个是智能天线：在基站上布设天线阵列，通过对射频信号的相位进行控制，可使相互作用后的电磁波的波瓣变得非常狭窄，并指向它所提供服务的手机，而且能根据手机的移动而转变方向。

由全向的信号覆盖变成精准指向性服务，这种新形式的无线电波束不会干扰其他方向的波束，从而可以在相同的空间中提供更多的通信链路。这种充分利用空间的无线电波束赋形技术是一种空间复用技术，可以大幅增大基站的服务容量。

令人遗憾的是，这种技术并没有在 3G 时代得到应用，但在 5G 入网设备数量成百上千倍地增大的情况下，这种波束赋形技术所带来的服务容量增大就显得非常有价值了。波束赋形技术很可能成为 5G 的关键技术之一。由于新增了移动用户位置的方向角参数，因此波束赋形技术不仅能大幅增大服务容量，还能大幅提高基站定位精度，并由此拓展出许多定位增值服务。

5. 同时同频全双工技术

手机是典型的双工通信设备，常用的信道复用方式有频分、时分和码分等。而同时同频全双工技术与这些传统的技术都不同，它通过对收发信号进行处理，可使双工通信建立在同时同频的基础上，理论上信道容量可以增大为原来的 2 倍。

前面已经分析过，通过增大带宽的方式可等比例地增大信道容量，是最直接、最有效的提速方式，但这是用大量的带宽资源换来的，在技术上并没有创新。通过对发射信号进行抵销处理，可在相同频率上同时接收更微弱的信号，虽然这种方式只能提速为原来的 2 倍，但却是意义重大的原始创新。

若同时同频全双工技术要实用化，则对发射信号的衰减要达到 120dB，而现在实验室的记录是 90dB，这 30dB 的差距就是 1000 倍的衰减量，而且越往后做，难度越大。虽然这种技术在理论上成立，但距离实用化还尚有距离，估计在 5G 时代的前期尚不能应用。但不可否认的是，这是一种具有突破性的很有潜力的技术，非常值得研究和期待。

6. M2M 技术

M2M 是机器对机器（Machine to Machine）通信或人对机器（Man to Machine）通信的简称，主要指通过移动通信网络传递信息从而进行机器与机器或人与机器的数据交换，实现机器之间的互联互通。移动通信网络由于具有网络特殊性，因此可以提供移动性支撑，有利于节约成本，并可以满足在危险环境下的通信需求，使得以移动通信网络作为承载的 M2M 服务得到了业界的广泛关注。

当前，M2M 在欧洲、美国、韩国、日本等国家和地区已经实现了一些商用化应用，主要应用于安全监测、机械服务和维修业务、公共交通系统、车队管理、工业自动化、城市信息化等领域。但 M2M 的数据业务比较单一，多是周期性小包，用户低速移动或不移动，而且对业务时延要求的差异很大。M2M 网络应更重视网络的广覆盖，以及终端的低成本和低功耗。

M2M 包含极丰富的应用，所采用的通信技术存在多种形态，包括短距离通信技术 ZigBee、Wi-Fi、Z-Wave、蓝牙等，以及广域覆盖技术，如 GSM、UMT、LTE 及基于非授权频谱的私有技术等。

7. D2D 技术

随着科技的发展，智能终端设备的种类日益繁多，这些设备可支持的无线通信能力也越来越强。D2D（Device-to-Device Communication，终端到终端通信）是在系统的控制下，终端之间通过复用小区资源直接进行通信的一种技术，这种技术无须基站转接，可直接实现数据交换或服务提供。D2D 技术可以有效地减小蜂窝网络的负担、减小时延、减小移动终端的电池功耗、提高网络基础设施的健壮性。

当前，实现终端间直接通信（简称终端直通）的技术有很多，如 Wi-Fi Direct（无线网络直接连接）、蓝牙、LTE-D2D 等。基于这些技术，希望找到一种终端间通信和蜂窝网络相互结合与促进的技术，并能够应用在新的应用场景中。将两者协同融合可以衍生出更多新的应用场景，并改善用户体验，如将快速 D2D 应用于智能交通系统（Intelligent Transportation System，ITS）的 V2V/V2I（车车/车路）通信、多用户协作通信、低成本 D2D 等。下面简单介绍 D2D 的三种新的应用场景。

（1）车直接通信（Vehicle Direct Communication，VDC）。未来车联网不仅包括车与网络之间的远程通信，还包括车车、车路、车人（V2V、V2I、V2P，统称 V2X）的频繁交互的短程通信。可利用广域蜂窝网提供广覆盖、车–网通信的远程通信服务。D2D 增强的 VDC 提供短时延、短距离、高可靠的 V2X 通信，从而提供全面的车联网通信解决方案。其中，

VDC 方案通过 D2D 与蜂窝网络的紧耦合、实习中心调度与分布式通信的完美结合，来满足 V2X 通信的苛刻需求。

（2）多用户协作通信。在未来通信系统中，不仅网络侧可相互进行协作通信、对同一终端可进行协作通信，而且终端之间也可以相互进行协作通信。通过临近终端之间的短距离通信连接，终端之间可以协作互助，互相中转数据，这样就使得任意终端设备与基站间可有多条信道。当某条信道的状况不好时，可以选择其他更优的信道进行通信，从而进一步增大系统吞吐量，提高用户通信的可靠性，带来更好的用户体验。

（3）低成本 D2D。对时延不敏感却对成本敏感的物联网系统，可以采用分级 M2M 接入的方式。在这种系统中，物联网终端通过中继系统接入蜂窝系统，通过物联网终端和中继终端进行低成本 D2D 通信来降低物联网终端的成本，使得物联网更容易大规模地普及应用。

由于不同应用场景对应不同的业务需求，因此终端直通技术需要解决的关键问题及思路有一定的区别。

9.2.4 5G 无线网络典型覆盖场景

为了满足“互联网+”业务快速发展的需求，5G 无线网络不再仅仅解决人与人的通信问题，而成为包含人和机器、机器和机器的生态信息系统。根据 5G 无线网络业务特点，5G 无线网络典型覆盖场景包括室外广域覆盖、室内热点覆盖、低功耗数据采集、低时延物联网控制。

1. 室外广域覆盖

室外广域覆盖是移动通信系统最基本的覆盖方式，即为移动用户提供连续的、无缝的移动业务，以用户的移动性和业务的连续性作为基本目标。该种场景在 5G 无线网络中的最大挑战是：在为用户提供 100Mbit/s 及以上无线速率的前提下，保证大范围的连续覆盖。这要求基站的站间距更小，因此需要建设更多的 5G 基站。

2. 室内热点覆盖

室内热点覆盖主要指在城市区域的高档写字楼、星级酒店、大型商务娱乐场所等，以提供高速数据传输和大流量密度为目标。该种场景在 5G 中的主要挑战是在较小的区域内为众多用户提供较高的数据传输速率。

3. 低功耗数据采集

低功耗数据采集是 4G 向 5G 演进过程中新拓展的场景，主要针对基于大数据、云计算、智慧城市、智慧农业、智慧水务、森林防火等的以传感和数据采集为目标的应用需求。在这种应用场景下，需要接入的设备终端数量众多、分布广泛，但对数据传输速率的要求不高，主要是小数据包发送，发射功率也较低，对其他终端的干扰较小。

4. 低时延物联网控制

低时延物联网控制也是 5G 新拓展的场景，主要针对基于工业 4.0 的应用需求，如无人驾驶汽车、无人工厂等。在该场景下，业务应用对时延和可靠性的要求很高。

9.2.5 5G 无线网络的关键性能指标

通过对 5G 无线网络典型覆盖场景进行分析，可知 5G 移动通信系统需要在移动性、时延、接入速率等方面较 3G、4G 网络有显著的提升。另外，对流量密度、连接数密度、能源效率等性能指标也提出了新的要求，具体性能指标如下。

1．移动性

移动性是移动通信系统的重要性能指标，是指在满足一定系统性能的前提下，通信双方的最大相对移动速度。5G 移动通信系统需要支持飞机、高速公路、城市地铁等超高速移动场景，同时需要支持数据采集、工业控制低速移动或非移动场景，因此，5G 移动通信系统的设计需要具有更广泛的移动性。

2．时延

时延采用 OTT 或 RTT 来衡量，OTT 是指发送端发送数据到接收端接收数据的时间间隔，RTT 是指从发送端发送数据开始到发送端收到来自接收端的确认信息的时间间隔。在 4G 时代，网络架构扁平化设计大大提高了系统的时延性能。在 5G 时代，车辆通信、工业控制、增强现实等业务应用场景对时延提出了更高的要求，最低空口时延要求达到 1ms。在网络架构设计中，时延与网络拓扑结构、网络负荷、业务模型、传输资源等因素密切相关。

3．用户感知速率

5G 时代将构建以用户为中心的移动生态信息系统，首次将用户感知速率作为网络的性能指标。用户感知速率是指单位时间内用户获得 MAC 层用户面数据的传送量。在网络实际应用中，用户感知速率受众多因素的影响，包括网络覆盖环境、网络负荷、用户规模和分布范围、用户位置、业务应用等因素，一般采用期望平均值和统计方法进行评估分析。

4．峰值速率

峰值速率是指用户可以获得的最高业务速率，相比 4G 网络，5G 移动通信系统将进一步提升峰值速率，可以达到数十 Gbit/s。

5．连接数密度

5G 时代存在大量的物联网应用需求，要求网络具备超千亿台设备的连接能力。连接数密度是指单位面积内可以支持的在线设备总和，是衡量 5G 移动通信网络对海量规模终端设备的支持能力的重要指标，一般不低于 10 万台/km^2。

6．流量密度

流量密度是指单位面积内的总流量数，用来衡量移动通信网络在一定区域范围内的数据传输能力。5G 时代需要支持一定局部区域的超高速数据传输，网络架构应该每平方千米可提供数十 Tbit/s 的数据传输速率。在实际网络中，流量密度与多个因素相关，包括网络拓扑结构、用户分布、业务模型等因素。

7. 能源效率

能源效率是指每消耗单位能量可以传输的数据量。在移动通信系统中，能源消耗主要指基站和移动终端的发送功率，以及整个移动通信系统设备所消耗的功率。为了减小功率消耗，在5G移动通信系统架构设计中采取了一系列新型接入技术，如低功率基站、D2D技术、流量均衡技术、移动中继等。

9.2.6 5G无线网络架构的设计原则

传统的移动通信无线网络架构秉承着高度一致的网络架构设计原则，包括集中核心域提供控制与管理、分散无线域提供移动接入、用户面与控制面紧密耦合、网元实体与网元功能高度耦合。在5G时代，随着各种新业务和应用场景的出现，传统网络架构在灵活性和适应性方面就显得不足。根据5G无线网络典型覆盖场景和关键性能指标分析，5G无线网络架构应是具有高度的灵活性、扩展能力和定制能力的新型移动接入网架构，实现网络资源灵活调配和网络功能灵活部署，达到兼顾功能、成本、能耗的综合目标。5G无线网络架构设计需遵循以下原则。

1. 高度的智能性

实现承载和控制相分离，支持用户面和控制面独立扩展与演进，基于集中控制功能，实现多种无线网络覆盖场景下的无线网络智能优化和高效管理。

2. 网元和架构配置的灵活性

物理节点和网络功能解耦，重点关注网络功能的设计，物理网元配置则可灵活采取多种手段，根据网络应用场景进行灵活配置。

3. 建设和运维成本的高效性

5G无线网络的建设和运维成本是一个庞大的数目，只有在成本方面具有高效性的设计方案才能得到商用，成本目标是5G无线网络架构设计过程中首要考虑的目标。

根据5G无线网络架构设计原则，在实际5G无线网络架构设计过程中，需要依次考虑5G无线逻辑架构、5G无线部署架构两个层面。5G无线逻辑架构是指根据业务应用特性和需求，灵活选取网络功能集合，明确无线网络功能模块之间的逻辑关系和接口设计。5G无线部署架构是指从5G无线逻辑架构到物理网络节点的映射实现。

9.2.7 5G无线网络架构的设计方案

4G网络的峰值数据传输速率可达100Mbit/s或50Mbit/s，时延为50～100ms，这决定了在5G时代，4G网络依然是移动互联网业务的主要承载者。由于无线频谱资源非常有限，留给5G的频谱资源并不具备优势，因此未来5G无线网络将集中解决室内热点覆盖、低时延物联网控制、低功耗数据采集等特定业务应用场景的问题。传统的3G网络和4G网络仍是承载移动通信语音业务和大多数数据业务的骨干网络，5G网络和4G网络将共同构建未来移动通信网络。未来5G无线网络架构是一个多拓扑形态、多层次类型、动态变化的网络，具有连接形态多样化、平台多样化、承载方式多样化、拓扑结构多样化等特点。

1．连接形态多样化

在 5G 无线网络架构中，无线设备节点连接形态将兼容多种形式，包括链状连接（如中继通信 Relay、RRU 基站级联）、网状连接（如基站设备之间的连接）、伞状连接（如一个 BBU 与多个 RRU 的连接）、点对点连接（如基站与物联网关的连接）、D2D 直通终端之间的连接等。

2．平台多样化

在 5G 无线网络架构中，将增加各种新型网关、终端，设备平台能力将更加多样化。根据功能的不同，5G 无线设备包括 BBU+RRU 分布式基站、室外一体化基站、室内微基站、承载用户和控制功能的各种网关设备等。根据设备平台能力的不同，5G 无线设备可分为专业平台设备和虚拟化平台设备。根据功率的不同，5G 无线设备可分为大功率的 BBU+RRU 分布式基站、小功率微基站、RRU 视频模块、超小功率的物联网传感节点、智能终端等。根据与用户距离的不同，5G 无线设备可分为智能终端、聚合网关、无源天线、有源天线、小功率微基站、射频拉远模块 RRU、BBU 资源池基站等。

3．承载方式多样化

在 5G 无线网络架构中，传输承载技术更加多样化，不同的传输承载技术将用在不同的网络场景中。根据承载介质的不同，传输承载包括无线承载和有线承载。无线承载技术具有应用灵活、成本较低、建设周期短等优点，但也存在带宽有限、干扰较大等缺点。有线承载技术具有稳定性好、带宽较大等优点，但也存在建设成本高、建设周期长等缺点。5G 无线网络架构设计方案往往会综合考虑多种承载技术。

4．拓扑结构多样化

随着 5G 无线网络采用的频段向更高的频段发展，以及多种新型接入技术的商用和低功率即插即用基站的部署，5G 无线网络架构将呈现出更好的灵活性，在同一地点的不同时间段会存在较大差异的网络架构和节点间的层级关系。5G 无线网络架构设计方案如图 9-1 所示。

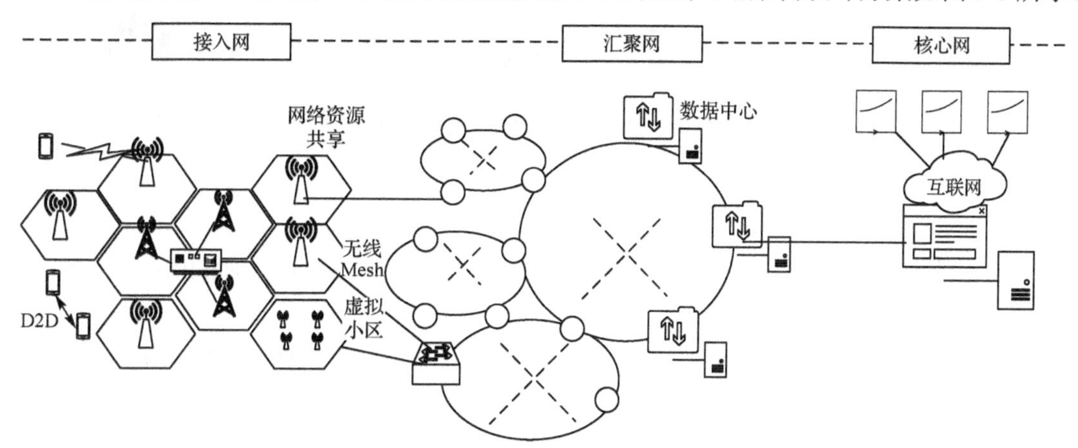

图 9-1　5G 无线网络架构设计方案

9.3 NB-IoT

正如业界共识，物联网时代已经到来。预计到2025年，物联网设备将超过700亿台。随着物联网生态圈的逐步形成，其市场前景非常广阔。涵盖个体、产业及生态圈设计的各类应用方案如雨后春笋般涌现，推动着物联网市场的迅速壮大。这些应用涉及运输、农业、环境观测、工业、智能家居等多个方面，同时也是端到端的应用，包括芯片、终端、网络、平台及应用软件等。

在物联网不断发展的过程中，需要重点考虑一些关键要素。第一，接入设备的成本下降才能使机器、智能水表、传感器乃至日常的货物和穿戴式设备都接入物联网中。由此可见，物联网中的设备连接数呈现几何式增长，应用范围越来越广。第二，为了和深埋于地下或混凝土建筑物深处的物联网设备进行有效通信，对物联网的深度覆盖、广度覆盖及设备的电池使用寿命都提出了新的要求。因此，低功耗、广覆盖、低成本等成为物联网技术的判断准绳。实现海量连接的物联网有几个关键的要素：海量的设备接入、深层的广覆盖、低功耗、低设备成本、快速部署。

“万物互联”的物联网产业发展催生了LPWA（Low Power Wide Area，低功耗广域）技术的兴起。LPWA技术具备如下特点：极低的终端功耗、优化的数据传输（非连续、小包数据传输）、极低的终端成本；增强的户内/户外覆盖率；具有安全连接和认证；网络拓扑简单且易于部署；网络容量易扩展。LPWA技术非常适合那些远距离传输、通信数据量很小、需由电池供电且长久运行的物联网应用。

现阶段，LPWA技术阵营众多，可以将符合上述技术特征的新型接入技术统称为LPWA技术。这些新型接入技术主要包含两大类：一类是基于移动蜂窝网络频段资源的CIoT（Cellular IoT），主要是以eMTC（enhanced Machine Type Communication，增强型机器类型通信）、NB-IoT等为代表的3GPP技术；另一类是一些新兴公司开发的工作于未授权频谱上的专用技术，包括LoRa（Long Range，超远距离）、SigFox等，如图9-2所示。

	上行用户峰值速率	覆盖能力	终端寿命	移动性	时延	终端价格	系统容量
5G	＞10Mbit/s	UTE覆盖标准	不敏感	＜500km/h	＜1ms	不敏感	不敏感
eMTC	半双工＜375kbit/s 全双工＜1Mbit/s	155dB	约10年	＜350km/h	＜100ms	＜10美元/模组	100kHz@5MHz
NB-IoT	＜70kbit/s	164dB	约10年	＜30km/h	10s	＜5美元/模组	50kHz@200kHz
LoRa	＜37.5kbit/s	155dB	＞10年	＜30km/h	—	＜5美元/模组	10kHz

图9-2 5G、eMTC、NB-IoT、LoRa的比较

LoRa 和 SigFox 都属于私有技术，使用的是非授权频谱，因此容易受到干扰，QoS 无法得到保证；与 NB-IoT 相比，LoRa 和 SigFox 在系统安全性、抗干扰能力、终端价格、系统容量方面都处于明显劣势。而且若部署 LoRa 和 SigFox 网络，则势必要新建整个网络，而对于 NB-IoT，可以在现有网络上进行升级演进，因此 NB-IoT 已经成为主流运营商的选择。

eMTC 和 NB-IoT 都是 3GPP 提出的，这两种技术在实用性、实际需求及部署场景方面各有千秋，同时它们都能向未来技术演进。eMTC 适用于需要高吞吐量和高性能的应用场景，而 NB-IoT 可以接入海量的低成本设备，尤其适用于低速率或静态的物联网设备。从技术上看，NB-IoT 和 eMTC 相比，具有容量大、成本低、覆盖广、组网灵活等优势。研究表明，在 eMTC 和 NB-IoT 都能满足的业务场景中，考虑终端成本和功耗等关键因素，NB-IoT 比 eMTC 的效率高 50%，因此 NB-IoT 更适合 LPWA 技术的应用。

近年来，NB-IoT 发展迅速，世界万物都可以通过互联网相互连接，包括高速率业务（如视频类业务等）和低速率业务（如抄表类业务等）。据不完全统计，低速率业务占据 NB-IoT 业务的 67%以上，并且低速率业务还没有得到蜂窝技术的支持，这也意味着低速率广域网技术拥有巨大的需求空间。在 NB-IoT 不断发展的同时，NB-IoT 通信技术也日趋成熟，其中广域网通信技术的发展尤为迅速。按频谱是否授权，广域网通信技术可以分成以下两种类型。

（1）非授权广域网通信技术，如 LoRa 和 SigFox 等。

（2）授权广域网通信技术，是指 3GPP 制定的蜂窝通信技术，如 2G、3G、4G 技术，以及基于 4G 演进而来的长期演进（LTE）Cat-NB1，也称为窄带物联网（NB-IoT）技术。

综合来说，NB-IoT 一方面具有迫切的市场需求，另一方面具备良好的通信网络支撑，因此具有广阔的发展前景。

9.3.1 NB-IoT 的基本概念

物联网应用发展已经超过 10 年，但采用的大多是针对特定行业或非标准化的解决方案，存在可靠性差、安全性差、操作维护成本高等缺点。从多年的业界实践可以看出，物联网通信成功发展的一个关键因素是标准化。

与传统蜂窝通信不同，物联网应用具有支持海量连接数、低终端成本、低终端功耗和超强覆盖能力等特点。近年来，不同行业和标准组织制定了一系列物联网通信方面的标准，如针对 M2M 应用的 CDMA2000 优化版本、LTE R12（版本 12）和 LTE R13 的低成本终端 Category 及 eMTC（增强型机器类型通信）、基于 GSM（全球移动通信系统）的 IoT（物联网）增强等，但从产业链发展及技术本身来看，仍然无法很好地满足上述物联网应用需求。其他一些工作于免授权频段的低功耗标准协议，如 LoRa、SigFox、Wi-Fi，虽然存在一定的成本和功耗优势，但在信息安全、移动性、容量等方面存在缺陷，因此，迫切需要一个新的蜂窝物联网标准。

在这种背景下，3GPP 于 2015 年 9 月正式确定 NB-IoT（窄带物联网）标准立项，全球业界超过 50 家公司积极参与，标准的核心部分在 2016 年 6 月宣告完成，并正式发布了基于 3GPP LTE R13 版本的第一套 NB-IoT 标准体系。随着 NB-IoT 标准的发布，NB-IoT 系统技术和生态链逐步成熟，将开启物联网发展的新篇章。

NB-IoT 系统预期能够满足在 180kHz 的传输带宽下支持覆盖增强（提升 20dB 的覆盖能力）、超低功耗（5W·h 电池可供终端使用 10 年）、巨量终端接入（单扇区可支持 50 000 个连接）的非时延敏感（上行时延可放宽到 10s 以上）的低速业务（单用户上行、下行速率至少为 160bit/s）需求。NB-IoT 基于现有 4G/LTE 系统对空口物理层和高层、接入网及核心网进行改进与优化，以满足上述预期目标。

9.3.2 NB-IoT 的网络架构

NB-IoT 的网络架构如图 9-3 所示，由 NB-IoT 终端、演进的统一陆地无线接入网络（E-UTRAN）基站、归属用户签约服务器（HSS）、移动性管理实体（MME）、服务网关（SGW）、公用数据网网关（PGW）、服务能力开放单元（SCEF）、第三方服务能力服务器（SCS）和第三方应用服务器（AS）组成。和现有的 4G 网络相比，NB-IoT 网络主要增加了服务能力开放单元（SCEF）来优化小数据传输和支持非 IP 数据传输。为了减少物理网元的数量，可以将 MME、SGW 和 PGW 等核心网网元合并部署，称为蜂窝物联网服务网关节点（C-SGN）。

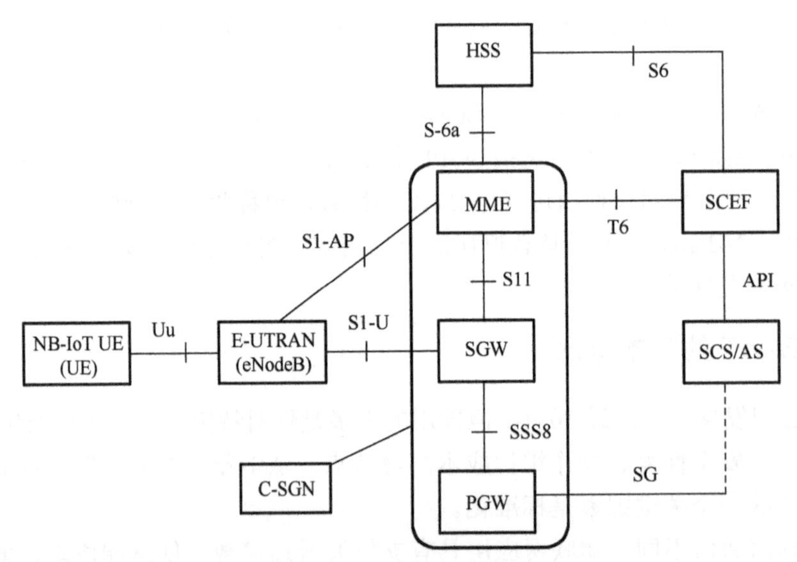

图 9-3 NB-IoT 的网络架构

为了适应 NB-IoT 系统的需求、提高小数据传输效率，NB-IoT 系统对现有的 LTE 处理流程进行了改善，支持两种优化的小数据传输方案，包括控制面优化传输方案和用户面优化传输方案。控制面优化传输方案使用信令承载在终端和 MME 之间进行 IP 数据或非 IP 数据传输，由非接入承载提供安全机制；用户面优化传输方案仍使用数据承载进行传输，但要求空闲态终端存储接入承载的上下文信息，通过连接恢复过程快速重建无线连接和核心网连接来进行数据传输，简化信令过程。

9.3.3 NB-IoT 的关键技术

本节简要介绍 NB-IoT 相关的主要内容，着重从以下 4 个方面介绍。

1. NB-IoT 的主要技术特点

NB-IoT 是在 LTE 的基础上发展起来的，主要采用了 LTE 的相关技术，针对自身特点做了相应的修改。

NB-IoT 物理层的射频带宽为 200kHz，下行采用正交相移键控（QPSK）调制解调器，且采用正交频分多址（OFDMA）技术，子载波间隔为 15kHz；上行采用二进制相移键控（BPSK）或 QPSK 调制解调器，且采用单载波频分多址（SC-FDMA）技术，包含 Single-tone 和 Multi-tone 两种。Single-tone 技术的子载波间隔为 3.75kHz 和 15kHz，可以适应超低速率和超低功耗的 IoT 终端。Multi-tone 技术的子载波间隔为 15kHz，可以满足更高的速率需求。NB-IoT 的高层（物理层以上）协议是基于 LTE 标准制定的，对多连接、低功耗和少数据的特性进行了部分修改。

NB-IoT 的核心网基于 S1 接口进行连接。

2. NB-IoT 的频谱资源

NB-IoT 是未来通信服务市场的核心增量用户群，各大电信运营商对 NB-IoT 的发展都很支持，各自均划分了 NB-IoT 的频谱资源，具体如表 9-1 所示。其中，联通已经开通了 NB-IoT 的商用网络。

表 9-1　各电信运营商的 NB-IoT 频谱资源划分

运营商	上行频段/MHz	下行频段/MHz	频宽/MHz
联通	909～915	954～960	6
	1745～1765	1840～1860	20
电信	825～840	870～885	15
移动	890～900	934～944	10
	1723～1735	1820～1830	10
广电	700	700	未分配

3. NB-IoT 的部署方式

根据 NB-IoT 立项中 RP-151621 的规定，NB-IoT 支持 3 种部署方式。如图 9-4 所示，NB-IoT 支持的 3 种部署方式如下。

（1）独立部署，即 Stand-alone 模式，利用独立的频带进行部署，与 LTE 频带不重叠。

（2）保护带部署，即 Guard-band 模式，利用 LTE 频带中的边缘频带进行部署。

（3）带内部署，即 In-band 模式，利用 LTE 频带进行部署。

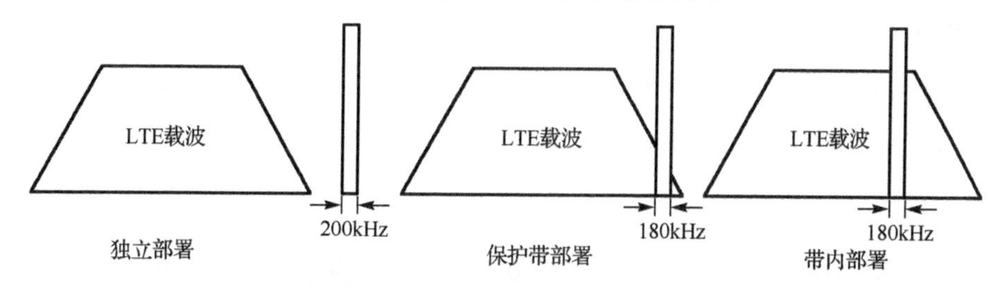

图 9-4　NB-IoT 支持的 3 种部署方式

4. NB-IoT 的组网

NB-IoT 的组网框图如图 9-5 所示，主要分成如下 5 部分。

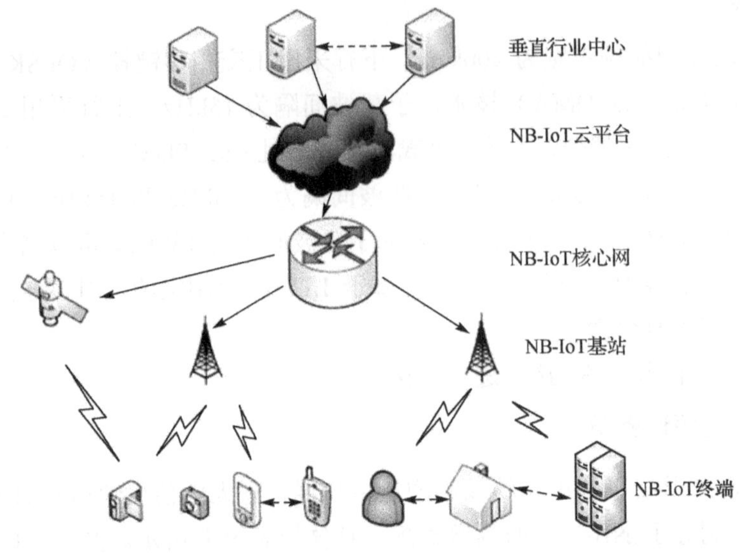

图 9-5　NB-IoT 的组网框图

（1）NB-IoT 终端：支持各行业的 IoT 设备接入，只需安装相应的 SIM 卡就可以接入 NB-IoT 网络。

（2）NB-IoT 基站：主要是指运营商已架设的 LTE 基站，从部署方式上来讲，主要是上面介绍的 3 种方式。

（3）NB-IoT 核心网：通过 NB-IoT 核心网可以将 NB-IoT 基站和 NB-IoT 云平台进行连接。

（4）NB-IoT 云平台：在 NB-IoT 云平台可以完成对各类业务的处理，并将处理后的结果转发到垂直行业中心或 NB-IoT 终端。

（5）垂直行业中心：垂直行业中心既可以获取本中心的 NB-IoT 业务数据，又可以完成对 NB-IoT 终端的控制。

9.3.4 NB-IoT 的应用特点

根据 NB-IoT 的技术标准，NB-IoT 所支持的相关应用具有以下主要特点。

1. 低速率

通过前面的相关介绍可知，NB-IoT 主要是为了解决 IoT 中的低速率业务而提出的。NB-IoT 采用了低阶调制，低速率是其主要特征。

2. 高时延

NB-IoT 具有很强的覆盖能力。为了实现可靠的广域覆盖，NB-IoT 网络中的数据传输可能需要进行多次重传，从而产生较大的通信时延。当前，NB-IoT 标准设想的数据传输时延可能会达到 10s。

3．低频次

顾名思义，低频次是指单位时间内业务的数据传输次数不能过多。过于频繁的数据传输不仅会增大 NB-IoT 终端的功率消耗，也会对 NB-IoT 网络的时延提出更严苛的要求。

4．移动性弱

由于 NB-IoT 对终端功耗有很高的要求，因此 NB-IoT Rel-13 标准不支持连接状态的移动性管理，包括相关测量、测量报告、切换等，以达到减小终端功耗的目的。

9.3.5 NB-IoT 的应用场景

随着通信技术的快速发展，尤其是 NB-IoT 技术的日趋成熟，NB-IoT 技术将不断渗透到各行各业。NB-IoT 技术正飞速走进人们的生活，其支持的应用场景包括以下几方面。

（1）智慧市政，水、电、气、热等基础设施的智能管理。

（2）智慧交通，交通信息、应急调度、智能停车等。

（3）智慧环境，水、空气、土壤等的实时监测控制。

（4）智慧物流，集装箱等物流资源的跟踪与监测控制。

（5）智慧家居，家居安防等设备的智能化管理与控制。

小结

1．5G 关键技术包括：毫米波技术、微基站技术、大规模 MIMO、波束赋形技术、同时同频全双工技术、M2M 技术、D2D 技术。

2．5G 无线网络典型覆盖场景包括：室外广域覆盖、室内热点覆盖、低功耗数据采集、低时延物联网控制。

3．5G 无线网络的关键性能指标包括：移动性、时延、用户感知速率、峰值速率、连接数密度、流量密度、能源效率。

4．5G 无线网络架构的设计原则包括：高度的智能性、网元和架构配置的灵活性、建设和运维成本的高效性。

5．LPWA 技术具备如下特点：极低的终端功耗、优化的数据传输（非连续、小包数据传输）、极低的终端成本；增强的户内/户外覆盖率；具有安全连接和认证；网络拓扑简单且易于部署；网络容量易扩展。LPWA 非常适合那些远距离传输、通信数据量很小、需由电池供电且长久运行的物联网应用。

习题

1．5G 的关键技术有哪些？
2．5G 无线网络架构设计需遵循哪些原则？
3．比较 NB-IoT、LoRa 技术的各种特点。
4．NB-IoT 应用具有哪些特点？

参 考 文 献

[1] 张庆海，张晓峰，邓建．宽带接入技术与应用[M]．西安：西安电子科技大学出版社，2017.

[2] 张喜云，殷文珊，等．宽带接入网技术项目式教程[M]．西安：西安电子科技大学出版社，2015.

[3] 韦乐平．接入网[M]．北京：人民邮电出版社，1998.

[4] 国务院．“宽带中国”战略及实施方案[R/OL].（2013-08-01）[2013-08-17].http://www.gov.cn/zwgk/2013-08/17/content_2468348.htm.

[5] IMT-2020（5G）推进组．5G 愿景与需求白皮书[R/OL].（2014-05-29）[2014-06-05]. https://tech.sina.com.cn/t/2014-06-05/14529419437.shtml.

[6] IMT-2020（5G）推进组．5G 概念白皮书[R/OL].（2015-02-11）[2015-02-13]. http://www.ekom.cn/article-6625.html.

[7] IMT-2020（5G）推进组．5G 无线技术架构白皮书[R/OL].（2015-05-05）[2015-05-07].https://max.book118.com/html/2017/0607/112137084.shtm.

[8] IMT-2020(5G)推进组.5G 网络技术架构白皮书[R/OL].（2016-06-01)[2016-06-01]. https://www.sohu.com/a/79214695_354878.

[9] 国际电联无线电通信部门. ITU-R M.2083-0 建议书——IMT 愿景：面向 2020 年及之后的 IMT 系统未来发展的框架与总体目标[R/OL].（2015-09-20）[2015-09-27].https://wenku.baidu.com/view/888c2fe8ec630b1c59eef8c75fbfc77da369977d.html.

[10] 魏克军．5G 商用发展面临的机遇与挑战[J]．信息通信技术与政策，2019（10）：60-63.

[11] 赖小龙，黄颖，申海龙，等．智能家居接入技术的分析和比较[J]．数字技术与应用，2017（07）：133-136.

[12] 尤肖虎．网络通信融合发展与技术革命[J]．中国科学：信息科学，2017，47（01）：144-148.

[13] 尤肖虎，张川，谈晓思，等. 基于 AI 的 5G 技术——研究方向与范例[J]. 中国科学：信息科学，2018，48（12）：1589-1602.

[14] 刘韵洁，张娇，黄韬，等. 面向服务定制的未来网络架构[J]．重庆邮电大学学报（自然科学版），2018，30（01）：1-8.

[15] 赖小龙，黄颖，费莉．面向延迟容忍移动传感器网络的重叠社区节点检测方法[J]．科学技术与工程，2018，18（13）：277-281.

[16] 尤肖虎，潘志文，高西奇，等．5G 移动通信发展趋势与若干关键技术[J]．中国科学：信息科学，2014，44（5）：551-563.

[17] 付澍．新一代通信网络中的干扰协调与时延限制[D]．成都：电子科技大学，2016.

[18] 简鑫，刘钰芩，韦一笑，等．窄带物联网覆盖类别更新机制性能分析与优化[J]．通信学报，2018，39（11）：70-79.

[19] 吴大鹏，张普宁，王汝言．“端—边—云”协同的智慧物联网[J]．物联网学报，2018，2（03）：21-28.

[20] 韩盼盼．下一代无线局域网中 MU-MIMO 关键技术研究[D]．西安：西安电子科技大学，2017.
[21] 刘广钟，董宇航．高速无线局域网媒体竞争接入优化[J]．上海海事大学学报，2019，40（02）：109-114.
[22] 孙继平，陈晖升．智慧矿山与 5G 和 WiFi6[J]．工矿自动化，2019，45（10）：1-4.
[23] 罗振东，焦慧颖，魏克军，等．宽带无线接入技术[M]．北京：电子工业出版社，2017.
[24] 张中荃．接入网技术[M]．3 版．北京：人民邮电出版社，2016.